网络空间安全与数据治理

黄万伟 著

电子工业出版社
Publishing House of Electronics Industry
北京·BEIJING

内 容 简 介

在全球信息化的背景下，网络空间安全已成为国家竞争力的重要组成部分，确保网络空间安全是维护国家主权、安全和利益的重要保障。数据是当前数字经济时代的核心要素，只有确保数据安全可靠，才能保障数字经济的平稳运行和持续发展。网络空间安全与数据安全相互依存，密不可分，只有安全的网络空间才能确保数据得到保护，数据被非法获取、篡改或泄露将会对网络空间造成严重威胁。本书首先分析网络空间的起源、定义及威胁，列出了各种攻击方法及防范措施，分别介绍了网络被动防御技术与主动防御技术，并重点阐述了网络空间安全治理模式；然后阐述数据安全及其属性、数据资产入表和数据跨境流动等基本概念，并对数据治理方法及体系进行详细分析；最后详细说明了虚拟空间与现实空间如何协同治理，重点介绍网络空间对现实空间的影响及协同治理方法。

本书可供高等院校网络空间安全、信息安全相关专业的研究生或高年级本科生使用，也可供从事相关科研工作的学者和工程技术人员参考。

未经许可，不得以任何方式复制或抄袭本书之部分或全部内容。
版权所有，侵权必究。

图书在版编目（CIP）数据

网络空间安全与数据治理 / 黄万伟著. -- 北京：电子工业出版社，2025.4. -- ISBN 978-7-121-50164-7

Ⅰ．TP393.08

中国国家版本馆 CIP 数据核字第 2025CE5061 号

责任编辑：曲 昕　　特约编辑：田学清
印　　刷：三河市兴达印务有限公司
装　　订：三河市兴达印务有限公司
出版发行：电子工业出版社
　　　　　北京市海淀区万寿路173 信箱　　邮编：100036
开　　本：787×1092　1/16　印张：17.25　字数：414 千字
版　　次：2025 年 4 月第 1 版
印　　次：2025 年 4 月第 1 次印刷
定　　价：99.00 元

凡所购买电子工业出版社图书有缺损问题，请向购买书店调换。若书店售缺，请与本社发行部联系，联系及邮购电话：(010) 88254888，88258888。

质量投诉请发邮件至 zlts@phei.com.cn，盗版侵权举报请发邮件至 dbqq@phei.com.cn。

本书咨询联系方式：(010) 88254468，quxin@phei.com.cn。

前　言

在全球信息化的背景下，网络空间安全已成为国家竞争力的重要组成部分，网络攻击、网络间谍活动、信息战等网络安全威胁可能对国家的政治、经济、军事等领域造成严重影响，确保网络空间安全是维护国家主权、安全和利益的重要保障。数据是当前数字经济时代的核心要素，是数字经济健康发展的基石，赋能千行百业，推动各行各业的高质量发展。只有确保数据安全可靠，才能保障数字经济的平稳运行和持续发展。

网络空间安全重在保护网络系统、设备及程序等免受未授权访问、破坏、篡改、泄露和滥用等威胁；数据安全重在保障数据的保密性、完整性和可用性。网络空间安全与数据安全相互依存、密不可分。一方面，数据安全是网络空间安全的核心组成部分，一旦数据被非法获取、篡改或泄露，就可能对网络空间安全造成严重威胁；另一方面，网络空间安全是数据安全的重要保障，只有在安全的网络空间中，数据才能得到有效保护。

网络空间是构建虚拟空间的基础设施，数据是构建虚拟空间的核心要素，鉴于虚拟空间中的安全问题日益突出，如黑客攻击、数据泄露、网络诈骗等，加强网络空间与数据协同治理显得尤为重要。数据在网络空间中传输、存储和处理，面临泄露、篡改等风险，从而威胁到数据的完整性和安全性。数据治理能够有效提升网络空间治理水平，通过对数据的有效管理和利用，能及时发现和防范网络空间中的潜在威胁，保障网络空间安全。

本书是编著者在长期研究网络空间、数据安全防护与安全治理的基础上，从网络空间和数据层面对系统防护与安全治理技术进行的系统性分析和总结，旨在为网络空间防护与数据治理技术方面的学术研究、人才培养提供一份兼具系统广度和技术深度的参考资料。全书由黄万伟撰写并统稿，共7章。第1章主要介绍网络空间的相关概念，并给出了网络空间存在的先天性安全缺陷，重点阐述了网络空间安全的定义、现状及面临的挑战、等级保护、发展趋势及对国家安全的影响。第2章介绍网络攻击与防范，给出了网络攻击的概念、发展趋势、动机、危害，并分别详细介绍了现有的几种攻击手段，重点阐述了针对基础设施和供应链的攻击方法。第3章主要介绍网络安全防御技术，首先介绍了被动防御技术，然后在此基础上介绍了沙箱、蜜罐、入侵容忍和可信计算等主动防御技术，最后重点阐述了网络弹性技术和拟态防御技术。第4章首先介绍数据的概念及属性，给出了数据安全的内涵，然后重点围绕数据采集、数据传输、数据存储、数据处理和使用、数据交换和数据销毁六个阶段给出了具体的防护方法，最后阐述了数据隐私保护技术和云数据的安全存储方法。第5章主要介绍网络空间安全治理，首先介绍了网络空间安全形势、治理理论及重要意义，然后给出了现有的治理主体、主要模式、演变历程、理论及分歧，最后重点介绍了我国网络空间主权主张和实践方法。第 6 章首先介绍数据的相关属性、数据资产入表和数据跨境流动等概念，然后对数据的分类分级、治理框架、治理体系等进行了详细分析，最后从法律法规层面对数据治理人员提出了具体要求。第 7 章介绍虚拟空间与现实空间的定义及关系，对网络空间涉及的意识形态属性进行了阐述，重点介绍了网络空间与现实空间的协调治理方法。参与本书材料整理工作的还有余惠聪、刘红昌、桂文强、朱志龙、梁思远、李昊燃、鲁超凡、李冰岩、郭恒宇、田浩彬、张前程、邵成龙等研究生。

  本书成果源于"数字社会治理下的视频大场景智能计算关键技术研究及产业化"（241100210100）项目，并在项目后续推进过程中不断凝练积累而成。

  本书在出版过程中，得到了郑州轻工业大学和电子工业出版社的大力支持，在此表示衷心的感谢！

  由于著者水平有限，加之网络空间安全治理技术、数据防护技术仍处于快速发展期，书中难免存在遗漏和不足之处，恳请读者批评指正。

目　　录

第1章　网络空间安全 1

- 1.1　网络空间相关概念 1
  - 1.1.1　网络空间起源 1
  - 1.1.2　网络空间定义 1
  - 1.1.3　网络空间演进 2
  - 1.1.4　网络空间特性 3
  - 1.1.5　网络空间主权概念 5
- 1.2　网络空间先天性安全缺陷及挑战 7
  - 1.2.1　网络空间的先天性安全缺陷 7
  - 1.2.2　网络空间安全威胁分类 8
  - 1.2.3　技术革新带来的新威胁 9
- 1.3　网络空间安全定义 11
  - 1.3.1　网络空间安全框架 11
  - 1.3.2　网络空间安全演进历程 12
  - 1.3.3　威胁网络空间安全的常用手段 14
  - 1.3.4　网络空间安全遭受威胁的主要原因 16
- 1.4　网络空间安全现状及面临的挑战 18
  - 1.4.1　网络空间安全现状 18
  - 1.4.2　网络空间安全面临的挑战 20
- 1.5　网络空间安全等级保护 21
  - 1.5.1　网络空间安全等级保护意义 21
  - 1.5.2　网络空间安全等级保护划分标准 23
- 1.6　网络空间安全发展趋势 24
  - 1.6.1　攻击手段加快演进 24
  - 1.6.2　供应链威胁日益突出 25
  - 1.6.3　国家间竞争博弈加剧 26
  - 1.6.4　有组织攻击日益猖獗 27
- 1.7　网络空间安全与国家安全 28
  - 1.7.1　网络空间安全关乎国家安全 28

1.7.2 网络空间安全与国家安全的关联性 29
　　　1.7.3 网络空间安全对国家安全的影响 30
　1.8 网络空间安全竞争 32
　　　1.8.1 国家间的网络空间安全竞争 32
　　　1.8.2 网络空间应对策略 33
　1.9 我国的网络空间安全战略 34

第2章 网络攻击与防范 37
　2.1 网络攻击概述 37
　　　2.1.1 网络攻击概念 37
　　　2.1.2 网络攻击发展趋势 38
　　　2.1.3 网络攻击动机 41
　　　2.1.4 网络攻击危害 42
　2.2 网络攻击分类 43
　　　2.2.1 按攻击来源分类 44
　　　2.2.2 按攻击目的分类 44
　　　2.2.3 按攻击手段分类 45
　　　2.2.4 按攻击对象分类 46
　　　2.2.5 按攻击效果分类 47
　2.3 网络攻击过程与手段 49
　　　2.3.1 网络攻击的过程描述 49
　　　2.3.2 网络攻击的主要手段 50
　2.4 常见的网络攻击 52
　　　2.4.1 漏洞后门攻击 52
　　　2.4.2 注入攻击 53
　　　2.4.3 拒绝服务攻击 55
　　　2.4.4 缓冲区溢出攻击 56
　　　2.4.5 僵尸网络攻击 58
　　　2.4.6 高级持续性威胁攻击 59
　　　2.4.7 社会工程学攻击 61
　2.5 防范网络攻击的技术措施 63
　　　2.5.1 物理层攻击与防范 63
　　　2.5.2 数据链路层攻击与防范 64
　　　2.5.3 网络层攻击与防范 65
　　　2.5.4 传输层攻击与防范 66
　　　2.5.5 应用层攻击与防范 67

- 2.5.6 网络攻击跨层协同防护 69
- 2.6 关键信息基础设施安全防护 70
  - 2.6.1 关键信息基础设施定义及重要性 70
  - 2.6.2 关键信息基础设施常用攻击手段 71
  - 2.6.3 关键信息基础设施攻击手段演进 72
  - 2.6.4 关键信息基础设施防护措施 73
- 2.7 供应链攻击及安全保障 74
  - 2.7.1 供应链风险来源 74
  - 2.7.2 供应链攻击手段 76
  - 2.7.3 供应链攻击防范 77

第 3 章 网络安全防御技术 79

- 3.1 网络防御技术演进 79
  - 3.1.1 网络防御技术推动力 79
  - 3.1.2 网络防御技术的发展演进 80
- 3.2 被动防御技术概述 82
  - 3.2.1 防火墙技术 82
  - 3.2.2 入侵检测系统 85
  - 3.2.3 漏洞扫描技术 88
  - 3.2.4 虚拟专用网络技术 90
  - 3.2.5 入侵防御系统 94
- 3.3 主动防御技术概述 96
  - 3.3.1 主动防御技术概念 96
  - 3.3.2 沙箱技术 98
  - 3.3.3 蜜罐技术 101
  - 3.3.4 入侵容忍技术 103
  - 3.3.5 可信计算技术 106
  - 3.3.6 移动目标防御技术 109
- 3.4 网络弹性技术 112
  - 3.4.1 网络弹性的概念 112
  - 3.4.2 网络弹性技术优势 113
  - 3.4.3 网络安全框架 113
  - 3.4.4 网络弹性设计原则 114
  - 3.4.5 网络弹性系统框架 115
- 3.5 拟态防御技术 116
  - 3.5.1 基于内生安全机制的主动防御 116

3.5.2　拟态防御技术简介 117
　　3.5.3　拟态防御系统架构 118
　　3.5.4　拟态防御核心技术 118
　　3.5.5　内生安全机制 119

第4章　数据安全 121

4.1　数据的概念及属性 121
　　4.1.1　数据的定义 121
　　4.1.2　数据的特征 123
　　4.1.3　数据的生命周期 124
　　4.1.4　数据的分类 125

4.2　数据安全概述 127
　　4.2.1　数据安全的概念 127
　　4.2.2　数据安全的需求 128
　　4.2.3　数据安全的防护手段及措施 130
　　4.2.4　全生命周期的数据安全目标 131
　　4.2.5　数据安全相关的法律法规 132

4.3　数据采集安全 133
　　4.3.1　数据采集的流程 133
　　4.3.2　数据采集阶段的数据安全风险 134
　　4.3.3　数据采集阶段的数据保护原则及方法 134

4.4　数据传输安全 136
　　4.4.1　数据传输安全性概述 136
　　4.4.2　数据传输阶段潜在威胁 137
　　4.4.3　数据传输安全保护措施 138

4.5　数据存储安全 141
　　4.5.1　数据存储安全性概述 141
　　4.5.2　数据存储阶段潜在威胁 142
　　4.5.3　数据存储安全保护措施 143

4.6　数据处理和使用安全 143
　　4.6.1　数据处理安全性概述 143
　　4.6.2　数据污染导致处理错误 144
　　4.6.3　数据污染的来源及危害 145
　　4.6.4　数据安全处理保护措施 146

4.7　数据交换安全 147
　　4.7.1　数据交换概述 147

4.7.2 数据交换阶段潜在风险 148
4.7.3 数据安全交换保护措施 149
4.8 数据销毁安全 150
4.8.1 数据销毁概述 150
4.8.2 数据安全销毁常用方法 150
4.9 全生命周期数据安全防护 152
4.10 数据隐私保护技术 153
4.10.1 数据安全与去标识化技术 153
4.10.2 去标识化技术的重要性 154
4.10.3 去标识化技术 155
4.11 云存储数据安全 156
4.11.1 云数据存储方式 156
4.11.2 云数据存储安全风险 157
4.11.3 云数据安全防护技术 158

第 5 章 网络空间安全治理 160
5.1 网络空间安全治理概念 160
5.1.1 网络空间安全形势 160
5.1.2 国外网络空间安全治理理论 161
5.1.3 我国的网络空间安全治理理论 162
5.1.4 网络空间安全治理的重要意义 163
5.2 网络空间安全治理主体 164
5.3 网络空间安全治理的主要模式 166
5.3.1 网络设施治理 166
5.3.2 网络平台治理 167
5.3.3 网络应用治理 167
5.3.4 网络市场治理 168
5.3.5 社交网络治理 169
5.3.6 网络犯罪治理 170
5.3.7 网络舆情治理 171
5.4 网络空间安全治理演变历程 172
5.5 网络空间安全治理现状 173
5.5.1 网络空间安全形势严峻 173
5.5.2 网络空间安全治理面临的挑战 174
5.6 全球网络空间安全治理理论及分歧 175
5.6.1 网络空间安全治理主要理论 175

- 5.6.2 网络空间安全治理主要分歧 176
- 5.7 国内外网络空间安全治理实践 178
  - 5.7.1 国外网络空间安全治理实践 178
  - 5.7.2 国内网络空间安全治理实践 179
- 5.8 国内外网络空间安全法律与政策 180
  - 5.8.1 国外网络空间安全立法现状 180
  - 5.8.2 国内在网络空间安全方面的法律建设 182
- 5.9 我国网络空间安全治理面临的挑战与机遇 182
  - 5.9.1 网络空间安全治理面临的挑战 182
  - 5.9.2 网络空间安全治理面临的机遇 184
- 5.10 网络空间安全治理的大国博弈 184
- 5.11 我国网络空间主权主张 186
  - 5.11.1 网络主权的基本含义 186
  - 5.11.2 网络主权的体现形式 186
  - 5.11.3 网络主权体的行使原则 187
  - 5.11.4 构建网络空间命运共同体 188
  - 5.11.5 我国倡导的网络主权主张 189
- 5.12 网络空间安全治理的相关国际组织 190
- 5.13 全球网络空间安全治理发展趋势 191

第6章 数据治理 193

- 6.1 数据的相关属性 193
  - 6.1.1 数据的价值属性 193
  - 6.1.2 数据资产定义及管理 194
  - 6.1.3 数据资产评估和核算方法 196
- 6.2 数据资产入表 196
  - 6.2.1 数据资产入表的理论基础与法律依据 196
  - 6.2.2 数据资产入表的重要意义 197
  - 6.2.3 数据资产入表的技术手段 198
  - 6.2.4 数据资产入表的合规与授权 198
- 6.3 数据治理概述 200
  - 6.3.1 数据治理概念及意义 200
  - 6.3.2 数据治理范围 201
  - 6.3.3 数据治理必要性 203
- 6.4 数据主权及意义 204
  - 6.4.1 数据主权内涵 204

	6.4.2 数据主权事关国家主权 204
	6.4.3 数据主权保护 205

6.5 数据跨境流动及其治理 206
6.5.1 数据跨境流动 206
6.5.2 数据跨境流动治理分析 207
6.5.3 数据跨境流动治理手段 208

6.6 数据的分类分级 209
6.6.1 数据分类分级定义及原则 209
6.6.2 数据分类框架 210
6.6.3 数据分类方法 211
6.6.4 数据分级框架 213
6.6.5 数据分级方法 213

6.7 数据安全治理概述 214
6.7.1 数据安全治理原则 214
6.7.2 数据安全治理核心内容 215
6.7.3 数据安全治理参考框架 217
6.7.4 数据治理面临的挑战 218
6.7.5 数据安全治理内涵 219

6.8 数据安全治理框架 221
6.8.1 数据梳理与数据建模 222
6.8.2 元数据管理 225
6.8.3 数据标准管理 227
6.8.4 主数据管理 229
6.8.5 数据质量管理 231
6.8.6 数据安全治理 232
6.8.7 数据集成与共享 236

6.9 数据安全治理法律法规及人员要求 238

第7章 虚拟空间与现实空间协同治理 241

7.1 虚拟空间与现实空间的定义及关系 241
7.1.1 虚拟空间与现实空间的定义 241
7.1.2 虚拟空间与现实空间的关系 242

7.2 网络空间的意识形态属性 243
7.2.1 网络空间意识形态的内涵 243
7.2.2 网络空间意识形态的特征 244
7.2.3 网络空间意识形态治理 246

7.3 虚拟空间影响现实空间的途径及方式 247
7.4 网络空间与现实世界协同治理 250
　　7.4.1 网络空间与现实世界协同治理的必要性 250
　　7.4.2 网络空间与现实世界协同治理的技术挑战 251
7.5 网络空间与现实世界协同治理原则与框架 253
　　7.5.1 网络空间与现实世界协同治理原则 253
　　7.5.2 网络空间与现实世界协同治理框架 255
7.6 网络空间与现实世界协同治理主体与职责 255
7.7 网络空间与现实世界协同治理案例 257
7.8 网络空间与现实世界协同治理流程 260

第 1 章　网络空间安全

1.1　网络空间相关概念

1.1.1　网络空间起源

网络空间（Cyberspace）一词首次出现在美国科幻作家威廉·吉布森（William Gibson）于 1981 年所著的短篇科幻小说《燃烧的铬》（*Burning Chrome*）中，是为计算机所创建的虚拟信息空间。1984 年，威廉·吉布森在其长篇小说《神经漫游者》（*Neuromancer*）中再度使用该词，并预测了 20 世纪 90 年代的计算机网络世界，网络空间一词也因该小说三次荣获科幻文学大奖而被世人所熟知。但由于当时计算机应用尚未普及，网络空间的概念更多的是对未来情景的一种幻想描述，离现实生活还比较遥远。随着计算机网络的发展，特别是互联网的兴起，网络空间所描述的预言幻想渐成事实，人们开始用网络空间来命名这个人类创造的，用于产生、存储和交换信息的虚拟空间，对它的定义则随着信息技术、网络技术的发展及其与人类社会的融合深化而不断演变。

1.1.2　网络空间定义

网络空间是人们为刻画所生存的信息环境而创造出来的虚拟空间，它将人类社会、信息世界和物理世界紧密地联系在一起，已成为与陆地、海洋、天空、太空同等重要的人类活动新领域，也是人类在信息时代的基础活动空间。

2008 年颁布的美国国土安全 23 号总统令和美国国家安全 54 号总统令提出："网络空间是信息环境中的一个整体域，是由连接各种信息技术基础设施的网络及所承载的信息活动构成的人类社会活动空间，包括互联网、各种电信网、各种计算机系统、各类关键工业设施中的嵌入式处理器和控制器等，同时涉及虚拟信息环境，以及人与人之间的相互影响"。

2010 年，国际电信联盟对网络空间进行了描述，认为网络空间是由计算机、计算机系统、网络及其软件、计算机数据、内容数据、数据流量及用户等要素创建或组成的物理或非物理的交互领域。该描述涵盖了用户、物理设施和内容逻辑三个层面，赋予了网络空间新的内涵。

2016 年，我国在《中华人民共和国网络安全法》中对网络空间的重要性进行了阐述，根据该法可将网络空间定义为"由信息化技术构成的立体空间，包括互联网、通信网络和计算机信息系统，是现代经济、科技、文化、社会、政治的重要组成部分，是人类社会发展进步的重要标志之一"。网络空间不仅是信息化技术的产物，还是一个涵盖了各个领域的综合体系，具有广泛的社会意义和深远的影响。

从国内外有关网络空间的概念描述中可知，网络空间是人类为促进人与人之间的交流互动、信息的使用和探索而创设的新空间，其以各种形态的网络、设备、信息系统、电子器件和电磁频谱为物质基础，以相关系统和设备所产生、传递、处理、利用的数据及其蕴含的信息为核心资源，以信息技术、人工智能（Artificial Intelligence，AI）技术等为纽带，融合人类社会、信息世界和物理世界（人-机-物）三元世界，成为与人类息息相关、支撑人类面向未来生存和发展的最重要的空间域。

1.1.3 网络空间演进

随着科技的不断进步和社会的快速发展，网络空间经历了三个关键的演进阶段。从最初的通信网络阶段到信息网络阶段，再到未来网络阶段的前瞻性构想，这三个阶段代表了网络技术和应用的重大变革，深刻影响着我们的生活和工作方式，持续推动人类社会向前发展。网络空间经历的三个发展阶段如图 1-1 所示。

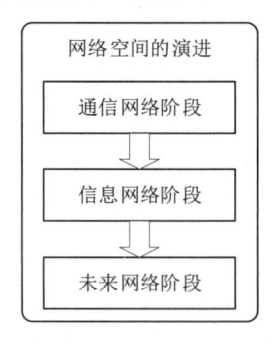

图 1-1 网络空间经历的三个发展阶段

1）通信网络阶段

通信网络阶段的时间跨度是 20 世纪 60 年代至 20 世纪 80 年代，网络发展的核心特征是以电话网络为主导。这个时期通信网络进入初期阶段，人们通过电话线实现了远程语音通信，这一革命性进展改变了人们的沟通方式。在此期间，通信网络主要依赖于模拟信号传输，声音信号以连续的形式传输，因此会受到噪声的影响，从而导致失真。然而，随着数字技术的发展，如综合业务数字网（Integrated Service Digital Network，ISDN）等出现，通信技术逐渐实现了信号的离散传输，从而提高了通信质量和效率。此外，通信网络阶段的重要里程碑是阿帕网（ARPA Net）的建立，ARPA Net 是第一个实现分组交换的网络，由美国国防部高级研究计划局（Advanced Research Projects Agency，ARPA）于 1968 年创建。ARPA Net 的建立为互联网技术的发展奠定了基础，标志着网络技术迈向了新的阶段。这些共同构成了网络空间在通信网络阶段的发展轨迹,为后续信息网络阶段的到来奠定了基础。

2)信息网络阶段

信息网络阶段的时间跨度大致是 20 世纪 90 年代至 21 世纪初。互联网经过不断发展和演变,已经成为一个具有强大计算能力和信息处理功能的计算机系统。信息网络不仅具有传输数据和信息的功能,还有处理信息的功能。互联网的广泛应用和万维网(World Wide Web,WWW)的出现标志着网络空间从简单的通信转向了信息的广泛分享和交流。万维网的诞生促进了信息的数字化和访问的全球化,使人们能够通过网络轻松获取、分享和传输信息,使网络成为最重要的信息来源之一。随着信息网络的发展,各种应用开始兴起,如邮件、搜索引擎、在线论坛和门户网站等,丰富了网络空间的内容,为用户提供了更加丰富多样的信息资源,促进了知识的传播和意见的交流。这些特征共同构成了网络空间在信息网络阶段的发展轨迹,为网络空间的进一步发展和未来网络阶段的到来奠定了基础。

3)未来网络阶段

未来网络阶段的时间跨度是 21 世纪 10 年代至今,网络发展已具备多个核心特征。随着移动互联网、物联网(Internet of Things,IoT)、云计算、大数据、人工智能等新兴技术的不断发展,网络空间正在进入一个全新的发展阶段。新兴技术的融合与应用将深刻改变人们对网络的使用方式和期待。未来网络强调智能化和个性化服务,不再仅仅是信息交换的平台,而是智能处理、数据分析和决策支持的重要基础,可以为用户提供个性化定制服务。进一步讲,未来网络的发展将受益于 5G/6G 通信、量子通信、边缘计算等前沿技术的快速发展,使网络具备更快的速度、更低的延迟和更高的安全性,支持更广泛的应用场景,如虚拟现实、增强现实、自动驾驶等。未来网络将推动社会治理、经济发展和文化交流的创新,形成更紧密的全球互联互通网络体系,为全球经济的发展和文化交流提供更便利的平台。

综上所述,网络空间的演进过程展现了一个明显的变化趋势,即从简单的数据传输到复杂的信息交互,再到高度智能化的网络连接。然而,随着网络的普及和应用的深入,安全问题也变得越来越凸显。网络攻击、数据泄露、侵犯隐私等网络安全事件频发,给个人、企业和国家带来了严重的损失。因此,未来网络的发展必须重视安全问题,加强网络安全技术的研发和应用,建立完善的网络安全防护体系,确保网络安全、稳定地运行,将进一步推动人类社会进入一个全新的数字化、智能化时代。

1.1.4 网络空间特性

在当今的数字化时代中,网络空间已经成为人类社会不可或缺的一部分。与天然存在的陆地、海洋、天空、太空等物理空间相比,网络空间是以各种形态的网络、设备、信息系统、电子器件和电磁频谱为物质基础,以相关系统和设备所产生、传递、处理、利用的数据及其蕴含的信息为核心资源,共同构建的一个庞大、复杂的虚拟环境。网络空间的特性可归纳为开放性、共享性、脆弱性和现实性。

1）开放性

网络空间是极具开放性的。一方面，只要遵守相关的网络协议，任何人都可以自由连接网络，与处于不同地域空间的人联系，接触到在不同时间里呈现的信息；另一方面，在网络空间中，任何人都可以进行自由的信息创作和发表，所有的信息都可以在网络空间中自由传播而不必担心会受到限制。网络空间在容纳不同信息的同时，也向外输送信息，使得相关信息在网络空间中自由传播。这不仅使网络空间发生着变迁，也使信息本身不断获得新的形态。网络空间是我们每天都依赖着的世界，因为有了网络空间，人类的信息交流比任何一个历史时期都更容易，网络空间打破了地域界限，使我们生活的世界成为网络地球村。根据统计，2025年年初全球互联网用户已达到55亿，大约占到世界人口总数的68%。

2）共享性

互联网的出现是信息技术的重大革命，其采用包交换和TCP/IP协议等技术，把不同类型和装有不同操作系统的计算机连接起来，使不同的计算机能通过网络进行信息交流与信息共享。在互联网尚未问世之前，信息交流与信息共享因受限于物理媒介和地域，面临巨大的挑战。如今，用户能通过互联网访问全球范围内的信息资源，实现信息的快速获取和共享。网络技术的发展使信息资源得到了史无前例的开发、利用、传播和整合，使信息生产成本、流动成本、获取成本都大为降低，为信息的高度共享创造了良好的条件。在网络空间中，没有时间和地域的限制，也没有宗教信仰和文化的限制，更没有价值观差异的限制，进入其中就能通过搜索引擎获取所需的信息。

3）脆弱性

网络空间的开放性为企图攻击互联网的个人、团体和机构提供了机会，即使在网络安全技术不断提高和网络安全级别不断升级的情况下，都无法避免网络入侵、黑客攻击、计算机犯罪，网络空间的脆弱性不言而喻。具体而言，无论是网络通信平台，还是操作系统；无论是程序设计，还是系统安全配置；无论是线上监控，还是线下安全管理等，与网络空间有关的一切部件都存在着或多或少的漏洞，而这正是网络攻击的切入点。同时，互联网必须借助设备、机房、电力设备等基础设施才能正常运转，而这些基础设施往往也是网络空间战的攻击对象。因此，网络空间看似强大无比，实际上极其脆弱。也正是因为其极其脆弱，才使得网络空间安全和网络安全战略在国家安全中始终占据着极其重要的地位。

4）现实性

网络空间的现实性深刻揭示了其与现实世界的紧密联系。尽管网络空间在形式上是虚拟的，但并不是脱离现实世界独立存在的，而是现实世界在虚拟空间中的反映和延伸。这种现实性体现在多个方面。首先，网络空间与物理空间存在着紧密的联系，网络空间中的各种活动和现象，如社交媒体的互动、电子商务交易、在线教育的实施等，实际上是物理空间中人类活动的网络化体现。上述活动和现象的产生、发展和消亡都受到现实世界中各种因素的影响与制约，从而使得网络空间与物理空间相互影响、相互制约。其次，网络空间的现实性还表现在具体的物理实现上，网络空间中的信息流动和数据处理都需要通过具体的物理设备与技术手段来实现,而这些物理设备和技术手段的存在与运行都受到现实世界的物理规律、法则的制约,因此网络空间活动的实现方式反映出现实世界的物理特性和规律。最后,网络空间的现实性还体现在其对现实世界的反映和影响上,网络空间不仅是对现实世界的简单模仿和复制,还对现实世界产生了深远的影响。例如,社交媒体和信息传播技术的发展改变了人们获取信息与交流的方式,对政治、经济和社会产生了广泛的影响。

开放性、共享性、脆弱性和现实性四个特性共同构成网络空间的多维度特征,这四个特性不仅各自独立存在,还相互关联、相互影响,共同塑造了网络空间的复杂性和多样性。其中开放性、共享性和现实性使得网络空间成为一个重要的信息交流与业务处理平台,而脆弱性则需要我们采取有效的安全措施来保护数据和系统的安全。这四个特性共同影响网络空间的安全性和稳定性,正确把握这四个特性的内涵和影响,能更好地发挥网络空间的潜力,推动其可持续发展。网络空间的特性如表 1-1 所示。

表 1-1　网络空间的特性

特　　性	积极作用	安全风险
开放性	促进信息流通和知识共享,推动创新和合作	安全漏洞容易被利用,导致信息泄露和滥用
共享性	提高资源利用效率,降低信息获取成本	版权和知识产权被侵害,信息被不当分享或篡改
脆弱性	促使网络安全技术不断提升,引起人们对网络空间安全的重视和投入	面临网络入侵、黑客攻击和恶意软件威胁,基础设施遭受破坏
现实性	扩展现实世界,使信息获取更便捷;提供虚拟环境,便于远程工作和远程学习	网络虚假信息传播的可能性增加,难以完全区分虚拟世界与现实世界,可能导致人们认知混乱

1.1.5　网络空间主权概念

网络空间主权是指一个国家在建设、运营、维护、使用网络,以及网络安全的监督管理方面所拥有的自主决定权,也是国家主权在网络空间的自然延伸和表现,是国家主权的重要组成部分。作为国家主权的自然延伸和表现,网络空间主权集中体现了国家在网络空间中可以独立自主地处理内外事务的权力,各国享有在网络空间中的独立权、平等权、自卫权和管辖权等权力。

1)网络空间的独立权

网络空间的独立权是网络空间主权的重要表现,要求一国的互联网系统,无论是在资源上,还是在应用技术上都不受制于任何国家或组织。网络空间的独立权意味着国家在其管辖的网络空间范围内行使国家权力,不受任何外来干涉,具有完全的自主性和排他性。国家可以依照其意志、宪法及其他法律管理和控制本国的网络空间,制定和颁布规范网络空间的法律法规,建立网络军事力量保卫本国网络空间的安全,以及确定国内的网络制度等。另外,在处理国际事务时,国家享有自由度和独立性,可以自由地处理本国的国际事务,包括连接本国网络和外国网络、参加互联网国家会议、缔结跨国网络合作协议等。

2)网络空间的平等权

网络空间的平等权是对独立权的进一步拓展,确保了各国网络能够基于平等的原则实现互联互通,并在国际法上享有同等的权利与义务。这一权利防止了因网络资源分配不均而导致的国家在互联网领域中的地位差异,从而保障了国际网络环境的公正性。网络空间的平等权具体体现在各国具有平等接入和参与网络空间的机会,包括在网络治理、网络安全和网络发展等方面的平等参与权与决策权,可以平等获取和使用网络空间中的资源(如数据、技术和信息),以及在维护网络安全和打击网络犯罪等方面承担相应责任并享有相应保护措施,确保各国在网络空间中受到公平对待,实现机会均等和共同发展。

3)网络空间的自卫权

网络空间的自卫权是独立权的延伸,在国家网络空间面临外部威胁或攻击时,国家有权保护本国网络空间不受侵犯,这是国家主权在网络空间的重要体现。国家在网络空间中拥有自卫权,国家有权采取防御措施来保护网络基础设施、信息系统和数据资源不受外部攻击和侵害,如加强安全防护、建立监测和预警机制及制定应急预案等。同时,当本国网络遭受攻击时,国家有权在遵守国际法的前提下采取必要的反击措施进行溯源和打击,以维护本国网络安全和利益。此外,国家也有权与其他国家开展网络安全合作,通过信息共享、技术合作和人员培训等方式共同应对网络安全威胁和挑战,以提升全球网络空间的整体安全水平。

4)网络空间的管辖权

国家对网络空间的管辖权体现为对本国网络系统、数据及其运作过程拥有最高层次的管理权与控制权。当前,各国实际上均在行使管辖权。要界定网络空间管辖权的范畴,首要任务是明确"领网"的界定,即"位于领土上的、用于提供网络与信息服务的通信设施"。这已成为当前国际社会在互联网管理上的一个普遍认可的基础。据此,各国拥有自主权,可独立制定适用于本国的网络管理体系,包括决定境内互联网运营实体的运营模式、业务范畴及违规处罚措施等。对于违反国际法的网络行为,如网络犯罪、网络恐怖主义等,国家有权对发生在其境外的、违反国际法的网络行为进行打击和追责。

网络空间主权的确立,一方面将本国公民在网络空间中的自由权利纳入国内法律的范畴;另一方面也赋予了网络参与者一系列法治保障,以促进其自由表达与参与。此外,网络空间主权还为国家维护网络秩序、保障国家利益及公众利益提供了坚实的法律基础,确保依法治网。

1.2 网络空间先天性安全缺陷及挑战

1.2.1 网络空间的先天性安全缺陷

随着网络规模的扩大、传输速度的提高及节点关系变得越来越复杂,网络空间安全问题的分析越来越困难。随着网络应用的普及,网络安全问题更加凸显。网络空间存在安全漏洞的根本原因在于计算机网络系统自身存在先天性安全缺陷,涉及系统、协议、硬件、软件和应用等多个层面。

1)系统层面

在系统层面,先天性安全缺陷表现为系统设计基于默认信任环境、权限管理不严,以及漏洞修复机制不足。这些缺陷导致系统容易受到内部威胁和外部攻击的影响,权限设置过于宽松增加了安全风险,而缺乏有效的漏洞修复机制则使得已知漏洞长时间存在而无法被修复,进而使系统容易受到利用已知漏洞的攻击。因此,在系统开发和维护的过程中,需要特别关注这些方面,并采取相应的措施来加强安全防护。

2)协议层面

在协议层面,先天性安全缺陷的具体表现包括安全考虑不足、缺乏加密与认证机制。早期的网络协议[如互联网协议(Internet Protocol,IP)、超文本传输协议(HyperText Transfer Protocol,HTTP)]未将安全性作为设计的重点,这导致了如 IP 地址欺骗和中间人攻击等问题的出现。此外,数据传输往往未采用通用的加密措施,也缺乏有效的身份认证机制,这使得数据容易被截获和篡改。这些缺陷使得数据在传输过程中更容易受到攻击和窃听,因此在设计和实施网络协议时需要更多地考虑安全性,包括加密通信和身份认证等措施的应用。

3)硬件层面

在硬件层面,先天性安全缺陷包括固件安全漏洞、物理安全漏洞和供应链问题。固件安全漏洞指的是硬件设备的固件难以及时更新,可能存在已知的安全漏洞,使得设备成为攻击目标。物理安全漏洞则指硬件设备可能存在物理接口的安全问题,如通过 USB(Universal Serial Bus,通用串行总线)接口等进行恶意操作。供应链问题可能导致硬件组件在生产和分发过程中被植入后门或恶意代码,如供应商遭受攻击或出于不良动机在芯片中植入恶意代码,给供应链安全带来了风险,影响最终产品的安全性。上述问题使得硬件设备易受攻击,因此在设计、制造和维护硬件设备时需加强安全措施,以降低风险。

4)软件层面

在软件开发中,先天性安全缺陷涉及安全非首要考虑因素、输入验证不足和依赖的安全性等问题。早期的软件开发更侧重于功能实现和性能优化,安全设计被忽视,以致软件容易出现漏洞。输入验证不足使得软件容易受到结构化查询语言(Structural Query Language,

SQL）注入、跨站脚本（Cross Site Script）等攻击。另外，软件依赖的第三方库和组件可能存在安全漏洞，对整体安全构成威胁。这些问题表明在软件开发过程中，必须更加重视安全性问题，包括提前考虑安全需求、加强输入验证并审慎地管理依赖项，以降低潜在的安全风险。

5）应用层面

在应用层面，先天性安全缺陷主要包括默认配置不安全、会话管理缺陷和数据保护不足。默认配置不安全指的是应用程序的默认设置倾向于便利性而非安全性，如默认密码、开放的管理接口等，容易被攻击者利用。会话管理缺陷可能导致出现会话固定、会话劫持等安全问题，影响用户的身份认证和授权机制。数据保护不足意味着应用程序对用户数据的保护措施不足，尤其是敏感信息的加密存储和传输处理不当，使得用户数据容易泄露或有被篡改的威胁。这些安全缺陷需要在应用程序设计和实施过程中得到充分考虑和解决，以确保应用程序的安全性和对用户数据的保护。

1.2.2 网络空间安全威胁分类

网络从诞生开始便伴随着先天性安全缺陷，如复杂的拓扑结构、协议与软件的漏洞、系统设计不足，使得网络容易受到内、外部威胁。内部威胁主要来自网络内部的人员或系统。例如，内部人员利用职权进行非法操作，或者内部人员缺乏足够的安全意识，导致敏感信息泄露。另外，内部系统的漏洞和不当配置也可能被攻击者利用，进而对网络造成损害。而外部威胁则主要来自网络外部的攻击者。黑客可能利用漏洞进行攻击，窃取敏感信息或破坏系统。此外，病毒、特洛伊木马等恶意软件也可能通过网络传播，对用户的计算机和数据进行破坏。网络内、外部威胁的来源及表现形式如表1-2所示。

表1-2 网络内、外部威胁的来源及表现形式

威胁类型	威胁来源	表现形式
内部威胁	网络内部人员	内部人员恶意行为，如滥用职权进行非法操作；内部人员缺乏足够的安全意识，导致敏感信息泄露
	网络内部系统	内部系统漏洞和不当配置被利用
外部威胁	网络外部攻击者	黑客利用漏洞进行攻击，窃取敏感信息或破坏系统；病毒、特洛伊木马等恶意软件通过网络传播，对用户的计算机和数据进行破坏

在网络安全领域内，内部威胁和外部威胁并非孤立存在，而是存在复杂的相互影响关系。

（1）内部威胁和外部威胁相互利用。内部人员可能与外部攻击者勾结，提供敏感信息或内部系统的访问权限，使外部攻击者更容易渗透组织的网络系统。同时，外部攻击者也可能利用内部人员的不满或疏忽，通过社会工程学手段诱导他们执行恶意操作或泄露敏感信息。

（2）内部威胁和外部威胁的存在可能相互加剧组织的整体安全风险。内部威胁会导致组织的安全防护体系出现漏洞，让外部攻击者有了可乘之机。同样，外部威胁的频繁发生

和严重性可能使内部人员感到不安或对安全措施失去信任,从而增加了内部威胁的风险。

(3) 应对内部威胁和外部威胁时也需要相互协调和配合。组织在应对外部威胁时,需要考虑到内部人员可能做出的反应和行为,确保安全策略的实施不会引发内部人员的不满或抵触情绪。同样,在应对内部威胁时,也需要考虑到外部攻击者可能利用内部漏洞进行攻击的情况,采取内外兼防的安全措施。

为了全面保障网络安全,组织应当制定综合性的安全策略,加强内、外部的安全防护和协调配合。通过提升内部人员的安全意识、加强访问控制、定期更新和修补系统漏洞、建立安全事件响应机制等措施,有效降低内部威胁和外部威胁带来的风险,确保网络系统的安全和稳定。

1.2.3 技术革新带来的新威胁

随着人工智能、云计算等新一代信息技术的持续创新发展,网络环境变得越来越复杂,网络安全也面临着新的挑战和威胁。新兴技术在为社会带来便利和进步的同时,也引入了新的安全漏洞和攻击手段。以下是人工智能、物联网、5G 技术、区块链(Block chain)技术、云计算和边缘计算(Edge Computing)等新兴技术给网络安全带来的新威胁。

1)人工智能

人工智能的广泛应用在给生活带来便利的同时,也为网络安全带来了新的威胁。攻击者可以利用人工智能和机器学习(Machine Learning, ML)技术,以更智能和更快速的方式执行自动化攻击,使得传统的防御手段难以应对。例如,智能化的钓鱼攻击可以通过分析个体用户的行为和偏好,制定更有针对性的欺骗手段。此外,恶意软件可以通过人工智能变异逃避检测,避免被基于特征的传统安全检测方法所识别,安全团队需要不断升级检测技术,以适应恶意软件的不断演变。此外,数据污染问题同样严重,恶意的训练数据可能导致机器学习模型被篡改或产生偏差,进而影响其决策。

2)物联网

物联网快速发展的同时,也引发了一系列的网络安全问题。许多物联网设备存在安全设计上的漏洞,如使用默认密码、未加密的通信等,使之成为攻击者的理想目标。随着物联网设备数量的激增,攻击者利用更多的入口进行网络入侵,特别是在家庭和工业控制系统中,攻击者可能通过入侵一个弱防护的物联网设备来渗透整个网络。此外,物联网设备在收集和传输大量个人数据的同时,增加了隐私数据泄露的风险。如果不采取适当的安全措施,将会导致敏感信息泄露,进而引发隐私问题。加强物联网设备中的隐私保护机制,包括数据加密和匿名化处理,有助于降低数据泄露的风险。

3)5G 技术

5G 技术为网络带来了前所未有的高传输速度和低延迟,但也为网络安全带来了新的威胁。网络切片作为 5G 技术的核心特性之一,为运营商提供了更大的灵活性,但存在着切片间的隔离措施不充分的问题,可能导致攻击者在不同切片之间进行跳转,进而发起跨切片攻击。这种新型攻击方式可能使得传统的网络安全防御手段失效，给网络安全带来了极大的挑战。另外，5G技术支持更多的设备连接，这意味着网络中的潜在攻击端点数量大幅增加。从智能家居设备到工业控制系统，各种设备都可能成为攻击者的目标。大量的端点增加了网络管理的复杂性，给网络安全带的维护来了更大的压力。

4）区块链技术

区块链技术凭借其去中心化、不可篡改的特点，为网络安全提供了新的可能性，同时带来一些新的威胁。例如，51%攻击，攻击者通过超过半数的网络哈希率，就能对区块链进行双重支付攻击或者阻止某些交易。智能合约漏洞是另一个安全问题，智能合约的编写错误或漏洞会导致资金损失，智能合约漏洞可能会被攻击者利用，这就需要我们不断学习并采用最佳实践方法来编写安全的智能合约。除此之外，隐私泄露也是区块链技术面临的一个难题，尽管区块链是相对匿名的，但在某些情况下，通过对交易的分析，可能揭示用户的身份和行为。这种隐私泄露的风险可能会导致出现用户身份被盗用、欺诈等犯罪活动。

5）云计算

云计算作为新一代信息技术，在提供高效、便捷的信息技术资源服务的同时，给网络安全带来了新的威胁，云服务配置不当、共享资源风险和供应链攻击是关键的安全隐患。云服务配置不当可能会导致敏感数据意外泄露。例如，未正确设置权限的数据存储桶被公开访问，任何连接互联网的人都能访问其中的数据。多用户共享物理资源和逻辑资源能增加资源利用率，也增加了跨用户攻击的风险。攻击者可能会利用云环境中的侧信道攻击等手段，获取其他用户的信息，进而实施更复杂的网络攻击。供应链攻击也是一个不容忽视的威胁。云服务提供商拥有庞大的用户群体和丰富的数据资源，是攻击者的首选目标。攻击者一旦成功入侵云服务提供商的系统，就能获得大量的用户数据，进而利用这些数据进行更深入的攻击，对网络安全构成严重威胁。

6）边缘计算

边缘计算作为一种将数据处理和分析能力推向网络边缘的架构，为实时应用和低延迟需求提供了有力支持，但同时带来了新的网络安全威胁。保障数据安全和隐私是边缘计算面临的关键挑战。由于边缘计算节点通常要处理大量的数据，并且这些节点可能位于物理上不够安全的位置，如工厂车间、公共场所等，因此增加了数据泄露的风险。攻击者一旦获得对边缘设备的访问权限，就能窃取敏感数据或滥用数据信息，对个人隐私和企业安全造成严重威胁。随着边缘设备数量的增加，确保每个节点的安全配置和及时更新变得更加困难。如果设备存在漏洞或配置不当，攻击者就可能利用这些弱点进行攻击。此外，由于边缘设备通常分散在不同的地理位置，对其进行集中管理更加困难。

1.3 网络空间安全定义

1.3.1 网络空间安全框架

在当今的数字化和信息化时代中,网络空间安全与国家安全、企业安全和个人隐私保护息息相关。网络空间安全是保护网络系统、网络设备、网络数据和网络通信免受未授权访问、攻击和损害的一系列措施与技术,包括确保网络系统的可用性、完整性和机密性,以及防止网络空间免受恶意行为、网络犯罪和网络战争等威胁。网络空间安全涵盖了各种层面,包括网络基础设施的安全、信息安全、系统安全、应用安全等。

网络空间安全框架大致可以分为物理层安全、系统层安全、网络层安全和数据层安全四部分,如表 1-3 所示。

表 1-3 网络空间安全框架

安全层级	攻击手段	常用防护手段
物理层安全	电磁干扰导致通信故障或信息泄露,特洛伊木马病毒注入破坏设备功能或窃取信息	电磁隔离技术、电磁防护技术、干扰屏蔽技术、特洛伊木马检测与识别技术、侧信道攻击防御技术
系统层安全	操作系统被入侵或受到恶意控制,导致信息泄露或服务停止;恶意软件注入感染系统,破坏数据或窃取信息	漏洞挖掘与修补、入侵检测与防御技术、应急响应技术、恶意软件检测与防御技术、应用控制技术
网络层安全	网络路由被篡改,导致数据传输到错误的目的地或被拦截;网络流量被监控或分析,导致隐私泄露或信息被窃取	路由传输安全技术、数据包认证技术、多路径路由技术、匿名通信技术、流量监测与取证技术、用户行为分析技术
数据层安全	数据泄露导致隐私泄露或机密信息泄露,数据被篡改导致信息不可信或服务中断	数据加密技术、数字签名技术、身份认证技术、数据完整性检查技术、数据备份与恢复技术

1)物理层安全

物理层安全为网络空间提供安全的构建实体,是网络空间安全的物质基础。物理层安全主要包括以下三方面。

(1)保障物理设备硬件实体的可靠性,主要涉及物理设备的生存性技术、容错技术、容灾技术及冗余备份技术等。

(2)抵御来自物理层的恶意攻击和特洛伊木马注入,主要涉及特洛伊木马检测与识别技术、侧信道攻击防御技术、硬件信任基准及可信定制技术等。

(3)保障物理设备电磁安全:一是降低物理设备自身电磁辐射带来的泄密风险,主要涉及电磁隔离技术、电磁防护技术等;二是防范对方电磁干扰破坏己方物理设备、物理传输通道的可靠性和可用性,主要涉及干扰屏蔽技术、干扰控制和电子攻击技术、电子支援技术等。

2)系统层安全

系统层位于物理层之上,是网络空间互联互通、互操作和执行各类服务应用的平台实体。系统层安全主要面向保障网络信息系统的可靠性、可用性和可控性,以及内外两个方面内容:一是针对系统内部的安全性提升,主要涉及系统安全体系结构设计、系统及软件脆弱性分析、漏洞挖掘与修补、软件的可信建模与运行监控等技术;二是针对系统外部黑客攻击的安全防御,包括抵御安全漏洞恶意利用、恶意软件/远程特洛伊木马/病毒注入攻击、系统非法控制、系统资源消耗等攻击手段,主要涉及系统安全风险评估、入侵检测、入侵防护、应急响应、系统恢复等技术和相应的安全防护策略。

3)网络层安全

网络空间人-机-物三元实体间通过泛在互联的网络进行信息交换,网络层为实体间的数据交换和传送提供可靠的通信架构和协议支持。网络层安全的目标是保障负责连接网络空间实体的中间网络自身的安全性。其中网络协议作为网络空间的神经系统,其安全性是保障网络空间泛在互联和正常运转的基石。网络协议多种多样,不同网域、不同网络功能层面都有相应的网络协议支持。例如,互联网、移动通信网、物联网、工控网分别有其专属的网络协议,针对同一网域的不同功能层面又分为连接控制协议、路由协议、信令控制协议、应用接口协议等。此外,为了应对网络层的安全威胁,可以通过多种防护措施来提高网络连接的安全性,如通过使用认证、监听、探测、发送冗余数据包及多径路由等手段来加强网络路由的安全性。

4)数据层安全

数据作为网络空间流动和存储的核心资源,是网络空间中人-机-物三元实体的具体映射,因此我们要对数据的机密性、真实性、完整性、不可否认性、可用性等安全属性提供保护,这是网络空间安全的核心内容。数据层安全可以确保网络空间中各层次间产生、处理、传输和存储的数据资源免受未授权访问、泄露、冒充、窃取、篡改和毁坏等威胁,传统的数据安全保护技术涉及数据备份、数据加密保护、完整性检查、数字签名及身份认证等技术。

1.3.2 网络空间安全演进历程

随着通信技术和信息技术的发展,互联网的出现成为信息技术发展中的一个里程碑事件,极大地改变了人们处理信息的方式和效率。网络空间安全大致经历了通信保密、计算机安全、信息安全、网络空间安全四个阶段,如图1-2所示。

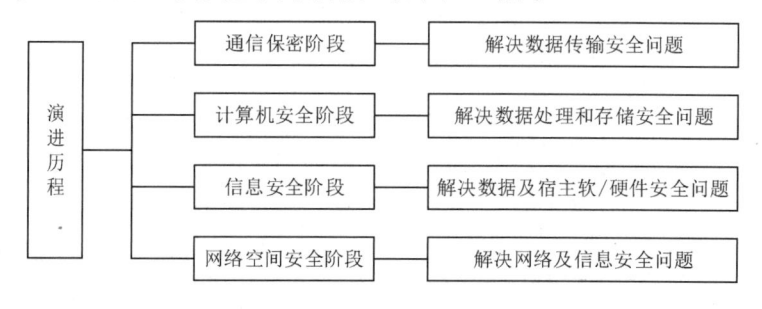

图1-2 网络空间安全演进历程

1)通信保密阶段

通信保密阶段的时间跨度为 19 世纪 40 年代至 19 世纪 70 年代,是网络空间安全演进历程中的早期阶段。在这一阶段,随着战争的接连爆发和情报活动的不断增多,军事通信成为双方争夺信息优势的关键领域。为了防止敌方截获和解读机密信息,加密技术成为通信安全的核心。通过设计巧妙的加密算法和密钥管理方案,通信双方能够在不安全的信道中安全地传输信息,有效防止敌方窃取和破译信息。同时,这一阶段的通信安全还着重强调数据的完整性保护,采用校验码、数字签名等手段确保信息在传输过程中不被篡改。1949年,香农发表的《保密通信的信息理论》标志着密码学正式成为一门学科,为后续的密码学研究奠定了坚实的理论基础。1976 年,斯坦福大学的 Diffie 和 Hellman 提出公钥密码体制,这一革命性的创新彻底改变了传统密码学的面貌,为现代通信安全提供了强大的技术支持。以上两大标志性事件共同推动了网络空间安全的飞速发展,奠定了整个网络空间安全领域的基石。

2)计算机安全阶段

20 世纪 80 年代,计算机安全概念日趋成熟,其主要宗旨在于运用各种措施与控制手段,确保信息系统资产(包括硬件、软件、固件及通信、存储和处理的信息)安全,具备高度的机密性、完整性和可用性。在这一时期,计算机在处理、存储信息数据等方面的应用越来越广泛,各行各业都采用计算机处理各种业务。在这一背景下,美国国防部于 1983 年出版了《可信计算机系统评估标准》(TCSEC),该标准成为计算机安全领域的重要里程碑。该标准不仅为计算机系统的安全评估提供了统一的标准和方法,还推动了计算机安全技术的研发和应用,为后续的信息安全和网络空间安全阶段的发展奠定了坚实的基础。这一阶段的计算机安全,不仅关注单一层面的防护,更强调系统整体的安全性和可靠性,为计算机技术的健康发展提供了有力保障。

3)信息安全阶段

在 20 世纪 90 年代,通信技术将分布的计算机连接在一起,形成覆盖整个组织机构甚至整个世界的信息系统。信息安全是通信安全和计算机安全的综合,信息安全需求已经全面覆盖信息资产的生成、处理、传输和存储等各个阶段,确保信息系统的机密性、完整性和可用性是信息安全的核心要求。在这一阶段,信息安全不再局限于计算机系统的安全,而是扩展到信息生命周期的各个环节。为应对日益复杂和多样化的信息安全威胁,1993 年至 1996 年,美国国防部在《可信计算机系统评估标准》的基础上,进一步提出全新的安全评估标准——《信息技术安全通用评估准则》,简称 CC 标准。CC 标准不仅涵盖了更为广泛的安全要求和评估方法,还推动了信息安全技术的创新与发展。CC 标准的出台,标志着信息安全进入了一个全新的时代。

4)网络空间安全阶段

在 21 世纪,网络及信息系统的安全问题仍然备受关注,互联网的不断发展使越来越多的设备被接入网络并融合,技术的融合将传统的虚拟世界与现实世界相互连接,共同构成了一个新的信息技术世界。目前，互联网已成为个人生活、组织机构和国家运行不可或缺的一部分，网络空间随之诞生，信息化发展进入网络空间安全阶段。网络空间作为新兴的第五空间，已经成为国家新的竞争领域，威胁来源从个人上升到犯罪组织，甚至上升到国家力量的层面。在这一阶段，人们开始采用各种技术手段和管理措施来确保网络空间的安全稳定，其中包括加密技术、防火墙、入侵检测系统（Intrusion Detection System，IDS）、安全审计等手段的应用，以及制定和执行严格的安全政策与规范。同时，人们也开始重视对网络空间安全法律法规的建设，通过立法和执法来打击网络犯罪，以维护网络空间的秩序。

1.3.3　威胁网络空间安全的常用手段

网络空间安全威胁是指能够对网络空间的稳定性、可用性、完整性和机密性构成实质性影响或潜在威胁的各种事件的集合。网络空间安全遭受威胁会引发网络服务中断、数据泄露、系统损坏、个人隐私泄露或财产损失等严重后果。威胁网络空间安全的常用手段包括恶意攻击、漏洞攻击、拒绝服务（Denial of Service，DoS）攻击、数据泄露、供应链攻击、高级持续性威胁（Advanced Persistent Threat，APT）攻击、社会工程学攻击等。

1）恶意攻击

恶意攻击是网络空间安全中常见的威胁形式之一。恶意攻击是一种有意图、有目的的攻击行为，其目的是对计算机系统、网络、数据或个人信息进行损害、破坏或窃取。这类攻击通常是由攻击者利用各种技术手段，针对特定目标或广泛范围的目标进行的。常见的恶意攻击如下。

（1）恶意软件：恶意软件是指专门设计的用来破坏、损害或非法访问计算机系统、网络和设备的软件，包括病毒、蠕虫、特洛伊木马、勒索软件等多种类型。恶意软件会感染计算机并改变其运行方式、破坏数据、监视用户或网络流量。

（2）鱼叉式网络钓鱼：鱼叉式网络钓鱼是指一种特定类型的有针对性的网络钓鱼攻击。攻击者花时间研究他们的预期目标，然后编写目标可能认为与个人相关的消息。鱼叉式网络钓鱼攻击通常使用电子邮件欺骗或诱导受害者提供个人信息、财务数据、登录凭证等。

2）漏洞攻击

漏洞攻击是利用计算机系统、网络或应用程序中的安全漏洞，进行非法访问或破坏的一种攻击方式。根据不同的漏洞类型和攻击方式，漏洞攻击可以分为多种不同的类型。

（1）零日攻击（Zero-Day Attack）：攻击者利用尚未被软件厂商或开发者修复的漏洞进行攻击，因此防御方在攻击发生时毫无准备。

（2）SQL 注入攻击：攻击者通过在用户输入中插入恶意 SQL 代码，利用数据库漏洞来执行未经授权的操作，如数据被泄露、篡改或删除。

（3）跨站脚本攻击：攻击者注入恶意脚本到网页中，当用户访问时，这些脚本在其浏览器中运行，可用于窃取用户信息或进行其他恶意活动。

（4）跨站请求伪造（Cross Site Request Forgery，CSRF）攻击：攻击者通过欺骗用户在

已登录的状态下执行恶意操作，如更改密码、发起转账等。

（5）漏洞利用攻击：攻击者利用已知的系统或应用程序漏洞，获取对系统的未授权访问权，可能导致出现信息泄露、拒绝服务等问题。

3）拒绝服务攻击

拒绝服务攻击是一种恶意行为，旨在使目标系统、服务或网络无法提供正常的服务。攻击者不断发送请求、占用资源或利用系统漏洞，导致目标系统超负荷，最终无法响应合法用户的请求。分布式拒绝服务（Distributed Denial of Service，DDoS）攻击是指多个攻击者同时对一个或多个目标发起攻击，或者一个或多个攻击者控制多台位于不同地点的机器（称为傀儡机）同时对目标实施攻击。常见的拒绝服务攻击方式包括带宽攻击和连通性攻击。带宽攻击通过巨大的通信量冲击网络，耗尽所有可用的网络资源，使合法用户的请求无法通过。连通性攻击则使用大量连接请求冲击计算机，耗尽所有可用的操作系统资源，使计算机无法处理合法用户的请求。防御拒绝服务攻击较为困难，可以使用防火墙、入侵检测系统、建立足够的备用容量等手段进行防御。如果防御失败，拒绝服务攻击可能会导致服务中断或停止，给目标造成巨大的经济和声誉损失。

4）数据泄露

数据泄露是指敏感信息（如个人身份信息、财务数据、商业秘密）被未经授权的第三方获取。如今，数据泄露已成为网络空间安全领域的一大隐患，对个人隐私、企业机密及国家安全构成严重威胁。数据泄露往往涉及敏感或机密数据被未经授权地获取、访问或公开，涵盖个人信息、商业机密、知识产权乃至国家机密等。数据泄露的原因多种多样，包括黑客攻击、内部人员不当行为、技术漏洞和管理疏忽等。个人可能会因此面临身份信息被窃取、财产损失和名誉受损的风险，企业则可能遭受商业机密泄露、客户信任流失及巨大经济损失，而国家层面的数据泄露更可能威胁到战略信息安全乃至国家安全。

5）供应链攻击

供应链是指创建和交付最终解决方案或产品时所牵涉的流程、人员、组织机构和发行人。在网络安全领域，供应链涉及大量资源（硬件和软件）、存储（云或本地）、发行机制（Web应用程序、在线商店）和管理软件。供应链攻击是针对软件开发人员和供应商的攻击，它通过供应链将攻击延伸至相关的合作伙伴和下游企业客户。供应链攻击分为两个部分：一是针对供应链的攻击；二是针对企业客户的攻击。一次完整的供应链攻击是以供应链为跳板，最终将供应链存在的问题放大并传递至下游企业，产生攻击涟漪效应和巨大的破坏性。供应链攻击与传统直接对目标进行攻击的方式相比具有隐蔽性强、影响范围广、成本低和效率高的鲜明特点，供应链攻击流程如图1-3所示。

6）高级持续性威胁攻击

高级持续性威胁攻击是一种高度复杂、针对性强且持续存在的网络攻击。高级持续性威胁攻击通常由有组织的攻击者发起，其目标是长期地获取未授权访问权限，窃取敏感信息，或在目标系统中留下后门，通常采用隐蔽和进化的方式，以避开传统的安全防御机制。

高级持续性威胁攻击步骤包括信息收集、外部渗透、命令控制、内部扩散、数据窃取和继续渗透或撤退等环节。为应对高级持续性威胁攻击，需要采取多层次的安全防护措施，包括加强网络和系统的安全配置和漏洞修补，使用高性能的防火墙、入侵检测系统和入侵防御系统（Intrusion Prevention System，IPS），以及实施严格的数据加密和访问控制。此外，提高内部人员的安全意识和技能、建立完善的安全管理制度、制订应急响应计划也至关重要。高级持续性威胁攻击往往涉及复杂的网络和系统环境，攻击者会不断变化攻击手法和手段，因此安全防护需要持续监测和更新。

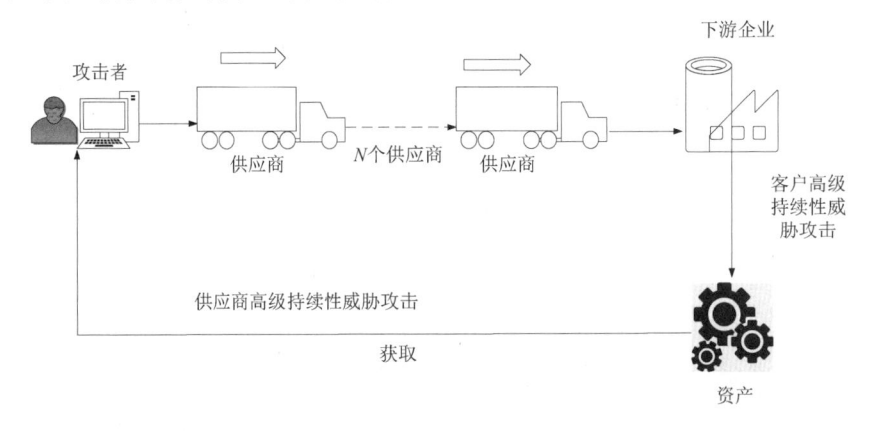

图 1-3 供应链攻击流程

7）社会工程学攻击

社会工程学攻击是把社会工程学方法融入网络攻击，从而突破目标的安全防御措施，达到攻击目的的一种手段。其核心依赖于人际互动，利用人的心理和行为弱点，通过欺骗、诱导等手段获取敏感信息或执行恶意操作，从而对网络空间安全造成威胁。攻击者利用社会工程学原理，冒充成用户所信任的服务提供商，发送伪造的邮件或消息，要求用户进行账户资料更新、软件升级等操作。当用户点击邮件中的链接或执行相关操作时，就可能被导向恶意网站，导致个人信息泄露或系统被攻击。此外，社会工程学攻击还利用人们的信任感，攻击者冒充用户的朋友、家人或同事，通过聊天工具或社交网络进行欺骗，诱导用户泄露个人信息或执行有害操作。社会工程学攻击的特点在于攻击者能精准把握人的心理和情感，使目标在不知不觉中成为攻击者的猎物，严重威胁了网络空间安全。

1.3.4 网络空间安全遭受威胁的主要原因

网络遭受攻击的原因是多元化的，涉及政治、经济、文化、国家间竞争甚至恐怖活动等多个层面，网络攻击层面及动因描述如表 1-4 所示。

表 1-4 网络攻击层面及动因描述

攻击层面	动因描述
政治	1. 国家间竞争与冲突导致网络攻击和间谍活动。 2. 政治不满和抗议引发的黑客行动主义

续表

攻击层面	动因描述
经济	1. 金融盗窃和资金盗取。 2. 商业间谍活动和企业间竞争。 3. 勒索软件攻击和经济勒索
文化	1. 意识形态冲突和文化差异导致的网络攻击。 2. 信息传播控制和言论自由受限
国家间竞争	1. 地缘政治竞争和网络安全战略博弈。 2. 科技竞争和知识产权侵权
恐怖活动	1. 网络恐怖主义攻击和关键基础设施被破坏。 2. 恐怖宣传和招募活动

1）政治

政治因素在网络安全领域中扮演着重要角色，主要表现在以下两个方面。

（1）国家或得到国家支持的黑客可能会发动网络攻击，以获取敏感的政治信息、监视或干预其他国家的内政，上述攻击行为通常与国家之间的竞争、冲突和间谍活动相关。

（2）个人或团体可能出于政治目的，通过网络攻击来表达对特定政策、法律或政府行为的不满或抗议，这种形式的网络攻击被称为黑客行动主义（Hacktivism）。

上述政治因素使得网络安全不仅仅是技术层面的挑战，更涉及国家利益、国际关系、言论自由等领域。对于政府和组织机构而言，理解并应对这些政治因素对网络安全的影响至关重要，需要采取综合的政策、技术和法律手段来保护网络安全与政治稳定。

2）经济

在经济领域，网络安全面临着多种威胁，首先是金融盗窃，攻击者通过入侵金融机构或个人账户来直接盗取资金，对个人财产和金融市场稳定构成威胁。其次是商业间谍和竞争，企业利用网络攻击手段窃取竞争对手的商业机密或敏感数据，以获取市场优势。

上述攻击手段不仅损害了企业的创新能力和商业利益，也扰乱了市场秩序。此外，勒索软件也是经济领域常见的威胁，攻击者通过加密用户数据并勒索赎金，给个人和企业带来直接的经济损失，也破坏了商业运营的稳定性和信誉。

3）文化

在文化领域，网络安全也受到多种威胁的影响。一方面是意识形态冲突，不同文化或不同宗教背景的个人或组织机构可能因为意识形态差异而发起针对性的网络攻击。这种冲突可能涉及言论自由、宗教信仰、政治立场等方面，对文化多样性和社会稳定构成威胁。另一方面是信息传播控制，某些政府或组织机构试图通过网络攻击来限制或控制特定信息的传播，以保护或传播自己的文化价值观。这种行为可能导致信息封锁、审查制度的建立及言论自由受限，对文化交流和开放性的社会产生负面影响。

4）国家间竞争

在国家间竞争的背景下，网络安全面临着双重威胁。一方面是地缘政治竞争，国家可能利用网络攻击手段来破坏对手的国家安全，削弱对手的经济实力或国际影响力，以维护自身的地缘政治利益。这种行为包括入侵政府机构、军事部门或关键基础设施的网络系统，以获取情报、破坏对手的网络基础设施或操纵对手的信息等。另一方面是科技竞争，全球科技竞争日益激烈，一些国家或组织机构可能通过网络攻击手段窃取高科技研发成果，以获取竞争优势。这种行为可能导致知识产权侵权、技术泄露等问题，对科技创新和国家安全构成威胁。

5）恐怖活动

恐怖活动在网络安全领域也是一个重要的威胁，首先是网络恐怖主义，恐怖组织可能将网络攻击作为实现其极端目标的手段之一，通过攻击关键基础设施，如能源、交通或金融系统，来造成恐慌、破坏和伤害，以达到其极端主义目的。然后是宣传和招募，恐怖组织可能通过攻击媒体网站或社交平台，发布恐怖主义内容，进行宣传和招募。上述行为不仅会引起民众恐慌和制造混乱，还会导致更多的暴力行为和恐怖袭击发生。最后，恐怖活动还涉及网络欺诈、侵犯知识产权、滥用个人信息等不法行为。一些恐怖组织通过网络窃取用户信息、交易数据及企业商业机密，用于非法获利或进一步实施恐怖活动。

1.4 网络空间安全现状及面临的挑战

1.4.1 网络空间安全现状

随着全球信息化步伐的加速，网络空间安全形势愈发严峻。一方面，针对能源、交通、电信等关键领域的网络攻击事件层出不穷，深刻影响着社会的稳定运行及民众的日常生活；另一方面，针对新兴技术与应用场景的网络风险不断攀升，以车联网为例，其平台、网络、算力等基础设施面临的安全形势十分严峻。

随着网络攻击手段的不断进化，网络攻防的较量愈发白热化。在攻击策略上，利用系统漏洞实施连环攻击的行为愈发普遍，具体如下。

（1）在战术层面，网络防御能力的增强提高了攻击难度，促使攻击者采取多样化手段绕过安全防线，达到入侵目的。

（2）在攻击目标层面，受利益驱使，网络攻击变得更有针对性，攻击者通过收集目标信息，锁定"高价值"目标实施精准攻击。

面对层出不穷的攻击手段，网络空间安全受制于人工智能技术发展、各种隐秘诡谲的攻击手段、广泛多变的攻击目标、不断升级的防护手段、国与国之间的竞争博弈、基础设施安全的脆弱性及法律法规因素。

1）人工智能技术影响日益显著

人工智能技术在网络安全领域的应用呈现出复杂多样的特征。其正面应用包括自动化威胁检测、异常行为分析和安全事件响应，有助于提高网络安全防护效率。然而，人工智能技术也存在着双刃剑效应，即攻击者利用人工智能技术开发自动化攻击手段和智能恶意软件，增加了网络安全所面临挑战的复杂性。面对这一现状，安全团队需要不断提升技术水平，采取多层次、多维度的防御策略，来有效抵御日益智能化的安全威胁。

2）攻击手段不断演进

攻击手段包括高级持续性威胁攻击、勒索软件、零日攻击及物联网设备攻击等。高级持续性威胁攻击针对特定目标展开长期渗透攻击，勒索软件通过加密用户数据勒索赎金，零日攻击利用尚未公开的软件漏洞进行攻击，而物联网设备攻击则利用安全性较差的物联网设备发起大规模网络攻击。这些攻击手段的不断进化和增加，加剧了网络安全的复杂性，使得防御者需要不断改进防御策略来保护网络安全。

3）攻击目标范围日益扩大

攻击目标的范围日益扩大，涵盖政府机构、企业、关键基础设施及普通用户等多个领域。攻击者攻击政府机构通常是为了获取敏感的政治、军事信息，企业则因为持有大量的商业机密和客户数据，成为攻击者的主要目标之一。此外，攻击者还针对关键基础设施进行攻击，以破坏其正常运行，这可能导致严重的社会和经济后果。同时，普通用户也面临着通过各种网络诈骗手段窃取个人信息和财产的风险。攻击目标的广泛性使得网络安全成为每个人都需要关注的问题，需要采取有效的防御措施来保护信息资产和利益不受损害。

4）防护手段要求提高

随着网络威胁的不断演变，防护手段也在不断升级以适应多样化的安全挑战。这些防护手段包括提高用户和内部人员的网络安全意识、采用技术措施（如防火墙、入侵检测系统、入侵防御系统和终端保护）、对敏感数据进行加密处理以降低数据泄露风险，以及实施定期的安全审计、漏洞扫描和修补程序等以确保系统与应用程序的安全性。这些综合应用的防护手段有助于提高网络安全水平，降低网络遭受攻击的风险，并有效保护组织的重要信息资产免受损失。

5）国家间竞争日益激烈

网络空间已成为国家竞争的新战场，涉及网络间谍、网络战，以及关键基础设施的攻击等。国家间的竞争日益激烈，各国通过网络攻击和间谍活动等手段争夺敏感信息和技术优势。尽管竞争激烈，但也有越来越多的国际合作在网络安全领域展开，以共同应对跨国网络犯罪和网络攻击等威胁。这种国际合作不仅包括信息共享和技术合作，还涉及建立国际网络安全规范和协议，以加强国际社会对网络安全问题的共识和治理。

6）关键基础设施防护形势严峻

关键基础设施的防护形势十分严峻，能源、交通、医疗等重要领域成为网络攻击的主要目标。为此，政府和企业正在加大投入，通过技术和管理措施加强关键基础设施的网络安全防护。这包括部署先进的安全技术，如入侵检测系统、入侵防御系统，以及加强网络管理、监控和应急响应能力，以便及时发现和应对潜在的安全威胁。通过这些措施，政府和企业致力于提高关键基础设施的抗网络攻击能力，确保其安全、稳定地运行，以保障公众的正常生活和国家的经济平稳发展。

7）法律法规亟待完善

法律法规在网络安全领域的不断完善是各国政府应对网络安全威胁的重要举措。各国政府正在持续更新和完善相关法律法规，以更好地保护公民和组织在网络空间的权益，应对不断演变的网络安全挑战。同时，国际社会也意识到网络安全是全球性问题，正在努力制定统一的国际网络安全规范和标准。这些国际网络安全规范和标准的制定旨在促进全球网络空间的安全与合作，加强国际社会在网络安全领域的共识和协作，共同应对跨国网络威胁，维护全球网络空间的稳定和安全。

综上，网络空间安全现状呈现出攻防技术不断进步、威胁形式多样化、法律法规日趋完善、国际合作与竞争并存等特点。面对复杂的网络安全形势，需要全球各方共同努力，包括技术创新、法律建设、国际合作等，以构建一个更加安全、稳定、开放的网络空间。

1.4.2　网络空间安全面临的挑战

随着互联网应用的快速发展，网络空间已经成为人们生活和工作中不可或缺的一部分。网络在方便和丰富人们生活的同时，网络空间安全的问题也日益凸显，网络犯罪、网络恐怖主义、网络攻击武器、关键基础设施攻击、网络冲突和网络战等威胁层出不穷，给个人、企业和国家带来了巨大的挑战。

1）网络犯罪

网络犯罪是网络空间安全面临的严峻挑战之一，网络犯罪的形式和手段愈发多样化与复杂化，黑客利用高超的技术窃取个人信息、财务数据，导致隐私泄露和财产损失。同时，网络诈骗、传播淫秽色情视频等违法活动也屡禁不止，给社会秩序和公共安全带来巨大的威胁。网络犯罪不仅会对个人造成损失，还会危及企业和国家的信息安全，一旦关键信息系统遭受攻击，可能导致重大损失甚至社会动荡。应对网络犯罪，需要加强法律法规的建设和执行，提高人们的网络安全意识，加强防御技术的研发和应用，加强国际合作与信息共享，形成全社会共同抵御网络犯罪的合力，以维护网络空间的安全和稳定。

2）网络恐怖主义

网络恐怖主义是指利用互联网和社交媒体等网络平台宣传、招募、策划和实施恐怖活动的行为，这会对公共安全和社会稳定构成严重威胁。恐怖组织利用网络传播极端思想、宣传恐怖主义、制造恐慌和恐怖活动，招募新成员并策划实施恐怖袭击。通过网络，恐怖组织可以在全球范围内传播和组织恐怖活动，加剧了国际社会面临的恐怖主义威胁。因此，打击网络恐怖主义需要加强网络监管，提高网络安全防范能力，加强国际合作与信息共享，共同应对网络恐怖主义带来的挑战，维护公共安全和社会稳定。

3）网络攻击武器

网络攻击武器是指用于实施网络攻击的工具和技术,其中最常见的是恶意软件,包括病毒、蠕虫、特洛伊木马等,以上恶意软件可以通过前沿部署、分布式部署和钓鱼软件等方式部署和使用。前沿部署利用漏洞或弱密码直接攻击目标系统,而分布式部署则利用多个节点或僵尸网络增加攻击力。钓鱼软件通过伪装成合法的网站、邮件或消息,诱骗用户点击链接或下载附件,从而感染恶意软件或泄露个人信息。

4）关键基础设施攻击

关键基础设施攻击是指针对国家或地区重要基础设施的网络攻击行为,包括电力系统、交通系统、金融系统和通信网络等。这些攻击可能导致严重的社会和经济影响,甚至威胁人们的生命安全。关键基础设施攻击形式多样,涵盖电力系统瘫痪、交通系统混乱、金融系统崩溃及通信网络干扰等。防范关键基础设施攻击需要加强网络的安全防御力,提高关键基础设施的抗攻击能力,并加强国际合作与信息共享,共同维护社会的稳定与安全。

5）网络冲突和网络战

在网络空间中,国家、组织或个人之间可能发生各种形式的冲突和战争活动,包括攻击、间谍活动、信息战等。这些行为会对国家安全和国际关系产生重大影响。网络冲突和网络战的特点包括攻击与防御的对抗,利用网络进行间谍活动获取敏感信息,以及信息战中虚假信息的传播等。防范网络冲突和网络战需要加强网络安全防御能力,制定有效的政策法规,加强国际合作与信息共享,共同维护网络空间的安全和稳定。

综上所述,网络空间安全面临多种挑战,包括网络犯罪、网络恐怖主义、网络攻击武器、关键基础设施攻击、网络冲突和网络战等。为了应对上述挑战,需要加强网络安全意识教育,提高个人和企业的网络安全防护能力。政府应加大对网络犯罪的打击力度,建立健全的网络安全法律法规和监管机制。同时,国际社会需要加强合作,共同制定和执行网络安全的国际规则和标准。只有通过全球的共同努力,才能够构建一个安全、稳定、可信的网络空间,为人们的生活和工作提供更好的保障。

1.5 网络空间安全等级保护

1.5.1 网络空间安全等级保护意义

网络空间安全等级保护是指对网络(含信息系统、数据,下同)实施分级保护、分级监管,对网络中使用的网络安全产品实行按等级管理,对网络中发生的安全事件分级响应、处置,其目标是保障关键基础设施在遭受破坏、丧失功能或者发生信息泄露后,能够得到有效修复、恢复和保护。网络空间安全等级保护是一种全方位、多层次的安全保护体系,旨在通过一系列的技术和管理措施,确保信息系统的机密性、完整性和可用性。网络空间安全等级保护涉及以下几个方面。

1）信息资产分级保护

信息资产分级保护是通过对信息资产进行科学合理的分类和分级，可以更精确地确定安全需求及采取相应的保护措施。对于高级别的信息资产，如个人身份信息、财务数据等，需要采用更严格的安全措施，如加密存储、访问控制、审计跟踪等，以确保其安全性和机密性。

2）物理安全

保护物理设施和环境的安全，包括数据中心、服务器机房和网络设备等，可以有效防止未授权访问和物理破坏。采取安装门禁系统、监控摄像头、报警装置等保护措施，可以防止未授权访问和物理破坏。此外，定期进行安全巡查和风险评估，通过检查设备和设施的安全状态，及时发现潜在的安全风险并采取相应的措施加以解决，可以有效地确保物理环境的安全稳定。

3）网络安全

网络安全的主要任务是保护网络免受外部攻击和内部威胁。通过部署防火墙、入侵检测系统、入侵防御系统和安全路由器等设备监控网络流量，识别和拦截恶意攻击，能有效提高网络的安全防护能力。对网络设备进行定期的安全配置和漏洞修复也至关重要，有助于及时消除已知漏洞，降低网络系统受到攻击的风险，确保网络的安全稳定运行。

4）系统安全

系统安全关注操作系统和应用系统的安全性。为降低系统被攻击的风险，应采取多种安全措施。通过及时修复系统漏洞、制定安全策略、实施访问控制和进行日志审计等措施，可以降低系统受到攻击的风险，提高系统的安全性。除此之外，定期对系统进行安全评估和加固是必要的，有助于发现潜在的安全隐患并采取相应的措施加以修复，确保系统安全稳定地运行。

5）数据安全

数据安全着重于保护数据的机密性、完整性和可用性。为实现这一目标，应采取多种技术手段和管理措施。首先，通过数据加密、备份与恢复、存储安全等技术手段，确保数据在存储、传输和处理过程中的安全，防止数据被泄露或篡改。然后，对数据进行分类和权限控制，限制用户对数据的访问权限，降低未授权访问和数据泄露风险。

6）应用安全

应用安全是确保应用程序安全的关键环节，通过制定安全开发流程、代码审计、漏洞修复和权限控制等手段，降低应用程序受到攻击的风险。安全开发流程确保在设计和开发应用程序过程中必须考虑安全性问题，代码审计和漏洞修复用于发现和修复潜在的安全漏洞，而权限控制则限制用户对应用程序的访问权限，防止进行未经授权的操作。此外，定期的安全测试和评估会对应用程序进行全面检查，确保其符合安全标准。

7）身份认证与访问控制

身份认证与访问控制在网络空间安全等级保护中是确保用户身份合法性和授权访问安全性的关键环节。通过身份认证技术，如用户名密码、生物识别等方式，对用户身份进行验证，以确保仅有合法用户可以访问系统。同时，采用访问控制策略和权限管理措施，限制用户对资源的访问权限，防止未经授权的用户进行系统资源的访问和操作。

综上所述，网络空间安全等级保护制度是我国在网络空间安全治理中的重要基石，对于保障国家信息安全、促进经济社会健康发展具有不可替代的作用。实施网络空间安全等级保护制度有利于全面提高关键基础设施安全防护能力，进而不断提升关键基础设施安全防护水平，最终切实保障国家网络空间安全战略的有效实施。

1.5.2 网络空间安全等级保护划分标准

中国国家标准化管理委员会（Standardization Administration of China，SAC）为了配合《中华人民共和国网络安全法》的实施，在适应云计算、移动互联网、物联网、工业控制和大数据等新技术、新应用的情况下，开展网络安全等级保护工作，对原有国家标准 GB/T 22240—2008《信息安全技术 信息系统安全等级保护定级指南》进行了修订，形成新的网络安全等级保护定级指南标准 GB/T 22240—2020《信息安全技术 网络安全等级保护定级指南》，于 2020 年 11 月 1 日起正式实施。

网络安全等级保护制度按照信息系统业务的重要性、面临威胁的程度等因素，将信息系统划分为五个安全保护等级，实行差异化的安全管理和技术防护，确保信息系统在遭受攻击或发生故障时仍能正常运行，防止信息被泄露、篡改、破坏或非法使用。五个级别分别为第一级——自主保护级，第二级——指导保护级，第三级——监督保护级，第四级——强制保护级，第五级——专控保护级。五级防护水平中第一级最低，第五级最高。网络空间安全保护等级划分标准如表 1-5 所示。

表 1-5 网络空间安全保护等级划分标准

信息系统安全保护等级	信息系统重要性	受侵害客体	侵害程度	监管管理等级
第一级	一般信息系统	公民、法人和其他组织的合法权益	一般损害	自主保护级
第二级	一般信息系统	公民、法人和其他组织的合法权益	严重损害、特别严重损害	指导保护级
		社会秩序和公共利益	一般损害	
第三级	重要信息系统	社会秩序和公共利益	严重损害	监督保护级
		国家安全	一般损害	
第四级	重要信息系统	社会秩序和公共利益	特别严重损害	强制保护级
		国家安全	严重损害	
第五级	极端重要信息系统	国家安全	特别严重损害	专控保护级

1）第一级——自主保护级

自主保护级适用于小型私营企业、个体企业、中小学、乡镇所属信息系统、县级单位中的一般信息系统。不需要备案，对检测评估周期没有要求。这类信息系统遭到破坏后，将对公民、法人和其他组织的合法权益造成一般损害，但不会影响国家安全、社会秩序和公共利益。

2）第二级——指导保护级

指导保护级适用于县级其他单位中的重要信息系统和地市级以上国家机关、企事业单位内部的一般信息系统，如不涉及工作秘密、商业机密、敏感信息的办公系统和管理系统等。要求公安机关备案，建议每两年检测评估一次。这种信息系统被破坏后，将严重损害公民、法人和其他组织的合法权益，对社会秩序、公共利益造成一般损害，不会影响国家安全。

3）第三级——监督保护级

监督保护级适用于地市级以上的国家机关、企事业单位内部的重要信息系统，如涉及工作秘密、商业机密、敏感信息的办公系统和管理系统。要求公安机关备案，每年检测评估一次。这类信息系统被破坏后，将对国家安全造成损害，或对公共利益和社会秩序造成严重损害，尤其是对公民、法人和其他组织的合法权益造成严重损害。

4）第四级——强制保护级

强制保护级适用于国家重要领域、重要部门中特别重要的系统及核心系统。例如，电力、电信、广电、铁路、民航、银行、税务等重要部门的生产、调度、指挥等涉及国家安全、国计民生的核心系统。要求公安机关备案，每半年检测评估一次。这类信息系统受到破坏后，会对国家安全造成严重损害，对社会秩序、公共利益造成特别严重损害。

5）第五级——专控保护级

专控保护级适用于国家重要领域、重要部门中的极端重要系统。公安机关根据特殊安全要求进行备案。这类信息系统被破坏后，将会特别严重地损害国家安全。

1.6 网络空间安全发展趋势

1.6.1 攻击手段加快演进

随着信息技术的迅猛发展，网络空间安全已经成为全球性的重要议题。攻击手段的加快演进，更是给网络空间安全带来了前所未有的挑战。攻击者利用人工智能技术，使得攻击手段日益简便、高效，给网络安全带来了巨大的威胁。人工智能技术在自动化和智能化扫描与渗透测试、智能生成恶意软件与钓鱼攻击、利用大数据和人工智能技术进行情报收集与分析、高级持续性威胁攻击的智能化升级方面加快了攻击手段的演进。

1）自动化和智能化扫描与渗透测试

传统的扫描与渗透测试往往依赖于人工操作，需要专业的安全团队进行细致的测试和分析。然而，人工智能技术的应用使得这一过程实现了自动化与智能化。攻击者可以利用机器学习和深度学习算法，训练出能够自主识别和攻击系统漏洞的智能扫描器。智能扫描器可以快速扫描目标系统，发现潜在的安全漏洞，并自动选择最佳攻击路径和方式。这种自动化与智能化的攻击方式大大提高了攻击效率和攻击成功率，使得攻击行为更加难以防范。

2）智能生成恶意软件与钓鱼攻击

恶意软件和钓鱼攻击是网络攻击中的常见手段。传统的恶意软件制作和钓鱼邮件设计需要攻击者具备一定的技术水平和经验。然而，随着人工智能技术的发展，攻击者可以利用人工智能算法生成高度逼真的恶意软件和钓鱼邮件。这些恶意软件能够自动绕过传统的安全检测机制，实现隐蔽入侵；而钓鱼邮件则能够模仿真实场景，诱骗用户点击恶意链接或下载恶意附件，这使得攻击行为更加难以识别和防范。

3）利用大数据和人工智能技术进行情报收集与分析

在攻击过程中，情报收集与分析是至关重要的一环。攻击者需要了解目标系统的网络结构、安全防护措施及用户行为等信息，以便制定有效的攻击策略。人工智能技术的发展为攻击者提供了强大的情报收集与分析能力。攻击者可以利用大数据和机器学习算法，对目标系统的数据进行深度挖掘和分析，发现潜在的安全漏洞和弱点。同时，人工智能技术还可以对用户的网络行为进行分析，预测用户的操作习惯，为攻击者提供更有针对性的攻击方案。

4）高级持续性威胁攻击的智能化升级

高级持续性威胁攻击是一种针对特定目标的高级网络攻击方法，具有长期性、隐蔽性和高度定制化等特点。随着人工智能技术的应用，高级持续性威胁攻击手段已经进行了智能化升级。攻击者利用人工智能技术，对目标系统进行深度渗透和长期潜伏，自动收集敏感信息、执行恶意操作，并在攻击过程中自动调整策略、规避检测。这种智能化升级后的高级持续性威胁攻击使得攻击行为更加难以察觉和防范，给目标系统带来极大的威胁。

综上所述，人工智能技术的发展使得网络攻击手段日益简便、高效。攻击者可以利用人工智能技术进行自动化和智能化的扫描与渗透测试、智能生成恶意软件与钓鱼攻击、利用大数据和人工智能技术进行情报收集与分析及高级持续性威胁攻击的智能化升级等。为应对上述挑战，亟须加强人工智能技术在网络安全领域的应用研究，提高网络安全防护能力，确保网络空间的安全与稳定。

1.6.2 供应链威胁日益突出

在网络空间安全发展趋势中，供应链威胁日益突出，这是一个亟待关注和应对的重要问题。供应链攻击是指攻击者针对一个或多个供应商进行攻击，随后对最终目标（客户）

发起攻击的行为。供应链攻击涉及多个环节和参与者,其可能长时间潜伏而不被察觉,给组织带来很大的风险。

供应链攻击的严重性在于攻击者可以通过渗透供应商的网络系统,篡改或感染供应链中的软件或硬件,进而对整个供应链造成破坏。这种攻击方式不仅可能导致系统停机、资金损失和声誉损害,还可能引发更严重的后果。例如,攻击者可能利用供应链中的漏洞,传播恶意软件或病毒,导致大规模的数据和隐私泄露。此外,供应链攻击还涉及国家安全问题。例如,攻击者通过渗透关键供应商的网络系统,进而攻击国家的重要基础设施,对国家安全构成严重威胁。

供应链攻击的入侵方式涉及以下几个方面。

(1) 企业和组织在进行业务活动时通常会涉及多个供应商和合作伙伴,它们形成了一个庞大且复杂的供应链网络,攻击者利用供应链网络中的弱点或第三方合作伙伴的漏洞,从而渗透到目标组织的网络中,对其造成严重影响。

(2) 许多组织将一部分业务外包给第三方服务提供商,如果这些第三方服务提供商受到攻击或其安全措施不够,就可能对委托企业的网络安全造成威胁。

(3) 攻击者可能利用在硬件或软件开发、生产、分销等环节中植入恶意代码或后门,实现对目标系统的攻击或渗透。上述供应链攻击通常具有高度隐蔽性,很难被检测和防范,攻击者不仅可以直接攻击物理或数字产品,还可以通过社会工程学、钓鱼等方式攻击供应链网络中的人员,增加了大量的风险。

为了应对日益突出的供应链攻击,国家应当加强立法和监管,建立完善的供应链安全管理体系,制定严格的标准和规定,确保供应链各环节的安全可控。社会应加强企业和组织的供应链管理,提高安全意识和风险识别能力,加强内部安全培训,加强行业合作与信息共享,形成联防联控之势。公民则应提高网络安全意识,警惕来自供应链的风险,保护个人信息安全,注意更新安全软件和系统,共同努力确保供应链的稳定和安全。同时,加强国际合作与信息共享,共同应对供应链威胁,也是应对这一挑战的重要举措。

1.6.3 国家间竞争博弈加剧

在网络空间安全发展趋势中,国家间竞争博弈的加剧是一个显著的现象,网络空间的重要性日益凸显,其中网络空间蕴含着巨大的利益,此利益不仅局限于经济层面,更涵盖政治、军事、文化等多个维度,引起各国加强对网络安全的重视。在这种背景下,国家之间的竞争和博弈体现在多个方面,包括网络攻击、网络防御、网络技术的研发及网络安全战略的调整等。

(1) 网络攻击的频率和复杂性不断增加。国家级网络攻击已经成为一个严重的问题,攻击手段也越来越复杂和难以防范。例如,一些国家利用黑客行为或网络间谍活动对其他国家的关键基础设施进行攻击,窃取敏感信息,破坏对方的网络安全。这种网络攻击行为不仅威胁到国家安全,也对全球经济和社会稳定造成了严重影响。

（2）网络防御的重要性日益凸显。为了应对不断升级的网络攻击，各国纷纷加强网络防御能力的建设，包括提升网络安全技术、加强网络安全人才培养、完善网络安全法律法规等。同时，一些国家还加强了网络空间的军事化建设，提高了网络攻击和网络防御的能力。

（3）网络技术的研发也成为国家间竞争的重要领域。各国纷纷投入巨资研发新技术、新产品和新服务，以抢占网络空间的技术制高点。网络技术研发的竞争不仅推动了网络空间的安全发展，也为全球经济的增长提供了动力。

（4）随着网络安全争端的升级和国际博弈的加剧，各国纷纷将网络安全纳入国家安全的范畴，并调整网络空间安全战略以应对网络空间的安全挑战。这种网络空间安全战略的调整导致国际竞争和对抗加剧，也使得网络空间的安全形势更加复杂和严峻。

综上所述，国家间竞争博弈的加剧是网络空间安全发展趋势的一个重要特征。面对这种趋势，各国需要加强合作，共同应对网络空间的安全挑战，维护全球网络空间的和平与稳定。同时，各国也需要加强技术研发和人才培养，提高网络安全的整体水平，为网络空间的安全发展提供有力保障。

1.6.4 有组织攻击日益猖獗

网络空间安全的发展趋势显示，有组织的网络攻击日益猖獗，背后有着复杂的动因，包括政治、经济和文化原因，攻击手段日益先进和防护难度越来越大等。

1）政治、经济和文化原因

网络攻击的复杂性涵盖了政治、经济和文化等多方面因素。政治因素驱使国家级行动进行网络攻击，旨在获取情报、影响他国政治决策或破坏对手基础设施，以提升国际地位或塑造全球政治格局。经济因素促使许多攻击直接追求经济回报，如窃取商业机密或进行金融诈骗，网络空间成为新的财富争夺战场。文化和意识形态因素推动特定观点的传播或对持不同观点的目标进行攻击。技术挑战与机遇带来了新工具和新方法，但也引入了新的安全漏洞和挑战，如云计算、物联网和人工智能的广泛应用，虽然提升了资源利用效率，但也引入了新的安全漏洞。因此，网络安全领域需要不断更新技术和应对策略以应对不断演变的威胁。

2）攻击手段日益先进

攻击手段在网络攻击日益猖獗的背景下发挥着至关重要的作用。高度复杂的恶意软件采用多层加密、多态性和自修改代码等技术，使其更难以被检测到。社会工程学攻击则利用人的心理弱点，通过诱导用户点击恶意链接或下载附件来达到攻击目的。供应链攻击渗透供应链中的弱环节，对目标组织造成影响，从而提高了攻击的隐蔽性和威胁性。高级持续性威胁攻击具有长期潜伏、难以检测的特点，通常由国家支持的黑客组织执行，以持续窃取或监视信息。这些攻击手段的不断演进加剧了网络安全面临的挑战，需要组织采取综合的、有针对性的防御措施来有效应对。

3）防护难度越来越大

当前有组织攻击日益猖獗，使得防护难度越来越大，这主要是技术进步、威胁来源的多样化、网络设备和系统的复杂性等多重因素共同作用的结果。技术进步使得攻击者能够利用人工智能、大数据、云计算等先进技术发起更为复杂和隐蔽的攻击，令传统防护手段难以应对。同时，网络威胁的来源也日趋多样化，包括恐怖主义、分裂主义等势力通过网络进行破坏活动，使得防护工作更为复杂敏感。此外，物联网、工业互联网等技术的普及导致网络设备多样性和复杂性增加，进而导致安全漏洞和隐患增多。更值得注意的是，国际竞争和冲突使得网络空间成为争夺的焦点，进一步加大了防护工作的复杂性和困难度。

总体而言，随着网络攻击的不断演进，我们需要持续加强技术研发、提高用户安全意识、完善管理制度，并加强国际合作来应对不断变化的安全威胁，保护网络空间的安全。

1.7 网络空间安全与国家安全

1.7.1 网络空间安全关乎国家安全

网络空间的疆域不是以传统的领土、领空、领海来划分的，而是以带有政治影响力的信息辐射空间来划分的。网络安全作为一种新型的资源安全和战略安全，关乎国家的兴衰存亡，也是国家安全秩序的重要保障。2013年6月初美国发生的"斯诺登事件"，为世界各国敲响了警钟，充分印证了"没有网络安全就没有国家安全"这一深刻的道理。网络空间已经成为陆、海、空、天之后的第五大主权领域空间，也是国际竞争在军事领域的演进，这对各国网络安全提出了严峻的挑战。网络安全对国家安全的价值与影响涉及政治、经济、文化、军事、话语权和信息控制等多个方面。

1）窃取政治、经济和军事秘密

某些国外违法势力利用病毒攻击、漏洞攻击和黑客入侵等网络信息技术手段窃取我国的政治、经济和军事秘密，威胁到我国的国家安全。如何提升我国网络的防御保护能力，防范我国的政治、经济和军事秘密被窃取并始终处于安全状态是我国网络安全建设的重要课题。

2）网络舆论话语权争夺

目前，争夺、主宰和控制网络舆论话语权的形势十分严峻，对此，我国要致力于提高广大网民的政治辨别力，使其分清是非、明辨真伪，自觉抵制不良思潮的渗透。同时，我国要掌握网络意识形态的主动权，进而有针对性地开展舆论引导，切实掌握网络舆论话语权、控制权。在此过程中，要做好长期作战与应对的准备，丝毫不可松懈，对不良思潮的渗透保持应有的警惕性。

3）传播虚假信息

境外恐怖组织利用网络信息平台渲染"网络恐怖主义",危及国家安全。美国研究人员 Barry G. Gollin 首次将网络和恐怖主义联系在一起,使用了"网络恐怖主义"这一用语。网络恐怖主义是指一些非政府组织或秘密组织出于政治、经济动机或目的,利用信息技术对计算机系统、计算机程序和数据所进行的攻击行为。网络恐怖主义不仅给社会带来深重的灾难,也给社会造成极大的损害,其给人们造成的心理恐惧是难以估量的。

1.7.2 网络空间安全与国家安全的关联性

网络安全与国家安全之间的关联非常紧密,网络安全已经成为国家安全不可分割的一部分。随着信息技术的快速发展和全球互联网的普及,网络空间已经深度融入国家政治、经济、军事、文化等多个方面,与国家安全的关联性也全面渗透到政治、经济、军事、社会、文化和科技等诸多层面。

1）政治安全

政治安全在当前国际关系中的地位至关重要,随着信息技术的迅速发展,网络空间已然成为国际政治博弈的新战场,网络攻击、网络间谍活动和在社交媒体上传播虚假信息等手段被用来干预他国内政,直接影响其政治稳定。例如,黑客组织可能入侵政府机构的数据库,篡改选举结果或泄露敏感信息,破坏选举的公正性,引发社会动荡。同时,通过网络间谍活动,一些国家可窃取目标国的敏感政治信息,包括领导人通信等,导致国际关系紧张。此外,社交媒体成为政治宣传和舆论操纵工具,虚假信息传播和舆论操控可干扰政治稳定,威胁政府的合法性。

2）经济安全

经济安全是国家安全的基石,而网络安全与经济安全之间的紧密联系已成为国家安全的重要组成部分。网络攻击可能直接针对金融机构、股票市场和电子商务平台等经济要素,造成巨大的经济损失。此外,商业机密和知识产权的网络盗窃也会严重损害国家的竞争力,影响国家的经济发展和国际地位。

3）军事安全

随着现代战争形态的不断演变,网络安全与国家军事安全之间的关联日益紧密,使"网络战"成为可能。网络空间已成为军事对抗的新领域,网络攻击具有使敌方指挥控制系统、情报收集和传输系统、武器控制系统瘫痪的潜在能力,对国家防御能力构成了严重威胁。网络攻击会导致重大军事机密泄露,影响国家的战略军事部署和实施,甚至会干扰战时的作战指挥,严重威胁国家的安全和利益。

4）社会安全

网络安全与国家社会安全密切相关,网络安全事件会影响社会秩序和公共安全。例如,通过网络攻击可能会导致关键基础设施,如能源供应系统、交通系统和医疗系统等受到破坏，从而对社会的正常运行产生严重影响。此外，网络诈骗、个人信息泄露等问题也直接威胁到公民的财产安全和个人隐私保护。网络安全的缺失可能导致民众恐慌、社会不安定和社会混乱，严重时还会影响国家的社会稳定和治安。

5）文化安全

网络空间不仅是文化交流的重要平台，也可能成为文化侵蚀和网络暴力的温床。外国势力可能通过网络手段传播有害信息，影响国家的文化安全和意识形态安全。网络上的有害信息可能包括扭曲事实、歪曲历史、贬低国家形象、挑战国家核心价值观等方面内容，对国家的文化认同感和国民思想观念产生负面影响。此外，网络暴力现象也可能威胁到国家文化的多样性和包容性，破坏社会的和谐与稳定。

6）科技安全

在科技高速发展的今天，高新技术是国家竞争力的关键，而网络间谍活动可能直接威胁到这种国家竞争力，这是国家科技安全面临的重大挑战。网络间谍活动可能以窃取高校、研究机构和高新技术企业的科研成果和技术秘密为手段，对国家的科技创新和发展构成威胁。网络间谍活动不仅可能会导致国家在技术领域的竞争中处于劣势，还可能损害国家的经济利益和国际地位。因此，保障网络安全，防范网络间谍活动，加强对关键科技领域的保护，对于维护国家的科技安全至关重要。

1.7.3 网络空间安全对国家安全的影响

网络安全与国家安全之间的关系密切，网络空间作为信息时代的核心领域，是国家安全不可或缺的重要组成部分。网络安全不仅关乎国家主权、国家安全和发展利益，更直接关系到每个公民的切身利益。在当前的全球形势下，网络安全已经超越了单纯的技术问题，上升到了国家战略层面。网络安全对国家安全的影响包括多个方面，通过网络空间进行的各类攻击活动层出不穷，其严重危害社会和国家的安全。通过网络空间影响国家安全的手段主要包括网络间谍活动、信息干预、网络战争、基础设施攻击和供应链攻击等，在政治、经济、军事等层面对国家安全造成严重危害。

1）网络间谍活动

网络间谍活动通过多元化手段窃取国家机密，对系统与网络实施攻击及破坏，严重威胁军事与民生基础设施的安全，同时损害国家与政府的信誉和形象，污染网络生态环境，削弱国家内部的凝聚力与向心力，给国家安全带来重大隐患，堪称网络主权领域的顽疾。鉴于此，首要之策在于强化网络空间对网络攻击的防御能力。各行业关键领域需遵循等级防护、关键基础设施保护及数据安全等相关的法律条款，着力提升信息系统、重要网络、基础设施等的安全防护水平，实施整改措施，并定期开展安全评估与监管检查。此外，还应推行红蓝对抗及攻防模拟训练，实现动态防御，并建立行业内情报互通与预警体系。国家监管机构需加强网络安全领域的协同防控，包括在网络攻击被侦测到后迅速采取阻断、警示、威胁等应对及反制措施。

2）信息干预

信息干预涉及利用网络空间进行信息心理战，旨在影响公众的意见、情绪和行为，甚至试图干预他国选举和政治过程。攻击者通过传播虚假信息、制造舆论干扰、影响公众意见和情绪等方式，误导、操纵甚至混淆公众的认知，以实现其政治、经济或军事上的利益或目的。这种行为不仅可能造成国内外的混乱和不安，还可能对国家的政治稳定、社会和谐及国际关系产生严重影响，构成潜在威胁。因此，需要采取加强网络安全、提升公众对信息真实性判断力、加强国际合作等措施来应对信息干预，维护国家的安全和稳定。

3）网络战争

网络战争是一种利用网络技术进行的战争形式，其中，军事装备是最重要的攻击目标之一。网络战争可以通过网络渗透、恶意软件攻击、拒绝服务攻击等手段，直接或间接地对军事装备进行攻击，对其造成不同程度的破坏或影响。这种攻击可能导致军事装备失效、信息泄露、指挥控制系统受到干扰等后果，以致严重威胁国家的国防安全。因此，保护军事装备免受网络攻击的影响，加强网络安全和信息保护，是维护国家安全和军事战略稳定的重要任务之一。同时，需要加强国际合作，共同应对网络战争带来的挑战，确保国际社会的安全与稳定。

4）基础设施攻击

基础设施攻击针对国家的关键基础设施，如电力系统、通信网络、水务系统、交通系统等，旨在造成严重的社会混乱和经济损失，甚至可能危及公众的生命安全。基础设施攻击可以采取多种形式，包括网络渗透、拒绝服务攻击、恶意软件攻击等手段，导致基础设施失效、瘫痪或被控制。这种攻击可能会导致停电、通信中断、交通拥堵、水资源中断等后果，对国家的正常运转和公众的生活产生严重影响。因此，加强基础设施的网络安全保护，提高其抵御网络攻击的能力，是确保国家安全和社会稳定的重要举措之一。同时，加强国际合作，共同应对基础设施攻击带来的威胁，也是国际社会所面临的重要挑战。

5）供应链攻击

供应链攻击是一种面向软件开发人员和供应商的新兴威胁，其目标是通过感染合法应用来分发恶意软件，进而访问源代码、构建过程或更新机制。供应链攻击利用了供应链中的信任关系，使得恶意软件能够在不被察觉的情况下被嵌入到合法的软件或应用中，并在用户下载和使用时执行恶意操作。供应链攻击不仅能够破坏关键基础设施的稳定性和安全性，还可能造成敏感信息的泄露，使国家机密和军事机密等重要信息面临巨大风险。此外，供应链攻击还可能对国家的经济安全造成严重冲击，不法分子利用此类攻击实施网络犯罪，造成国家财产的巨大损失，对国家经济稳定产生严重的负面影响。因此，我们必须高度重视供应链攻击对国家安全的影响，加强防范，制定应对措施，确保国家的安全和稳定。

1.8 网络空间安全竞争

1.8.1 国家间的网络空间安全竞争

随着网络信息技术的快速发展和广泛应用，网络空间的属性已然发生变化，逐渐暴露出越来越多的安全问题和风险挑战。网络空间已经成为国家之间，尤其是大国之间竞争的重要领域，对于国家政治、经济和社会发展尤为重要。在未来的一段时间内，新时代的大国竞争将主要集中在网络空间，特别是网络军备竞赛、网络控制权争夺、网络影响力竞争及国际规则制定权争夺等层面。

1）网络军备竞赛

网络军备竞赛不仅体现在技术层面，还涉及战略、政策、法律等多个方面。各国为了在网络空间中获得优势，纷纷加强网络安全、信息技术和网络攻防等方面的投入和研发，导致全球范围内的网络安全形势日益严峻。当前，黑客入侵、病毒传播等网络威胁不断增多，如"震网"病毒和"舒特"攻击系统。同时，网络军备竞赛也加剧了国际关系的紧张程度，使得各国之间的信任度降低，增加了发生国际冲突的风险。

2）网络控制权争夺

在网络空间中，网络控制权争夺是不同主体为了获取、保持或扩大自身的权力和影响力，进行的一系列竞争和冲突。网络控制权不仅涉及技术层面的控制，还涉及信息、数据、资源、战略等多个方面。随着网络技术的快速发展，网络控制权争夺变得日益激烈。网络控制权是国家安全的重要组成部分，各国纷纷加强网络安全建设，提高网络攻防能力，以维护国家利益。各国在网络控制权争夺中存在着利益冲突和竞争，这种竞争可能导致国际关系的紧张和对抗。各国需要加强国际合作，共同维护网络空间的安全和稳定，避免因网络控制权争夺而引发国际冲突。

3）网络影响力竞争

网络影响力竞争在国家间的网络安全竞争中至关重要，掌握网络影响力对于各国来说具有极其重要的战略意义。各国之间的网络影响力竞争主要体现在信息传播和舆论引导、网络安全和防护、网络技术和产业的竞争，以及网络空间的规则制定和管理等多个方面。各国通过传播声音、塑造形象、加强网络安全建设、推动网络技术和产业发展、参与国际规则制定等手段，争夺在网络空间中的话语权及其他权力，以维护自身利益和权益，共同维护网络空间的和平与稳定。

4）国际规则制定权争夺

随着网络空间的不断发展和普及，制定有效的国际规则对于维护网络空间的和平、稳定和安全具有重要意义。然而，由于网络空间具有开放性、共享性、脆弱性和现实性等特点，使得网络规则制定面临诸多挑战和困难。在网络规则制定中，各国之间的利益差异和竞争关系十分明显。发达国家往往凭借其先进的网络技术和产业优势，试图将自身利益和价值观融入国际规则，以维护自身的网络利益和霸权地位。而发展中国家则往往面临着网络技术和产业落后的困境，难以在国际规则制定中发出自己的声音、表达自己的诉求。因此，各国之间需要加强沟通、合作和协调，共同推动网络规则制定的发展和完善。

1.8.2 网络空间应对策略

面对当今复杂多变的网络安全竞争环境，各个国家和地区均意识到网络安全对国家安全的重要性，纷纷采取一系列全面的应对策略，以应对来自网络空间的种种挑战，维护网络空间的稳定与国家安全，其中包括加强国内网络安全法律法规建设、提高网络安全防护能力、加大对网络技术研发的投入，以及通过国际合作加强对网络空间的共同治理等。

1）中国

中国在网络空间的应对策略是构建综合、精细化的网络空间安全体系，涵盖了立法、技术、教育和国际合作等多个维度。在立法方面，中国持续加强法律法规建设，通过颁布《中华人民共和国网络安全法》《中华人民共和国数据安全法》等一系列法律法规，为网络空间活动提供了明确的法律规范和指导。在技术方面，中国致力于推动网络空间技术的创新和应用，通过发展互联网、大数据、人工智能等前沿技术，提升网络空间的安全性和可控性，保障信息的高效流通与利用。在教育方面，中国重视网络安全教育，通过广泛的宣传、培训活动，提高公众对网络安全的认识和防范能力，培养网络安全人才，为网络空间安全提供坚实的人才保障。在国际合作方面，中国积极参与全球互联网治理体系的建设和完善，推动构建网络空间命运共同体，与其他国家共同应对网络空间安全挑战，维护网络空间的和平与稳定。

2）美国

美国历来将信息安全视为国家安全的重要组成部分，对网络空间安全的重视由来已久。早在1996年，克林顿政府便成立了关键基础设施保护委员会，拉开了美国政府关注网络安全的序幕。此后，历届政府均将网络空间安全置于重要地位。特朗普在竞选期间曾强调："网络安全必须成为首要任务"。如今，网络安全已被纳入美国国家安全战略的核心范畴。美国先后制定了《网络空间政策评估》《网络空间可信身份国家战略》《网络空间国际战略》《网络空间行动战略》《信息共享与安全保障国家战略》等多项重要政策。此外，美国各主要部门也分别推出了各自的网络安全战略，逐步形成了一套系统化、全面化的网络安全战略体系。

3）欧盟

欧盟自成立以来，始终高度重视网络空间治理的作用，为确保网络安全，欧盟制定了系统化且具有区域特色的战略规划，旨在推动数字经济的安全发展。为落实欧盟 2020 战略,欧盟于 2010 年 5 月发布了"欧洲数字议程"五年计划,并于 2013 年 2 月推出首份网络安全领域的战略文件——《欧盟网络安全战略:公开、可靠和安全的网络空间》。该文件主要聚焦治理层面,由欧盟委员会和欧盟外交与安全政策高级代表联合发布,提交给欧洲议会、欧盟理事会、欧洲经济和社会委员会,以及欧洲联盟地区委员会。《欧盟网络安全战略:公开、可靠和安全的网络空间》明确了欧盟网络安全政策制定的基本原则,阐述了如何将现实世界的核心价值观应用于网络空间,同时提出了针对成员国、欧盟机构、产业等多方利益相关者的战略重点和行动计划,并清晰界定了各参与方的职责与角色。

4)俄罗斯

自 20 世纪 90 年代以来,俄罗斯高度重视信息安全领域的法治建设,制定了《信息、信息化和信息保护法》等法律法规,从法律层面明确了国家在信息安全保护中的职责与权力,为网络空间安全战略的构建奠定了坚实基础。进入 21 世纪以后,俄罗斯迅速出台了一系列战略规划文件,初步勾勒出国家安全战略的核心框架。随着社会各领域对网络技术依赖程度的加深,网络空间安全面临的压力也逐步增加。针对网络安全面临的新挑战,俄罗斯从军事、外交、行政等多维度强化网络空间治理,进一步巩固了政府在维护网络安全中的主导地位。

5)日本

近年来,国际网络空间安全问题愈发凸显,日本对网络安全的重视程度也随之不断提升。回顾近十年来日本政府发布的网络安全战略文件,其核心理念与国家安全的特殊环境密切相关。在借鉴美国网络安全模式的同时,日本也展现出自身独特的特点。这些战略文件不仅服务于日本提高军事能力和国际政治影响的目标,还体现了其网络安全思路从单纯防御向积极防御甚至进取扩张模式的转变。

1.9 我国的网络空间安全战略

在当前信息化、网络化快速发展的时代背景下,网络安全已经成为国家安全的重要组成部分,对于维护国家安全、社会稳定和经济发展具有重要意义。为了保障网络空间安全,我国制定了一系列法律法规,形成了较为完善的网络安全法律体系,先后出台了《中华人民共和国网络安全法》、《中华人民共和国数据安全法》和《中华人民共和国个人信息保护法》等法律法规,为网络空间安全提供了坚实的法律基础,也明确了网络空间各方主体的责任和义务。

中国致力于维护国家网络空间主权、安全、发展利益,推动互联网造福人类,推动网络空间和平利用和共同治理,并构建全方位、多层次的网络空间安全保障体系,涉及国家安全、社会治理、经济发展、文化传播、国际合作和技术创新等多个层面,形成了全面防御、积极应对、依法治理的网络安全工作新格局。

1）国家安全层面

维护国家安全是网络空间安全战略中的首要目标，其核心是维护国家主权、国家安全和发展利益。这一层面着重于预防和应对各种网络攻击、网络间谍活动及其他形式的网络威胁，以确保国家的关键信息基础设施不受损害。为实现这一目标，我国采取多种措施，包括加强网络安全保护能力、建立完善的网络监控和应对机制，以及加强国际合作等。通过这些综合举措，确保我国在网络空间安全领域维护自身的核心利益和安全。

2）社会治理层面

在社会治理层面，网络空间安全战略强调通过网络空间的规范管理，维护社会的稳定和谐。我国致力于打击网络犯罪、预防网络恐怖主义活动、遏制网络谣言和非法信息的传播等行为，以确保网络环境的清朗和有序。通过采取以上措施，可以有效保护公民的合法权益，维护社会秩序，促进网络空间的健康发展。

3）经济发展层面

网络空间安全对经济发展至关重要。网络空间安全战略在这一层面的目标是保护网络和信息系统的安全，促进数字经济的健康发展，并维护企业和消费者的合法权益。网络空间安全战略在这一层面的重点是加强对重要数据和个人信息的保护，以确保其不被未经授权的获取或滥用。另外，我国还鼓励创新，推动网络安全产业的发展，提升网络安全技术和服务水平。

4）文化传播层面

文化传播层面的网络空间安全战略着重于利用网络空间传播正能量，弘扬社会主义核心价值观，促进健康文化和信息的传播。我国通过网络平台传播积极向上的文化和信息，推动社会的良性发展，增强国民的文化自信和认同感。除此之外，还要抵制不良信息和外来不良文化的侵蚀，保护国家的文化安全。这包括加强网络内容管理、规范网络文化传播行为、打击网络上的不良信息和有害文化传播、保护国家的文化安全和多样性等。

5）国际合作层面

鉴于网络空间的全球性特征，我国的网络空间安全战略强调加强国际合作，推动构建和平、安全、开放、合作的网络空间。各国需要共同努力应对跨国网络威胁和挑战，因此，我国积极参与国际网络空间治理体系的建设，推动国际网络安全标准的制定，以确保网络空间的稳定和安全。同时，我国也与其他国家和国际组织开展合作，共同打击网络犯罪，加强数据保护等领域的合作。通过这些国际合作举措，可以促进各国之间相互信任与理解，共同维护全球网络空间的和平与安全，推动网络空间的健康发展。

6）技术创新层面

技术是网络空间安全的基石，网络空间安全战略在这一层面上强调加大对网络安全关键技术的研发投入，鼓励技术创新和应用，以提升自主可控能力，并减少对外部技术的依赖，确保网络空间安全的技术支撑。这意味着需要在网络安全关键技术领域进行持续的研究和开发,涵盖网络防御、攻击检测、数据加密等方面。同时,我国鼓励和支持技术企业、研究机构等开展创新工作,推动新技术在网络空间安全领域的应用和推广。

当前和今后一个时期内,我国网络空间安全工作的任务是坚定捍卫网络空间主权、坚决维护国家安全、保护关键信息基础设施、加强网络文化建设、打击网络恐怖和违法犯罪、完善网络治理体系、夯实网络安全基础、提升网络空间防护能力、强化网络空间国际合作。积极推进全球互联网治理体系变革,共同维护网络空间和平安全。

第 2 章　网络攻击与防范

随着通信与计算机技术的深度融合，计算机互联网络已全面渗透到千家万户，极大地推动了信息共享应用的普及与深化。这场全球范围内的信息革命不仅激发了人类历史上前所未有的生产力，更引领着人类社会从依赖物质和能源的模式，迈向物质、能源与信息三者并重的新时代。信息作为社会运转不可或缺的关键资源，其重要性日益凸显。然而，网络的普及与信息的自由流通也带来了日益严峻的网络安全问题。网络安全面临的挑战与日俱增，情况愈发错综复杂，其不仅关系到个人隐私的保护，也关乎企业数据的安全，乃至国家安全的维护。新时代网络安全问题已然成为当今社会最受关注的问题之一，亟须我们共同面对和解决。本章主要介绍网络攻击的相关重要概念和多层次的防御措施。

2.1　网络攻击概述

2.1.1　网络攻击概念

网络攻击是指以技术或非技术的手段，利用目标网络信息安全系统的安全缺陷，破坏信息系统安全属性的措施和行为，其通过未经授权的方式访问网络、计算机系统或数字设备，故意窃取、暴露、篡改、禁用或破坏数据、应用程序及其他资产。

早期的攻击者主要通过嗅探攻击（Sniffing Attack）、截获攻击（Interception Attack）、拒绝服务攻击、缓冲区溢出攻击（Buffer Overflow Attack）、弱密码攻击（Weak Password Attack）、社会工程学攻击（Social Engineering Attack）和邮件炸弹（Email Bomb）等方式收集和截获信息，上述攻击在早期的网络环境中相对容易实施。早期攻击方式对比如表 2-1 所示。

表 2-1　早期攻击方式对比

攻击类型	攻击方式	攻击后果
嗅探攻击	监听网络流量，捕获未加密的数据包	敏感信息泄露，如用户名、密码、信用卡号等
截获攻击	改变通信路径，使数据流经攻击者设备，从而使攻击者截获这些数据并对其进行篡改	信息泄露，数据被篡改，可能导致中间人攻击
拒绝服务攻击	发送大量请求或利用系统漏洞，耗尽目标系统的资源	服务中断，合法用户无法访问服务，可能造成经济损失和声誉损害

续表

攻击类型	攻击方式	攻击后果
缓冲区溢出攻击	输入超出程序缓冲区容量的数据,导致数据溢出,可能执行恶意代码	程序崩溃,导致被未授权访问,甚至可能完全控制被影响的系统
弱密码攻击	利用简单或常见的密码进行猜测或暴力破解	账户被非法访问,可能导致数据泄露或未经授权的操作
社会工程学攻击	通过欺骗手段操纵人员,获取敏感信息或访问权限	信息泄露,账户被盗,可能进一步导致其他类型的网络攻击
邮件炸弹	向特定邮箱发送大量邮件,使邮箱服务不可用	邮箱服务中断,用户无法接收或发送邮件,可能影响正常的工作和沟通

随着网络攻击技术的不断演进,新型的网络攻击手段变得更加复杂和隐蔽。攻击者会出于政治、经济、文化、个人报复等动机去攻击或渗透对方系统,获取重要数据和机密信息,甚至引起网络或系统瘫痪。攻击者首先确定要攻击的目标系统、网络设备或数据,然后确定攻击的具体位置。根据攻击发起的地点与目标系统之间的位置关系,可将攻击分为远程攻击、本地攻击和伪远程攻击。

(1)远程攻击:指外部攻击者通过各种手段,从该局域网以外的地方向该局域网网内的系统和设备发起攻击。

(2)本地攻击:指单位的内部人员,通过所在的局域网,向本单位的其他系统或设备发起攻击,即在本级上进行非法越权访问。

(3)伪远程攻击:指单位的内部人员为了掩盖攻击者的身份,从本地获取目标的一些必要信息后,从外部远程发起攻击,造成外部入侵的现象。

近年来,随着网络技术的蓬勃发展和网络应用的广泛普及,网络攻击技术的精进使得网络安全问题已经成为全球性的关注重点。在宏观层面上,网络安全问题已经渗透到国家治理方面,包括政治、经济、军事、文化及意识形态等关键领域,其影响之深远不容忽视。在微观层面上,网络安全直接关系到个人隐私的保护,是维护社会稳定与安全不可或缺的基石。随着人们生活与网络、计算机的联系日益增强,大众对网络的依赖性也不断加深。然而,网络作为一个开放且共享的平台,其安全问题自然成为科学研究中的一大重要课题。确保网络安全不仅是一项技术挑战,更是社会发展的必然需求,需要投入智慧和努力,以应对这一日益严峻的全球性问题。

2.1.2 网络攻击发展趋势

随着网络技术的蓬勃发展,攻击者不断开发新的攻击工具和技术,如利用人工智能技术进行自动化攻击,对全球网络安全带来严峻挑战。总体上,全球网络攻击呈现以下态势:不对称攻击(Asymmetric Attacks)日益频繁、攻击手段越来越先进、安全漏洞(Security Vulnerabilities)暴露概率增加、防火墙被渗透风险加大、攻击手段自动化程度不断增强和关键信息基础设施的威胁日益增大。

1)不对称攻击日益频繁

网络安全领域的不对称攻击指的是攻击者和防御者之间存在资源、能力或信息获取上的不平衡,使得攻击者能够以较小的代价对防御者造成较大的影响。不对称攻击的日益频繁对网络安全构成了严重威胁,其主要原因为资源和能力的不平衡、技术进步的不平等,以及攻击手段的多样化和复杂化。

(1)资源和能力的不平衡:攻击者通常只需要投入相对较少的资源就能对目标造成重大损害,而防御者需要投入大量资源来防御潜在的威胁,造成防御方在资源分配上处于劣势。

(2)技术进步的不平等:随着新技术的快速发展,攻击者能够更快地利用新出现的漏洞或后门进行攻击,而防御者则需要更多时间来适应和应对这些新威胁,导致安全防护措施的更新速度远远落后于攻击手段的进步速度。

(3)攻击手段的多样化和复杂化:攻击者采用的攻击手段越来越多样化和复杂化,如零日攻击、高级持续性威胁攻击、勒索软件等,上述手段难以预防和检测,增加了防御者的防护难度。

2)攻击手段越来越先进

网络攻击手段的先进化是网络安全领域面临的一个显著趋势。如今,人工智能技术的迅猛发展给各个领域都带来了前所未有的变革和进步。网络市场中涌现出多种先进攻击手段,包括人工智能投毒攻击、人工智能生成恶意软件、深度伪造(Deepfake)骗局、武器化模型等。

(1)人工智能投毒攻击:它是指攻击者通过在训练数据时加入精心构造的异常数据,破坏原有的训练数据概率分布,导致模型在某些条件下产生分类或聚类错误,以破坏其训练数据集和准确性。

(2)人工智能生成恶意软件:黑客将生成式人工智能技术应用于制作恶意软件,以便快速发现目标系统中的漏洞,从而加快攻击速度并扩大攻击规模。

(3)深度伪造骗局:它是一种将个人的声音、面部表情及身体动作拼接合成虚假内容的人工智能技术。其主要是利用生成式对抗网络的机器学习模型将图片或视频合并叠加到原图片或视频上,借助神经网络技术进行大样本学习,从而达到伪造的目的。

(4)武器化模型:它是指将人工智能模型或机器学习模型应用于恶意目的或攻击性行为。通常情况下,此行为是非法的且具有破坏性,旨在侵犯隐私、破坏系统、欺骗用户或进行其他恶意活动。

3)安全漏洞暴露概率增加

安全漏洞是指在软件、硬件或协议中存在的安全缺陷,这些缺陷可能被攻击者利用来破坏系统安全,导致未授权访问、数据泄露、服务中断等安全事件。安全漏洞可能是由设计错误、编程错误、配置不当或采取不充分的安全措施引起的。

安全漏洞暴露概率的增加是多种因素共同作用的结果,主要包括软件和系统的复杂性、互联网连接设备的增加、信息共享和漏洞披露,以及供应链攻击等。

（1）软件和系统的复杂性：随着软件和系统功能的增加，代码量也随之增长，导致产生更多的安全漏洞，复杂系统中的多个组件和交互点为潜在的攻击提供了更多的机会。

（2）互联网连接设备的增加：互联网设备的普及增加了网络攻击的潜在目标，而连接设备往往缺乏足够的安全措施，成为被攻击者利用的薄弱点。

（3）信息共享和漏洞披露：漏洞信息的快速传播使得攻击者能够迅速获取并利用新发现的漏洞，缩短了从漏洞发现到被利用的时间。

（4）供应链攻击：攻击者通过破坏供应链中的软件或服务来间接影响最终用户，这种攻击方式使得安全漏洞的暴露概率增加。

4）防火墙被渗透风险加大

传统的防火墙主要是基于特征的检测方法，其依赖于已知的攻击特征库来识别和阻止恶意流量。基于特征的检测方法通过快速匹配攻击特征库，采取相应的防御措施，对处理已知特征的网络攻击非常有效，但对于未知特征的网络攻击，该方法防御效果不佳，因为攻击者可能会使用新的或未被识别特征的网络攻击绕过防火墙。所谓未知特征的网络攻击，通常指的是无法通过传统的基于签名或已知特征的检测方法来识别的攻击。

未知特征的网络攻击主要包括零日攻击、新型恶意软件、高级持续性威胁攻击及利用复杂技术的社会工程学攻击等。由于攻击的特征在攻击发生之前是未知的，因此防御起来非常困难。例如，互联网打印协议（Internet Printing Protocol，IPP）和基于 Web 的分布式创作与翻译（Web based Distributed Authoring and Versioning，WebDAV）都可以被攻击者利用，以绕过防火墙。

5）攻击手段自动化程度不断增强

攻击手段的自动化程度不断增强是当前网络安全领域的一个重要发展趋势。这种趋势的出现，是由于技术的进步，特别是人工智能技术和机器学习技术的应用，使得攻击者能够更高效地执行复杂的攻击活动，自动化主要体现在自动化工具的使用、恶意软件的进化、社会工程学攻击的自动化及人工智能技术的利用等方面。

（1）自动化工具的使用：攻击者使用自动化工具执行任务，如数据收集、漏洞扫描、恶意软件分发和攻击活动监控来提高攻击的效率和规模。

（2）恶意软件的进化：恶意软件变得更加智能化，能够自动适应环境变化，执行复杂的攻击活动。例如，勒索软件即服务（Ransomware as a Service，RaaS）允许攻击者通过订阅模式获得恶意软件，并自动进行攻击和赎金谈判。

（3）社会工程学攻击的自动化：攻击者利用自动化技术进行社会工程学攻击，如自动化生成钓鱼邮件和社交媒体帖子，其内容能够模仿真实通信，诱使受害者泄露敏感信息或执行恶意操作。

（4）人工智能技术的利用：人工智能技术被用于网络攻击，以提高攻击的精准度和隐蔽性。例如，通过深度学习生成对抗性样本来欺骗安全系统，或者使用自然语言处理技术生成逼真的虚假信息。

6）对关键信息基础设施的威胁日益增大

关键信息基础设施是国家安全、经济运行和社会稳定的基石，其涉及公共通信和信息服务、能源、交通、水利、金融等领域，一旦关键信息基础设施遭到破坏、丧失功能或数据泄露，可能严重危害国家安全、国计民生、公共利益。攻击者主要利用分布式拒绝服务攻击、勒索软件攻击、SQL 注入攻击、跨站脚本攻击、高级持续性威胁攻击、零日攻击、供应链攻击等方式攻击关键信息基础设施，试图破坏关键信息基础设施系统、窃取敏感数据或进行其他恶意活动，导致服务中断、系统瘫痪、社会秩序混乱，甚至造成生活不可预测的混乱。网络空间军事化、网络武器平民化、网络攻击常态化的态势日趋明显，关键信息基础设施已成为网络攻击的主要目标。

2.1.3 网络攻击动机

在当今高度互联的世界中，网络攻击背后的动机变得愈发复杂。网络攻击的动机多种多样，大致可归结为国家间竞争、政治目的、经济利益和个人好奇心四个层面。

1）国家间竞争

网络攻击在国家间竞争中扮演着越来越重要的角色，其动机主要包括情报收集、战略威慑、谋求经济利益、获取军事优势、提升国际地位和技术竞争等。

（1）情报收集：国家可能会通过网络攻击来窃取对手的政治、经济、军事和科技情报，以获取战略优势。

（2）战略威慑：网络攻击可以作为一种战略威慑手段，通过展示网络攻击能力和潜在的破坏力，来阻止对手采取某些行动。

（3）谋求经济利益：通过网络攻击破坏对手的关键经济基础设施，如能源、金融系统，以此来削弱对手的经济实力。

（4）获取军事优势：在军事冲突中，网络攻击可以用来破坏敌方的指挥控制系统，干扰其通信和情报收集，从而获得战场优势。

（5）提升国际地位：通过展示先进的网络攻击能力，国家可以提升其在国际社会中的地位和影响力。

（6）技术竞争：网络攻击可以用于窃取或破坏对手的高科技研究成果，以此来保持或获得技术领先地位。

2）政治目的

随着网络的发展，网络攻击也成为信息战的重要组成部分，影响国家间的政治和国际关系，进一步引发社会不稳定。攻击者可能出于政治动机，试图影响政治进程、传播特定意识形态或对政府和组织施加压力。国家可能利用网络攻击进行间谍活动、信息战或网络宣传等，以谋取政治利益。出于政治动机的攻击通常会涉及网络战、网络恐怖主义或黑客行动主义。在网络战中，民族、国家行为常常以敌方政府机构或关键基础设施为目标。

3）经济利益

黑客可能通过攻击获取敏感数据、金融信息，以获取金钱或利益。黑客会直接入侵银行账户窃取资金，或利用社会工程诈骗诱骗人们向其汇款。黑客通过窃取数据，然后以身份盗用、在暗网上销售或要求赎金等方式来获取利益。敲诈勒索是另一种策略，其通过加密受害者的文件或锁定受害者的设备来阻止用户访问其系统或数据，并要求支付赎金以恢复访问权限。黑客利用勒索软件、分布式拒绝服务攻击或其他策略来劫持数据或设备，直到公司付款为止。

4）个人好奇心

部分攻击者纯粹出于满足好奇心和破坏欲而进行有意攻击。

（1）出于满足好奇心：攻击者利用社交工程学技巧，如网络钓鱼或冒充他人身份，以观察人们的反应和识别安全意识的缺乏程度。

（2）出于满足破坏欲：例如，心怀不满的现任或前任员工为了报复他们所感受到的轻视，采取窃取资金和敏感数据或破坏公司系统的方式，达到个人心理满足。

此外，攻击者也可能因为个人恩怨或报复心理，针对特定的个人或组织进行网络攻击以满足内心快感。

2.1.4 网络攻击危害

网络空间主权是国家主权的第五维度，网络安全直接关系到国家安全。网络空间威胁如图 2-1 所示。

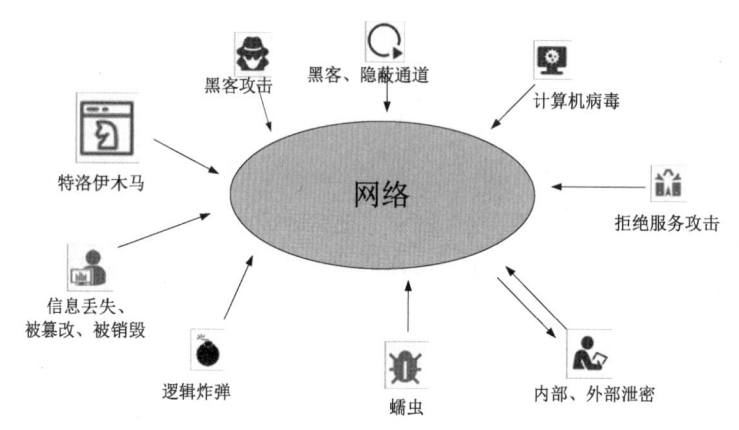

图 2-1 网络空间威胁

网络攻击的危害面较广，主要体现在国家安全威胁、基础设施瘫痪、影响社会稳定、信息安全风险、造成经济损失及个人权益受损六个方面。

1）国家安全威胁

网络攻击对国家安全构成的威胁是多方面的，不仅涉及军事和国防领域，还可能对政治稳定、经济发展和社会秩序产生严重影响。网络攻击对国家安全构成的威胁包括军事情报（如战略计划、武器系统设计、部队部署）泄露、关键基础设施遭受破坏等，影响国家整体安全与利益。

2）基础设施瘫痪

针对基础设施使其瘫痪的网络攻击是一种严重的安全威胁，这对国家安全、社会稳定和公民生活产生深远的影响。关键基础设施包括电力系统、交通系统（如公路、铁路、航空和海港）、通信网络（如互联网服务提供商和移动通信网络）、水利设施、金融系统、公共卫生和紧急服务系统等。这些关键基础设施遭受网络攻击会导致服务中断、系统瘫痪，严重影响社会运转和公共安全。

3）影响社会稳定

网络攻击对社会稳定的影响是深远和多维的，不仅威胁到个人和组织的安全，还可能对整个社会秩序和国家治理产生负面影响。攻击者通过散布虚假信息来引发社会恐慌、造成信息混乱，对政治稳定产生负面影响，破坏社会秩序和公共信任。

4）信息安全风险

网络攻击对信息安全构成的风险是多方面的，涉及个人隐私、企业数据、国家安全等多个层面。网络攻击可能导致个人、企业及国家的敏感信息和数据被窃取、篡改或破坏，造成隐私泄露、财产损失、商业机密泄露、社会稳定遭破坏和国家安全受损等严重后果。

5）造成经济损失

网络攻击给企业和组织的经济利益和商业机密带来风险。攻击者通过黑客入侵技术窃取企业和组织的商业机密（如客户信息、财务记录、知识产权），从而导致重大的经济损失、品牌信誉受损、运营中断，以及承担相应的法律责任等严重后果。此外，勒索软件攻击会直接对企业造成经济损失，恶意软件感染通过破坏公司的数据和系统，导致生产中断和数据丢失，进而影响企业和组织的正常生产进程。

6）个人权益受损

网络攻击对个人隐私和正当权益构成威胁。个人遭受网络攻击可能会导致隐私泄露、身份信息被盗用、财产损失等，侵害个人的合法权益。攻击者通过网络钓鱼软件、恶意软件及勒索软件等手段非法窃取个人身份信息、账号密码、银行卡账户等隐私信息，从而进行信用卡盗刷、身份盗用和金融诈骗等非法活动，侵犯个人隐私，造成个人财产损失。

2.2 网络攻击分类

网络攻击已成为日益严重的全球性问题，不仅威胁到个人隐私，还可能对企业运营、社会稳定乃至国家安全造成重大影响。网络攻击可以根据攻击来源、攻击目的、攻击手段、攻击对象及攻击效果进行分类。

2.2.1 按攻击来源分类

按照攻击者发起攻击的来源不同，网络攻击可以分为四个主要类别，分别是国家级攻击、犯罪行为攻击、政治活动攻击及商业竞争攻击。

1) 国家级攻击

这类攻击通常由国家、政府或与其相关的实体组织发起，旨在获取情报、破坏对手的关键基础设施或影响其国家利益。这类攻击可能涉及军事间谍活动、网络战等，具有较高的组织性和较多的资源支持。

2) 犯罪行为攻击

这类攻击由犯罪团伙、黑客组织或个人发起，旨在谋取经济利益，如窃取财产、进行勒索、非法交易等。典型的犯罪行为攻击包括网络诈骗、恶意软件传播、身份盗用等。

3) 政治活动攻击

这类攻击通常由政治组织、活动人士发起，旨在进行政治宣传、煽动民众情绪或干扰选举过程。这类攻击可能涉及政治宣传、网络封锁、虚假信息传播等。

4) 商业竞争攻击

这类攻击由企业或相关利益集团发起，旨在获取商业机密、破坏竞争对手的市场地位或影响其商业利益。这类攻击可能涉及商业间谍活动、知识产权盗窃、虚假广告等。

2.2.2 按攻击目的分类

按照攻击者的意图和目标不同，网络攻击可以分为五个类别，分别是系统破坏攻击、服务中断攻击、数据窃取攻击、非法获利攻击和间谍活动攻击。

1) 系统破坏攻击

系统破坏攻击指攻击者利用各种手段对目标计算机系统或网络设备造成损害或数据丢失，使其无法正常运行或完全失效。攻击者通过以下三种方式破坏网络系统。

（1）利用病毒、蠕虫、特洛伊木马等恶意软件，破坏系统文件，导致系统崩溃或数据丢失。

（2）通过修改系统数据，导致系统运行异常或产生错误的输出。

（3）通过更改系统设置，使系统变得不稳定或无法实现其预期功能。

2) 服务中断攻击

服务中断攻击的目的是通过破坏目标系统或网络的正常运行，使其陷入瘫痪状态。典型的服务中断攻击是拒绝服务攻击或分布式拒绝服务攻击。攻击者使用拒绝服务攻击削弱目标系统甚至使其不可用，通过向目标系统发送大量的请求，使其超负荷运行，导致正常用户无法访问或使用该系统。

3）数据窃取攻击

数据窃取攻击指的是攻击者通过非法手段获取未授权访问的敏感信息或数据的攻击行为。攻击者出于经济利益驱动、商业竞争压力、政治或军事情报需求，以及个人娱乐等动机，非法入侵网络系统，窃取包括个人身份信息、银行账户详情、企业机密在内的敏感数据。

4）非法获利攻击

非法获利攻击指的是攻击者通过非法手段获取经济利益的行为，主要途径如下。

（1）攻击者利用勒索软件直接索取赎金或通过在线诈骗等手段直接获利。

（2）攻击者盗窃个人身份信息、商业机密和其他敏感数据，并在黑市上出售这些信息以获取收益。

（3）攻击者通过精心策划的钓鱼攻击和身份盗窃，非法入侵受害者的银行账户或金融账户，盗取资金。

（4）攻击者创建恶意网站或软件，通过展示广告来赚取点击率和广告收入。

（5）攻击者窃取软件、专利等知识产权，通过非法复制或使用这些资产以牟利。

5）间谍活动攻击

间谍活动攻击是指利用网络手段进行情报收集的行为，该活动通常由国家或情报机构支持，目的是获取他国政治、经济、军事或科技等领域的敏感信息。攻击者通过非法行为入侵国家机关、涉密单位、关键信息基础设施及军事领域单位等，以获取机密信息，危害国家安全。

2.2.3 按攻击手段分类

按照攻击手段的不同，网络攻击可以分为六个主要类别，分别是恶意软件攻击、拒绝服务攻击、漏洞攻击、密码攻击、供应链攻击、社会工程学攻击。通过对不同攻击手段的有效分类，有助于识别潜在威胁、采取预防措施及制定有效的应对策略。

1）恶意软件攻击

攻击者通过传播恶意软件，如病毒、特洛伊木马、蠕虫等，将恶意代码植入用户设备，用于窃取用户个人身份信息、监视用户活动、加密文件进行勒索、分发广告等。恶意软件可以通过下载附件、点击恶意链接或访问被恶意感染的网站等方式进行传播。

2）拒绝服务攻击

拒绝服务攻击是指攻击者通过发送大量请求或占用目标系统的资源，使其无法正常响应合法用户的请求，从而导致服务不可用。攻击者的目的是通过消耗目标系统的计算能力、带宽或存储资源，使其无法提供正常的服务，从而干扰目标系统的运行或对目标系统造成损害。

3）漏洞攻击

漏洞攻击是指攻击者利用软件、硬件或网络协议中存在的安全漏洞来实施攻击的行为。

这些安全漏洞可能是由设计缺陷、编程错误、配置不当或其他安全措施不足造成的。漏洞攻击是攻击者专门寻找软件或系统中的安全漏洞来实施的攻击，如 SQL 注入攻击、缓冲区溢出攻击等。攻击者利用这些漏洞攻击技术对系统进行未授权访问或注入恶意代码，从而导致数据泄露、系统控制权丧失等严重后果。

4）密码攻击

密码攻击是指攻击者试图破解或绕过密码保护，以获取对系统、网络或数据的未授权访问。攻击者通常利用密码的弱点，如弱密码、默认密码或密码管理不善等，采用暴力破解方法来猜测密码，尝试所有可能的密码组合，直到找到正确的密码为止。这种攻击依赖于计算能力，随着技术的发展，攻击者可以使用高性能计算机或分布式网络加速破解过程。此外，攻击者通过收集目标的公开信息，如生日、兴趣爱好、家庭成员、宠物名称等，结合社会工程学的技巧，尝试猜测或推断出密码，此手段的有效性建立在对目标个人生活细节的了解上。

5）供应链攻击

供应链攻击指的是攻击者破坏目标组织的供应链并以此间接影响目标本身。其利用了供应链中的信任关系和相互依赖性，通过渗透供应链中的一个或多个环节，攻击者可以达到对最终目标进行破坏的目的。例如，攻击者可能会感染供应商的更新软件，当目标组织下载并安装这些更新软件时，恶意代码就会被激活。供应链攻击的隐蔽性和复杂性使得其成为网络安全面临的一大挑战。

6）社会工程学攻击

攻击者利用人的社会心理和行为，通过欺骗、传播虚假信息等手段，获取对方的信任，诱导受害者做出有利于攻击者的行为，进而达到获取敏感信息的目的。这类攻击常利用虚假链接、仿冒网站、欺骗邮件实现。攻击者可能假装成合法的实体，引导用户出示密码、账户信息或敏感数据，从而侵害用户隐私。这类攻击方法主要依赖于心理操纵，而不是技术手段。

2.2.4 按攻击对象分类

按照攻击对象的不同，网络攻击可以分为四个主要类别，分别是国家与政府攻击、关键基础设施攻击、组织机构攻击和个人用户攻击。

1）国家与政府攻击

网络攻击给国家安全和社会稳定带来潜在风险。攻击者针对国家与政府实施网络攻击，窃取政府机密资源，导致国家重大机密泄露，影响国家间政治和国际关系，进一步引发社会不稳定。此外，现代军事系统高度依赖网络技术和信息系统，攻击者对国家军事系统发起攻击会导致军事控制系统瘫痪、情报泄露、军事基地等关键基础设施被破坏、军事行动受阻、战略资源损失和士气下降等严重危害。

2）关键基础设施攻击

关键基础设施指的是对国家安全、经济稳定和公共福祉至关重要的系统和服务，包括能源供应、交通网络、金融服务、医疗卫生、政府服务和通信网络等。关键基础设施（如电力系统、水源系统、交通系统、公共卫生服务系统）遭受攻击，会导致服务中断、系统瘫痪、社会秩序混乱，甚至造成生活不可预测的混乱，针对关键基础设施的攻击已成为亟待解决的全球性问题。

3）组织机构攻击

网络攻击给企业或组织的经济利益和商业机密带来风险。攻击者通过黑客入侵窃取企业的商业机密、研发成果、客户数据等敏感信息，导致企业知识产权被盗取，商业竞争力下降、声誉受损，甚至破产倒闭。同时，恶意软件感染并破坏公司的数据和系统，导致公司的生产中断和数据丢失，进而影响企业的正常运营。此外，勒索软件针对企业系统、政府机构系统等大型网络系统的攻击，也将直接造成企业财产损失。

4）个人用户攻击

网络攻击对个人隐私和信息安全构成威胁。首先，个人用户面临着隐私外泄和身份被盗用的风险，攻击者能利用窃取的个人信息从事不法行为。再者，金融数据的泄露可能引发个人财产损失，如银行卡被非法盗刷的情况。此外，个人隐私一旦被公开，还可能遭受社交媒体上的欺凌行为，进而对个人声誉造成损害，引发心理上的困扰。

2.2.5 按攻击效果分类

网络攻击可以根据其造成的后果和影响范围进行划分，分别是系统物理损害攻击、信息损失（信息泄露或数据篡改）攻击、服务中断或系统瘫痪攻击、经济损失攻击、破坏社会稳定攻击和颠覆国家政权攻击六类。

1）系统物理损害攻击

网络攻击造成的系统物理损害指的是攻击者通过网络手段直接或间接地对物理设备或系统造成破坏，包括对关键基础设施、工业控制系统乃至个人设备等造成严重的后果。以下是一些导致系统物理损害的网络攻击类型及其影响。

（1）物理篡改：攻击者直接对网络设备或线路进行物理损害或修改，如破坏传感器、断开关键连接或植入恶意软件。

（2）电磁干扰：通过生成电磁波干扰信号，影响设备的正常工作，导致设备损坏或数据传输错误。

（3）工业控制系统攻击：针对工业控制系统（Industrial Control System，ICS）的攻击，如对可编程逻辑控制器（Programmable Logic Controller，PLC）的攻击，导致生产线停止、设备损坏或发生其他物理事故。

2）信息损失攻击

网络攻击导致信息损失的方式更为直接，主要分为信息泄露和数据篡改两个方面。

（1）信息泄露：网络攻击导致敏感信息、个人数据或机密资料、企业知识产权及重要信息、国家政治军事机密信息被泄露给未经授权的第三方，引发隐私泄露、身份被盗用等问题。

（2）数据篡改：攻击者篡改网站内容、数据库中的数据，导致信息不真实、不合法，对用户造成误导或使用户混淆信息。

3）服务中断或系统瘫痪攻击

服务中断主要指攻击者采取拒绝服务攻击等形式，导致目标系统或网站无法正常运行，造成服务中断，影响用户体验和业务运营。系统瘫痪指攻击者使用多种网络攻击手段导致系统崩溃、关键系统组件受损，使系统无法正常运行，严重影响组织的日常运营。

4）经济损失攻击

网络攻击导致的经济损失是一个全球性问题，影响着国家经济、企业运营和个人财产安全。网络攻击可能导致关键基础设施瘫痪，影响国家的能源、交通、通信等领域，从而对宏观经济产生负面影响。企业可能因为网络攻击而遭受数据泄露、业务中断、客户流失等，导致产生直接的财务损失。个人可能因为网络攻击（如网络诈骗、身份被盗用）而遭受财产损失，包括银行账户被盗、个人信息被滥用等。

5）破坏社会稳定攻击

攻击者通过创建或传播虚假新闻影响公众想法，通过操纵舆论和错误信息破坏社会稳定、扰乱公共秩序、影响政治决策和公众意见。实施途径包括传播虚假新闻、操纵社交媒体、钓鱼软件及深度伪造等手段。

6）颠覆国家政权攻击

网络攻击不仅可以威胁到一个国家的信息安全，还对国家的政治稳定、经济发展、社会秩序和文化传承产生深远的影响。网络攻击颠覆国家主权主要通过以下途径实现。

（1）干涉内政：通过网络攻击，外部势力可能干预国家的内部事务，影响政治决策过程，甚至煽动公众情绪，引起社会动荡和政权更迭。

（2）意识形态渗透：利用网络平台传播特定的价值观和政治理念，试图改变公众的思想和文化认同，削弱国家的文化主权。

（3）信息战：通过网络传播虚假信息、进行心理战和舆论操纵，破坏国家形象，扰乱公共秩序，影响国家稳定。

（4）网络间谍活动：通过网络窃取国家机密和敏感信息，损害国家的安全和利益。

2.3 网络攻击过程与手段

2.3.1 网络攻击的过程描述

网络攻击过程具有共同点,通常都遵循"六步法",包括网络侦察、网络扫描、网络渗透、获取目标使用权限、开辟后门、清除攻击痕迹六个阶段,如图 2-2 所示。

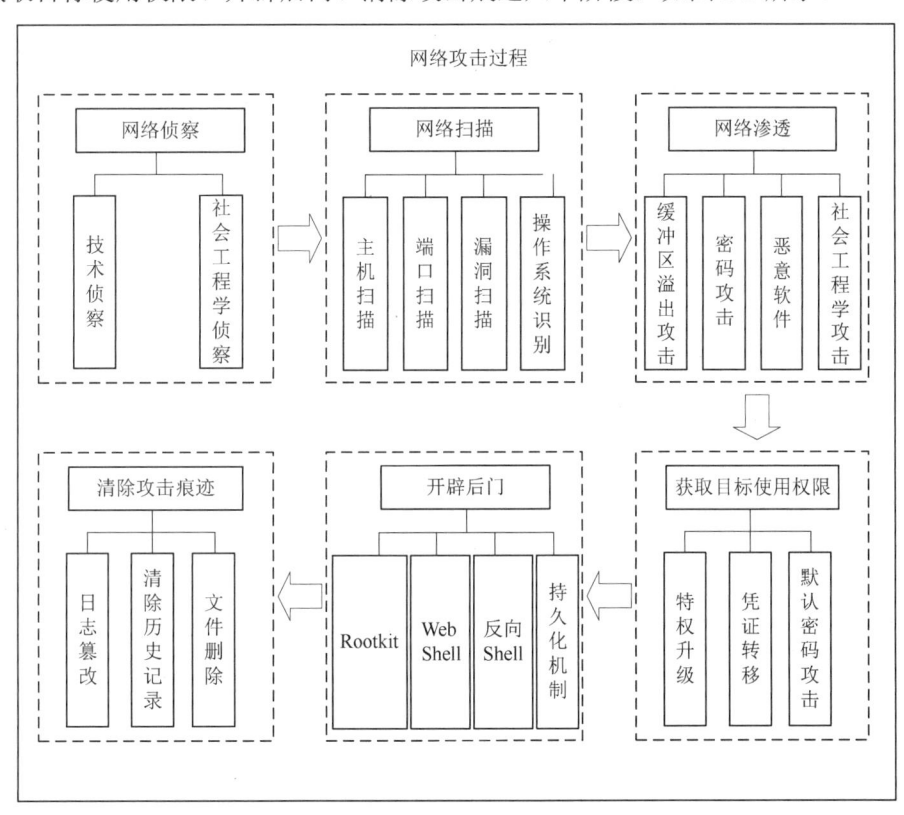

图 2-2 网络攻击过程的六个阶段

1)网络侦察

网络侦察是攻击者在实施攻击前进行的一系列信息收集活动,目的是探测、识别及确定攻击目标,发现有价值的目标系统并收集目标系统的资料,包括与目标系统关联的信息、IP 地址范围、域名服务器(Domain Name Server,DNS)地址及配置信息等。网络侦察通常分为技术侦察和社会工程学侦察。技术侦察是指攻击者通过端口扫描检测目标系统上开放的端口和服务,通过分析网络响应来确定目标系统的操作系统类型、版本等信息。社会工程学侦察是指采用社会工程学欺骗或操纵目标人员泄露信息,利用网络钓鱼诱使目标人员泄露敏感信息或安装恶意软件等,以完成侦察工作。网络侦察帮助攻击者制定有效的攻击策略和方法,对于成功实施网络攻击至关重要。

2）网络扫描

网络扫描指的是对特定目标系统进行试探性通信，以获取目标系统信息的行为，是制定攻击方案的基础。使用各种扫描技术检测目标系统是否与互联网相连接，以及可访问的 IP 地址（主机扫描）、所提供的网络服务（端口扫描）、用户名和组名信息、系统类型信息、路由表信息、系统安全漏洞（漏洞扫描）、系统的体系结构、名字或域、操作系统类型（操作系统识别）等，进而寻找目标中可攻击的薄弱环节，确定对目标的攻击点，探测进入目标的途径。

3）网络渗透

网络渗透是网络攻击过程中的一个重要环节，指的是攻击者利用各种技术和手段，模拟黑客的行为，以评估计算机网络系统的安全性。基于网络侦察和网络扫描结果，攻击者设法进入目标系统，获取系统访问权。一般在操作系统级别、应用程序级别和网络级别中，攻击者主要使用缓冲区溢出攻击、密码攻击、恶意软件、社会工程学攻击、网络监听等手段获得系统访问权限，进入目标系统。

4）获取目标使用权限

获取目标系统的普通或特权账户权限，以合法身份进入系统并获取控制权，从而开展网络监听、清除攻击痕迹、运行特洛伊木马、窃听账号密码等工作，为后续网络攻击做铺垫。

5）开辟后门

在目标系统中开辟后门，方便以后入侵，包括放宽文件许可权、重新开放不安全服务[如简易文件传送协议（Trivial File Transfer Protocol，TFTP）]、修改系统配置、替换系统共享库文件、修改系统源代码、安装特洛伊木马、安装后门程序和 Rootkit 等恶意程序、安装嗅探器、建立隐蔽通信信道等。

6）清除攻击痕迹

为防止攻击过程被目标用户发现，攻击者通常会清除攻击痕迹，逃避攻击取证，主要方法包括清除相关日志内容和审计信息、隐藏相关的文件与进程、干扰入侵检测系统的运行、清除信息回送痕迹等。

2.3.2 网络攻击的主要手段

从对攻击对象的影响来划分，攻击手段可分为被动攻击和主动攻击两大类。

1）被动攻击

被动攻击是指攻击者对网络通信进行通信流量分析或网络窃听，以获取敏感信息或搜集目标系统运行状况的一种攻击行为，主要包括通信流量分析和网络窃听。

（1）通信流量分析。

通信流量分析也称为"信息量分析"和"通信量分析"，攻击者截取和分析网络传输中的数据流量，以获得通信参与者、传输协议、数据类型和网络拓扑等信息。这些信息可以被用来揭示用户行为、获取敏感信息或对网络进行侦察。

(2) 网络窃听。

被动攻击中的网络窃听也称为"监听"或"嗅探",指攻击者通过非法手段获取或拦截目标网络上的敏感信息或机密通信。例如,通过窃听无线网络或在通信线路上安装监控设备来获取数据。网络窃听示意图如图 2-3 所示。

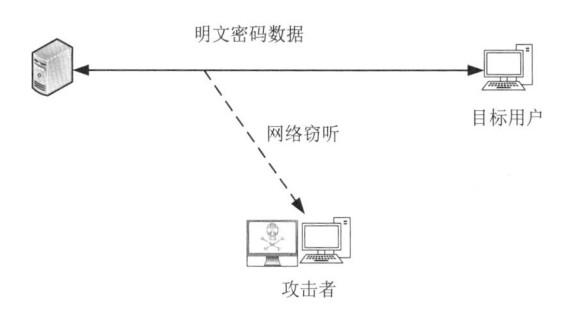

图 2-3 网络窃听示意图

2) 主动攻击

主动攻击是指攻击者对攻击对象发送攻击报文,直接对目标系统进行干预,以篡改、伪造消息或拒绝服务等方式欺骗、控制目标系统或使其瘫痪,中断目标系统间的通信,影响系统的正常运行。主动攻击可分为篡改消息攻击、伪造消息攻击和拒绝服务攻击。

(1) 篡改消息攻击。

篡改消息攻击指攻击者蓄意篡改或捏造数据、信息、通信内容,旨在误导或混淆用户及系统的判断。例如,在数据传输过程中恶意修改网页内容、电子邮件或即时通信信息。

(2) 伪造消息攻击。

攻击者通过假扮合法用户、设备或系统,以非法获取访问权限或实施不当行为。例如,在网络钓鱼攻击中,伪造电子邮件或短信,诱使用户点击恶意链接或泄露个人敏感信息。伪造消息攻击是指一个实体假冒成另一个实体给目标发送信息(报文),这种攻击破坏的是消息的真实性,主要通过认证来阻止伪造消息。

(3) 拒绝服务攻击。

拒绝服务是指攻击者通过向目标系统发送大量的请求或使用资源耗尽技术,使目标系统无法正常工作或无法为合法用户提供服务,这会导致通信设备无法正常使用或管理被无条件地中断。拒绝服务攻击通常是对整个网络实施破坏,以达到降低网络性能和无法提供终端服务的目的。主动攻击与被动攻击的差别如表 2-2 所示。

表 2-2 主动攻击与被动攻击的差别

对比维度	主动攻击	被动攻击
攻击对象	广泛,包括通信设备、网络设备、终端系统和应用等	通常针对目标系统间的通信
攻击行为	产生虚假消息或改变消息,导致状态变化	不产生消息,不影响状态
攻击结果	可能导致系统瘫痪、服务中断、系统失去控制、网络性能下降等	无直接影响,主要目的是获取信息
攻击目的	窃密、中断通信、控制系统、使系统瘫痪、物理破坏等	主要目的是获取机密信息

2.4 常见的网络攻击

当今的数字化时代，计算机网络的快速发展为人类社会带来前所未有的便利，但是随着技术的快速发展和互联网的大范围普及，网络攻击变得越来越复杂，攻击者使用的策略种类也越来越多，因此引发了严峻的网络安全挑战。网络攻击作为其中的一大威胁，不断演变且多样化，已从简单的个人恶作剧发展到有组织、跨国性质的网络犯罪行为。

2.4.1 漏洞后门攻击

1）漏洞后门攻击概述

漏洞后门攻击是指攻击者利用软件、硬件或协议中的安全漏洞，或者在系统开发过程中故意植入的后门，来未授权地访问或控制目标系统。漏洞后门攻击产生的主要原因包括系统或应用程序中存在未修复的漏洞、弱密码的使用、不安全的网络传输、社会工程学攻击及未授权访问，这导致数据泄露、系统崩溃、恶意软件传播等严重后果。黑客常常利用漏洞后门攻击来窃取敏感信息、控制系统或网络，并进行其他恶意活动。

2）漏洞后门攻击流程

漏洞后门攻击流程通常包括侦察与情报收集、漏洞分析与验证、开发利用工具、执行攻击、建立后门、维护访问权限、数据收集与利用、持续监控与适应八个步骤。后门攻击流程图如图 2-4 所示。

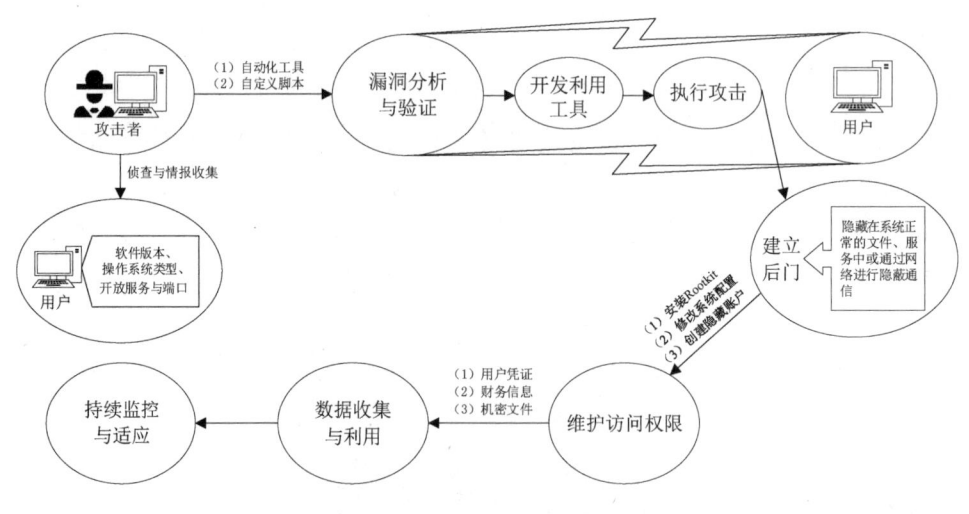

图 2-4 后门攻击流程图

（1）侦察与情报收集：攻击者收集目标系统的信息，如使用的软件版本、操作系统类型、开放的服务和端口等，利用公开的漏洞数据库、安全报告或社交工程手段来识别潜在的漏洞。

（2）漏洞分析与验证：攻击者尝试验证所发现的漏洞是否真实存在，并分析其影响范围和可利用性。攻击者可能使用自动化工具或编写自定义脚本来测试漏洞。

（3）开发利用工具：根据分析结果，攻击者开发用于利用漏洞的工具，如 exploit 脚本、特洛伊木马程序或后门植入工具，绕过安全措施，获取对目标系统的访问权限。

（4）执行攻击：攻击者使用开发的工具对目标系统进行攻击，尝试利用漏洞获取控制权。这可能涉及发送特制的数据包、诱导用户点击恶意链接或上传恶意文件等。

（5）建立后门：一旦攻击成功，攻击者会在系统中植入后门，以便未来无须再次利用漏洞即可访问系统。后门可能隐藏在系统正常的文件、服务中或通过网络进行隐蔽通信。

（6）维护访问权限：攻击者采取措施保持对受感染系统的访问权限，如通过安装 Rootkit、修改系统配置或创建隐藏账户。同时，攻击者尝试清除日志记录，以避免被系统管理员发现。

（7）数据收集与利用：攻击者开始收集敏感数据，如用户凭证、财务信息或机密文件。根据攻击目的，攻击者利用这些数据进行进一步的攻击、出售信息或将这些数据用于勒索。

（8）持续监控与适应：攻击者持续监控受感染系统，以确保后门的持久性和访问权限的稳定性。面对安全更新和防御措施的改进，攻击者也会调整其策略和工具。

3）漏洞后门攻击防范

漏洞后门攻击防范措施是网络安全领域中的重要议题，针对漏洞后门攻击所造成的危害与挑战，主要采取定期更新软件、及时修补漏洞、加强安全意识培训、采取强密码策略、使用安全配置强化安全措施（如部署防火墙、入侵检测系统及入侵防御系统）、实施多因素认证、利用数据加密技术（如数据加密与完整性校验、同态加密及异常检测技术）、使用专业安全工具及合作与信息共享，以及建立安全审计机制等多种防范措施，以便更好地防范漏洞后门攻击所造成的严重后果。

2.4.2 注入攻击

1）注入攻击概述

注入攻击是通过注入数据到应用程序中以期获得执行权，或是通过非预期的方式执行恶意数据，是网络攻防领域最为常见的攻击方式。注入攻击的本质是把用户输入的数据作为代码执行，造成注入攻击的原因是违背了数据与代码分离原则，且存在以下条件。

（1）用户可以控制数据输入。

（2）代码拼接了用户输入的数据，否则注入攻击难以执行。

常见的注入攻击有 SQL 注入攻击、进程注入攻击、命令注入攻击、跨站脚本注入攻击。

注入攻击数量庞大、攻击范围广且防御措施复杂，因此是最常用且成功率较高的一种网络攻击手段。注入攻击的危害性包括以下四个方面。

（1）盗取用户数据和隐私，将非法获取的数据打包贩卖，用户的数据被用于非法目的，轻则损害企业品牌形象，重则对公司造成严重损失。

（2）攻击者可对目标数据库进行"增删改查"，一旦攻击者删除用户数据库，企业整个业务将陷于瘫痪且短时间内难以恢复。

（3）植入网页特洛伊木马程序，通过对网页进行篡改，发布一些违法犯罪信息。

（4）攻击者添加管理员账号，即使漏洞被修复，如果数据库管理员未及时察觉攻击者添加了管理员账号，则攻击者后续仍可通过管理员账号进入网站后台。

2）注入攻击流程

注入攻击主要涉及防火墙、入侵检测系统/入侵防御系统、应用程序及数据库四个层次。注入攻击流程图如图 2-5 所示。

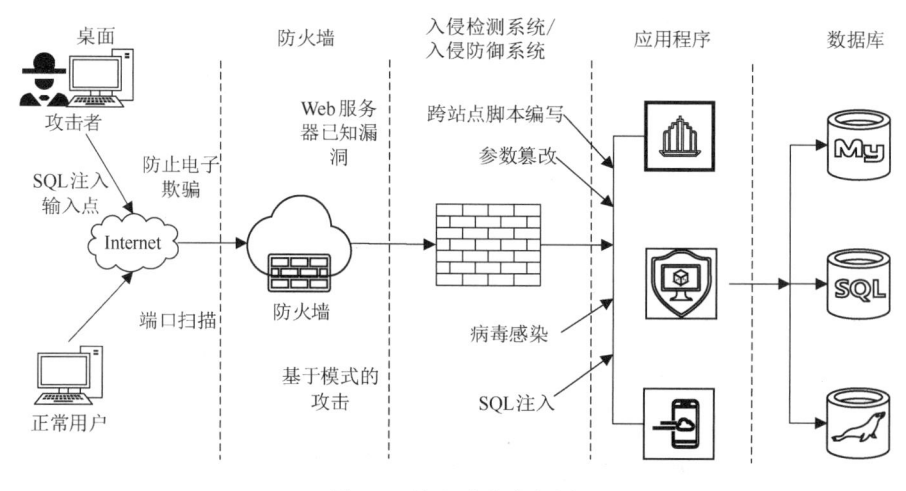

图 2-5　注入攻击流程图

（1）防火墙：防火墙是网络安全的第一道防线，用于阻止未授权访问和恶意流量进入内部网络。

（2）入侵检测系统、入侵防御系统：入侵检测系统、入侵防御系统专门用来检测和（或）防御恶意活动。其中入侵检测系统通过监控网络流量来识别可疑行为或已知攻击模式，而入侵防御系统用于主动阻止检测到的攻击。在注入攻击中，入侵检测系统、入侵防御系统可以通过分析应用程序流量中的异常模式来识别潜在的注入行为，从而提供比防火墙更深层次的保护。

（3）应用程序：注入攻击最常见的攻击目标是应用程序，攻击者通过在应用程序的输入字段中注入恶意代码，试图让应用程序执行非预期的操作，如修改 SQL 语句或执行系统命令。

（4）数据库：数据库是存储和处理数据的系统，通常是注入攻击的最终目标。SQL 注入攻击就是一个典型的例子，攻击者通过注入恶意 SQL 代码来操纵数据库，以获取、修改或删除数据。

3）注入攻击防范

注入攻击是一种常见且危险的网络安全威胁，主要指黑客通过向应用程序或数据库中插入恶意代码，从而实现对系统的非法访问和控制。注入攻击的危害主要体现在数据泄露、数据篡改、执行任意命令、拒绝服务攻击和非法提升权限等方面。针对上述危害，可采取输入验证和过滤、参数化查询、使用对象关系映射（Object Relational Mapping，ORM）框架、遵循最小权限原则、定期漏洞扫描与安全审计、定期更新与维护数据库管理系统和应用程序、加强安全意识教育、在开发过程中遵循安全最佳实践（如安全编码规范、代码审查、安全测试等）、部署网络安全设备（如网络防火墙、入侵检测系统、Web 应用程序防火墙等）等防范措施，避免注入攻击所带来的危害。

2.4.3 拒绝服务攻击

1）拒绝服务攻击概述

拒绝服务攻击是一种常用的资源消耗型网络攻击方法，其目的在于使目标服务器系统忙于处理大量无用的服务请求使端口、带宽、内存等网络资源耗尽，无法为用户提供正常的服务访问。拒绝服务的产生通常是因为服务器请求到达了极限而导致的过载，攻击者进行拒绝服务攻击，服务器将产生两种过载效果：一是服务器的缓冲区满额，不再接收新的请求，如死亡之 Ping 攻击；二是使用 IP 欺骗，迫使服务器把合法用户的连接复位，影响合法用户的连接，如用户数据报协议（User Datagram Protocol，UDP）洪水攻击。

拒绝服务攻击一般采用一对一的攻击方式，攻击体量较小，通常无法达到使目标服务器资源耗尽的效果；而分布式拒绝服务攻击是指在不同物理位置的多个攻击者同时向一个目标发起拒绝服务攻击，或者一个攻击者通过控制不同位置的多台机器同时对目标发起拒绝服务攻击，从而大幅提高拒绝服务攻击的体量，加快目标服务器资源耗尽速度，因此拒绝服务攻击通常采用分布式拒绝服务攻击的形式进行网络攻击。

2）分布式拒绝服务攻击流程

分布式拒绝服务以控制傀儡机的形式出现，完整的分布式拒绝服务攻击体系一般由攻击者、主控端、代理端和攻击目标四部分组成，分布式拒绝服务攻击流程图如图 2-6 所示。

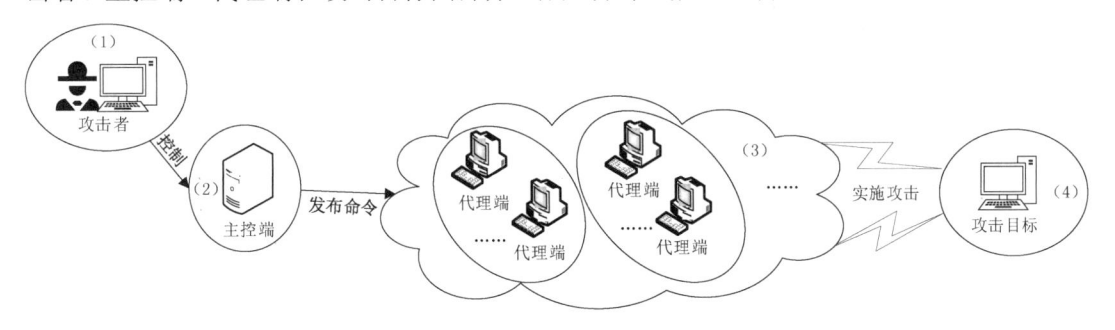

图 2-6 分布式拒绝服务攻击流程图

（1）攻击者：攻击者是分布式拒绝服务攻击的策划者和指挥者，通常具有高级的网络技术和编程技能。攻击者负责创建和维护僵尸网络，其主要通过传播恶意软件，如蠕虫和特洛伊木马感染大量的互联网连接设备；通过命令和控制（Command and Control，C&C）服务器向僵尸网络发送指令，协调攻击活动；负责开发特定的攻击代码和工具，以针对特定的目标或服务。

（2）主控端：主控端是攻击者用来管理和控制僵尸网络的服务器，通过接收来自攻击者的指令，并将这些指令传递给僵尸网络中的各个代理端。主控端不仅负责协调攻击的节奏、强度和目标，确保攻击的一致性和有效性，还包含用于跟踪攻击的进展和效果日志记录功能。

（3）代理端：代理端是被攻击者控制的受感染计算机或其他网络设备，每个代理端都执行主控端的指令，向目标系统发送大量请求或数据包。代理端通过模拟正常流量或发送特制的恶意请求来耗尽目标系统的资源以执行攻击，其分布在全球各地，使得攻击来源难以追踪，因此增加了攻击的复杂性和防御的难度。

（4）攻击目标：攻击目标是分布式拒绝服务攻击的受害者，可以是网站、服务器、网络设备或任何提供网络服务的系统。目标系统在攻击期间会遭受大量的请求，导致其网络带宽、处理能力、内存等资源被迅速耗尽。攻击目标的主要工作是维持服务的可用性和稳定性，同时采取措施防御和缓解攻击的影响。当攻击发生时，目标系统可能需要启动应急响应计划，如启用流量清洗服务、重新路由流量、启用备份服务器等，以尽可能减轻攻击造成的损害。

3）拒绝服务攻击防范

攻击者利用拒绝服务对各种网络服务，包括 Web 服务器、邮件服务器、网络设备发起攻击，造成服务中断、经济损失、数据丢失、面临法律和合规风险及品牌信誉损害等危害。针对上述危害，可采取设置流量监控和分析、加大带宽管理和限制、配置防火墙和入侵检测系统/入侵防御系统、制定分布式拒绝服务防御方案、部署应用层防火墙、Web 应用防火墙（Web Application Firewall，WAF）等工具、制定和实施全面的安全策略等措施，防范拒绝服务对网络造成的威胁与攻击。

2.4.4 缓冲区溢出攻击

1）缓冲区溢出攻击概述

缓冲区溢出攻击是指当一段程序尝试把更多的数据放入一个缓冲区时，数据超出了缓冲区本身的容量，使数据溢出到被分配空间之外的内存空间中，导致溢出的数据覆盖了其他内存空间中的合法数据。数据溢出可能破坏程序的堆栈，使程序转而执行其他指令，从而达到攻击的目的。缓冲区溢出攻击有很多类型，主要可以分为栈溢出、堆溢出、格式字符串溢出、整数溢出及 Unicode 溢出。缓冲区溢出攻击分类如图 2-7 所示。

2）缓冲区溢出攻击流程

缓冲区溢出攻击作为一种常见的安全漏洞利用方式，涉及程序中对内存缓冲区的管理不当，攻击者能够通过精心构造的输入数据来覆盖内存中的其他关键数据，从而控制程序的执行流程。缓冲区溢出攻击流程一般分为以下六步。缓冲区溢出攻击流程图如图 2-8 所示。

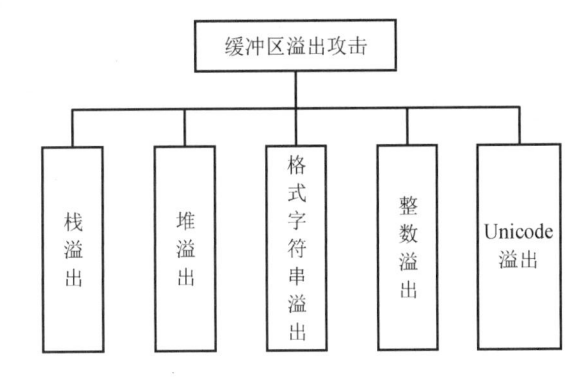

图 2-7 缓冲区溢出攻击分类

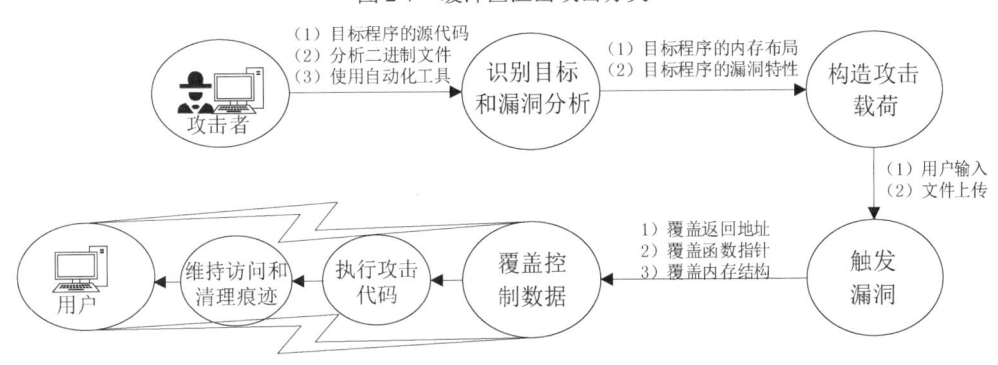

图 2-8 缓冲区溢出攻击流程图

（1）识别目标和漏洞分析：攻击者识别可能存在缓冲区溢出漏洞的目标系统或应用程序，通过分析目标程序的源代码、二进制文件或使用自动化工具来寻找潜在的缓冲区溢出漏洞。

（2）构造攻击载荷：攻击者根据目标程序的内存布局和漏洞特性，构造特殊的输入数据（称为 payload），payload 通常包括溢出数据（用于覆盖内存）、shellcode（或称为 nop 滑梯，用于执行攻击者的代码）和返回地址（用于控制程序流）。

（3）触发漏洞：攻击者通过正常的程序输入渠道（如用户输入、文件上传等）发送构造好的 payload。当程序处理输入数据时，如果存在缓冲区溢出漏洞，溢出数据将会覆盖内存中的其他数据。

（4）覆盖控制数据：溢出数据覆盖程序的控制数据，如返回地址、函数指针或其他重要的内存结构，来改变程序的执行流程，使其跳转到攻击者控制的代码位置。

（5）执行攻击代码：一旦程序的控制流被转移到攻击者的代码（shellcode）上，攻击者就执行预设的操作，如打开反向 shell、窃取数据或破坏系统。

（6）维持访问和清理痕迹：攻击者尝试维持对被感染系统的访问，如通过安装后门或创建隐藏账户。同时，攻击者通过清理日志文件和其他痕迹，以免被安全监控系统发现。

3）缓冲区溢出攻击防范

缓冲区溢出攻击作为网络安全领域中的一种严重威胁，允许攻击者通过向程序的缓冲区写入超出其容量的数据，从而覆盖相邻内存区域，可能导致系统崩溃、数据泄露、服务中断、未授权的数据访问或执行任意代码等危害。针对上述危害，可采取安全编程实践、严格输入验证、启用编译器安全特性、编写安全的代码（如在 C 语言中，用 fgets()代替 gets()）、采用堆栈保护技术［如栈保护（StackGuard）、堆栈破坏检测（Stack smashing protection，SSP）］、提供内存保护机制、定期进行代码审计和安全测试、及时更新系统和应用程序并安装安全补丁、对开发人员进行安全意识培训等防范措施，避免缓冲区溢出攻击所带来的危害。

2.4.5 僵尸网络攻击

1）僵尸网络攻击概述

僵尸网络（Botnet）是指采用一种或多种传播手段，将大量设备感染 bot 程序病毒，从而在控制者和被感染设备之间所形成的一个可一对多控制的网络。攻击者通过恶意软件（如僵尸病毒、恶意软件或特洛伊木马程序）感染计算机或设备，并将其植入恶意代码，使其成为僵尸网络的一部分。一旦设备被感染，攻击者可以远程控制这些设备，形成一个庞大的、具有协作能力的网络。被感染的设备将通过一个控制信道接收攻击者的指令，组成一个庞大的、具有协作能力僵尸网络。僵尸网络的工作原理主要涉及感染过程、控制中心以及执行攻击三个方面。

（1）感染过程：攻击者通过各种手段（如钓鱼邮件、漏洞利用等）向目标设备分发恶意软件。一旦设备被感染，其就会成为僵尸网络的一部分。

（2）控制中心：僵尸网络通常由一个或多个命令与控制服务器管理，这些服务器向僵尸发送指令，协调整个网络的活动。

（3）执行攻击：被感染的设备可以用来执行各种恶意活动，包括分布式拒绝服务攻击、发送垃圾邮件、窃取数据、挖掘加密货币等。

僵尸网络由黑客、控制协议、跳板设备、僵尸设备组成。僵尸网络组成图如图 2-9 所示。

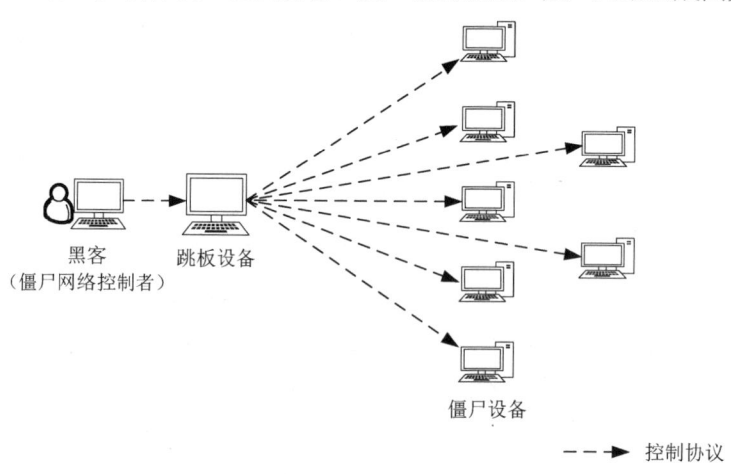

图 2-9 僵尸网络组成图

2）僵尸网络攻击流程

僵尸网络中攻击者通过恶意软件控制的一组受感染计算机或其他设备，这些计算机或其他设备可以被用来发起各种网络攻击，如分布式拒绝服务攻击、垃圾邮件发送、密码破解、数据窃取等。僵尸网络攻击的流程通常分为以下七步。

（1）创建僵尸网络：攻击者首先通过编写程序或获取恶意软件（如蠕虫、特洛伊木马等）来创建僵尸网络。恶意软件通常通过电子邮件附件、恶意网站、网络漏洞利用等方式传播。

（2）感染目标设备：恶意软件被传播到目标设备上，如个人计算机、服务器、智能手机、物联网设备等，完成对目标设备的感染。一旦目标设备被感染，恶意软件会在后台运行，不易引起用户的注意。

（3）建立控制通道：感染的设备，即僵尸设备会与攻击者建立通信通道，通常通过互联网连接到攻击者的服务器或指定的控制节点。攻击者通过控制通道发送指令，控制僵尸网络中的所有设备。

（4）僵尸网络的管理和维护：攻击者会定期更新恶意软件，以增强控制能力、添加新功能或规避安全检测。攻击者还可能监控僵尸网络的状态，移除被发现的设备。

（5）发起攻击：一旦僵尸网络准备就绪，攻击者就可以发起各种网络攻击。攻击指令通过控制通道发送给所有僵尸设备，同时对目标发起攻击。

（6）执行攻击：僵尸设备根据攻击者的指令执行特定的攻击任务，如发送大量请求、安装后门、窃取数据等，导致目标系统瘫痪、数据泄露或其他安全事件。

（7）攻击结束后的清理：攻击结束后，攻击者会清理攻击痕迹，断开与僵尸网络的连接，或将僵尸设备转移到其他控制的服务器中。

3）僵尸网络攻击防范

僵尸网络构成了一个攻击平台，僵尸设备的数量可以达到数百、数万甚至数百万台，利用僵尸网络可以发起各种各样的攻击行为，从而导致分布式拒绝服务攻击频发、频繁发送垃圾邮件、数据泄露和隐私侵犯、资源滥用、金融欺诈和诈骗活动等危害。为防范僵尸网络攻击，可采取强化密码安全、多因素身份验证、慎重打开附件和链接、定期备份数据、及时更新设备固件、使用网络安全工具监控和检测异常网络活动等防范措施避免"僵尸"的入侵，以保证网络环境的安全。

2.4.6 高级持续性威胁攻击

1）高级持续性威胁攻击概述

高级持续性威胁攻击是一种复杂的、持续的网络攻击，又称高级长期威胁攻击，通常由国家支持的黑客组织或其他高度组织化的犯罪团伙发起。高级持续性威胁攻击的目标通常是窃取敏感数据、监视目标或破坏关键基础设施。高级持续性威胁攻击中涉及三个要素：高级、持续、威胁。

（1）高级：常见且成熟的攻击技术手段组合或改进为执行高级持续性威胁攻击需要高级的工具和先进的方法。

（2）持续：长时间地待在目标系统中持续监控目标，整个高级持续性威胁攻击渗透过程和数据外泄阶段往往会持续数月乃至数年的时间。

（3）威胁：该攻击往往会给攻击目标造成巨大的经济损失或政治影响，甚至造成毁灭性打击。

严格意义上讲，高级持续性威胁攻击并非一种新的攻击方式，而是注入攻击、拒绝服务攻击、中间人攻击等既有攻击技术手段的战术性综合应用。高级持续性威胁攻击基于攻击目的可分为潜伏、泄露、破坏三类。

（1）潜伏：为执行将来的计划潜伏在目标网络中。

（2）泄露：窃取组织机构的数据。

（3）破坏：逐渐侵蚀网络中的关键节点或系统任务。

高级持续性威胁攻击逐渐演化为各种社会工程学攻击与零日攻击的综合体，其会对网络安全造成严重危害。首先，高级持续性威胁攻击的主要目的是窃取敏感信息，如商业机密、政府数据等，信息泄露将导致重大经济损失和安全风险。其次，高级持续性威胁攻击的持续性特点意味着攻击者可以在长时间内对目标进行监控和数据收集，导致长期的信息泄露和系统破坏。最后，高级持续性威胁攻击可能针对的主要对象是能源、电力、金融等关键基础设施，造成服务中断和社会混乱。

2）高级持续性威胁攻击流程

高级持续性威胁攻击通常是一个组织为了提高攻击成功率而精心策划和组织的攻击活动。在进行高级持续性威胁攻击时，为了达到指定的目的，攻击者必须在不被发现的情况下，以不同的形式发起多个阶段性的攻击。高级持续性威胁攻击主要分为信息收集、外部渗透、命令控制、内部扩散、数据窃取及继续渗透或撤退六个关键流程，高级持续性威胁攻击流程图如图2-10所示。

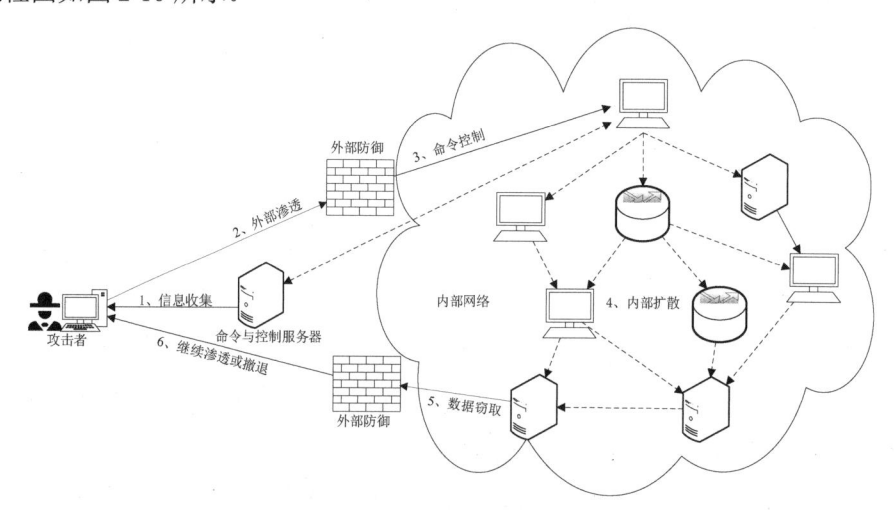

图2-10 高级持续性威胁攻击流程图

（1）信息收集：攻击者收集有关目标组织的信息，包括网络架构、使用的系统和软件、员工信息、业务流程等。攻击者使用社交工程、公开的信息源、暗网等手段来收集情报，找到潜在的漏洞和入侵点，以便了解目标组织的安全防御措施。

（2）外部渗透：攻击者利用收集到的信息来设计攻击策略，并尝试渗透目标网络。主要利用软件漏洞、弱密码、钓鱼邮件等手段来获取初始访问权限。一旦获得访问权限，攻击者会尝试提升权限，以便在网络中移动和探索。

（3）命令控制：在成功渗透后，攻击者会建立一个稳定的通信渠道，即命令与控制服务器，用于远程控制已渗透的系统，下发攻击指令，以及收集和传输窃取的数据。攻击者会使用域前置、域名服务（Domain Name Service，DNS）隧道及加密通信等技术来隐藏命令与控制通信，避免被安全设备检测到。

（4）内部扩散：在此阶段，攻击者会在目标网络内部扩散，寻找更多的系统和数据进行攻击。攻击者使用横向移动技术，如传递哈希、权限提升等，来访问其他系统和网络段，找到存储敏感数据的系统，获取更高级别的网络访问权限。

（5）数据窃取：攻击者通过数据挖掘、文件传输、截屏、键盘记录等手段搜索并窃取目标组织的关键数据，如商业机密、个人身份信息、政府文件等。在完成对数据窃取工作后，攻击者会尝试清除所有入侵和攻击的痕迹，使得数据窃取行为难以被发现。

（6）继续渗透或撤退：根据攻击目标和策略，攻击者可能会选择继续深入渗透，寻找更多的价值目标，或者在完成任务后撤退。如果选择撤退，攻击者会尝试清除所有入侵和攻击的痕迹，包括日志记录、文件副本等，以避免被发现。

3）高级持续性威胁攻击防范

高级持续性威胁攻击会对网络安全造成严重危害。针对高级持续性威胁攻击所造成的危害，主要通过建立安全防护体系（如防火墙、入侵检测系统、安全审计系统等）、加大员工安全意识培训力度、利用恶意代码检测技术（如基于特征码的检测、基于启发式的检测技术及使用沙箱环境）、及时更新系统和软件、使用高级持续性威胁防御产品［如 FireEye 的 MPS 和 CMS 模块、Bit9（Carbon Black）的可信安全平台及 RSA NetWitness 等］，加强网络监控、建立数据泄露防护机制、完善数据保护和访问控制机制、建立安全态势感知系统等措施来加以防范。

2.4.7 社会工程学攻击

1）社会工程学攻击概述

社会工程学攻击在指的是针对人性的弱点、性格特质、社会属性等展开的网络攻击行为，通常以欺诈、骗局等诈骗方式达到收集信息、欺诈和访问计算机系统的目的，大部分情况下攻击者与受害者不会面对面地接触。在实施社会工程学攻击之前，黑客必须具备一定的心理学、人际关系学及行为学等领域的专业知识与技能，以便搜集和整理开展此类攻击所需的资料与信息。结合当前网络环境中普遍存在的社会工程学攻击方式与策略，可以将其主要概括为结合实际环境渗透、伪装欺骗、说服、恐吓、恭维和反向社会工程学攻击六种方式,社会工程学攻击方式的描述与手段如表2-3所示。

表2-3 社会工程学攻击方式的描述与手段

社会工程学攻击方式	描述与手段
结合实际环境渗透	攻击者通过观察和搜集目标对象的个人信息,如姓名、生日、电话号码等,综合利用这些信息以获取账号、密码等敏感内容
伪装欺骗	通过伪造邮件、网络钓鱼等手段,伪装成可信的个人或机构,诱导目标点击链接、下载恶意程序或输入敏感信息等
说服	攻击者与目标建立共性,说服目标提供信息或帮助,利用双方的共同利益或爱好来达成攻击目的
恐吓	利用目标对安全警告的敏感性,假冒权威机构发送警告,以造成严重损失的方式操控目标执行特定操作
恭维	通过投其所好和恭维目标,降低其警戒心,利用人性的本能反应、好奇心、贪婪等弱点获取信息
反向社会工程学攻击	制造故障并以解决故障为由,获得目标的信任,诱导其透露或泄露所需信息,具有高隐蔽性和危害性

2)社会工程学攻击流程

在软件供应链中,任何安全专业人员都知道,整体安全性取决于其最薄弱的环节,当前,网络安全防护技术及安全防护产品应用得越来越成熟,常规攻击入侵手段越来越难以成功。而人作为任何系统中都必不可少的存在,既是安全防范措施里最为薄弱的一个环节,也是整个安全基础设施最脆弱的层面。因此,更多的攻击者将攻击重心放在如何运用社会工程学搜集和掌握攻击目标的详细资料信息上,导致社会工程学攻击手段日趋丰富,技术含量也越来越高,形成了综合心理学、人际关系、行为学等知识和技能的整套体系。在社会工程学攻击中,攻击者主要通过互联网、发送恶意邮件及在移动端和客户端上获取目标用户的信息,通过伪装欺骗、说服教育、恐吓及恭维等手段操纵人的心理,使得目标用户完全服从攻击者的命令,从而达到收集信息、欺诈和访问计算机系统的目的。社会工程学攻击流程图如图2-11所示。

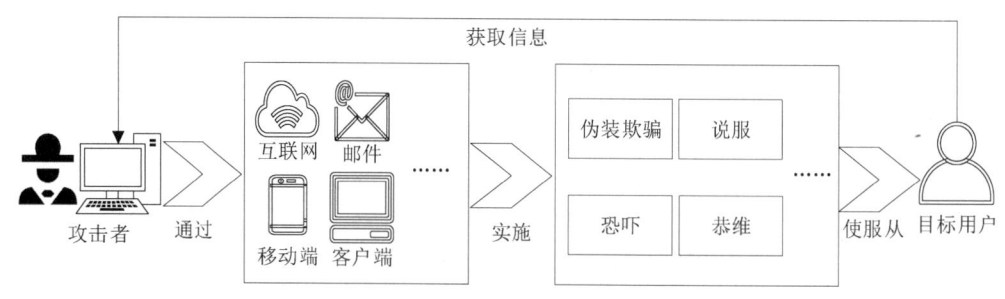

图2-11 社会工程学攻击流程图

3)社会工程学攻击防范

社会工程学攻击利用人类的心理弱点和行为习惯来获取敏感信息或访问权限,造成重大经济损失和隐私泄露、系统安全受到威胁及信任关系被破坏等危害。针对上述危害，可采取多种措施加以防范，主要包括提高安全意识、确保物理环境的安全（如使用锁和监控系统）、保护个人隐私、定期对员工进行安全培训、验证信息来源、采用最小权限原则、培养良好的网络卫生习惯（如不随意丢弃包含敏感信息的文件和使用隐私屏幕保护等）、启用多因素认证、制定安全政策、建立安全审核流程（包括身份审核、操作流程审核和安全列表审核）、部署安全工具和技术（如多因素认证、入侵检测系统等）等。

2.5 防范网络攻击的技术措施

在数字化时代，网络安全已成为个人、企业和国家层面的重要议题。网络攻击的威胁无处不在，其可以发生在网络通信的任何一个层次中，从物理层的硬件设施到应用层的数据处理都面临着各式各样的网络攻击。

（1）物理层作为网络架构的基础，承载着信号传输的功能，其主要面临的威胁包括物理接入破坏（如剪断网线、破坏路由器）及设备篡改等。

（2）数据链路层主要负责在相邻网络节点间提供可靠的数据传输，其主要面临地址解析协议（Address Resolution Protocol，ARP）欺骗威胁。

（3）网络层主要负责执行数据包的路由和转发，其主要面临 Smurf 攻击、互联网控制报文协议（Internet Control Message Protocol，ICMP）路由欺骗攻击及 IP 欺骗伪造攻击等的威胁。

（4）传输层主要负责在网络中两个节点的应用程序之间建立通信，针对传输层的攻击主要是利用传输控制协议/用户数据报协议（Transmission Control Protocol/User Datagram Protocol，TCP/UDP）进行攻击。

（5）应用层作为网络堆栈的最高层，主要负责处理应用程序的具体数据，其主要面临着 SQL 注入攻击、跨站脚本攻击、分布式拒绝服务攻击等的威胁。

由此观之，从物理层的硬件设施到应用层的数据处理都面临着各式各样的网络攻击，详细了解针对各个层次的具体攻击手段，提出全面的防范措施，对构建坚固的网络安全防线尤为重要。

2.5.1 物理层攻击与防范

1）物理层的攻击

物理层主要包括通信基础、传输介质及物理层设备。物理层攻击通常指的是直接针对网络硬件和基础设施发起的攻击，如通过物理接入破坏、设备篡改来中断网络服务。

（1）物理接入破坏：攻击者通过直接接触网络设备，如剪断网线、破坏路由器等，来中断或篡改网络服务。

（2）设备篡改：未经授权的物理接触可能导致网络设备配置被篡改，如更改路由器设置，重定向流量等。

2）物理层攻击防范策略

对于物理层，攻击者通常采用物理接入攻击、拒绝服务攻击、信号干扰攻击、中间人攻击、物理层拒绝服务及射频干扰（Radio Frequency Interference，RFI）攻击等方式对系统造成物理破坏或强行改变网络设备的设置来中断网络服务，为降低物理层攻击的风险，采取多手段保护物理层的安全。

（1）确保物理层安全：确保所有的网络设备都置于受控且安全的环境，防止未授权的物理接触。

（2）实施访问控制：实施严格的访问控制政策，限制对网络硬件的访问权限，只有授权人员才能进行设备维护和配置更改。

（3）建立备份线路：建立冗余的网络线路和设备，如使用双线、双设备接入，以确保单一物理线路的损坏不会导致整个网络的瘫痪。

（4）部署监控系统：部署视频监控和入侵检测系统，监控关键网络设备的物理安全，并及时识别可疑行为。

（5）定期安全审计：定期对物理连接和网络设备进行安全审计，确保没有未授权的改动。

（6）新型物理层安全技术：研究新型和应用物理层安全技术，如利用无线信道的特性来增强通信的安全性。

2.5.2 数据链路层攻击与防范

1）数据链路层的攻击

数据链路层主要负责在相邻网络节点之间提供数据传输，网络中的主机、交换机、路由器等都必须实现数据链路传输。因此，针对数据链路层的攻击可能会影响网络传输的完整性和可用性。针对数据链路层的常见攻击利用数据链路层的 ARP 和反向地址解析协议（Reverse Address Resolution Protocol，RARP）进行攻击，常见的攻击方式就是 ARP 欺骗（ARP 伪装），其原理是攻击者利用自己伪造的 MAC 地址来告诉被攻击者自己是对方想要访问的身份，但该身份是攻击者自己伪造的，从而欺骗被攻击者将数据流量转发到自己伪造的身份地址中，进而获取数据，达到欺骗的目的。

2）数据链路层攻击防范策略

对于由 ARP 欺骗等手段造成的欺骗行为，采取配置静态 ARP 表、使用 ARP 防护软件、配置端口安全、动态 ARP 检测（启用 DHCP Snooping 功能）、虚拟局域网（Virtual Local Area Network，VLAN）、加密通信技术及网络监控和入侵检测系统等防范手段提高数据链路层的安全性，降低针对数据链路层的攻击风险。

(1) 配置静态 ARP 表：在网络设备上配置静态 ARP 表，防止 ARP 欺骗攻击。

(2) 使用 ARP 防护软件：如 ARP 防火墙，它可以检测和阻止 ARP 欺骗行为。

(3) 配置端口安全：在交换机上配置端口安全，限制每个端口可以学习到的 MAC 地址数量，防止 MAC 地址洪泛攻击。

(4) 动态 ARP 检测（启用 DHCP Snooping 功能）：启用动态 ARP 检测功能，确保 ARP 请求和应答与动态主机配置协议（Dynamic Host Configuration Protocol，DHCP）服务器分配的 IP 地址相匹配。

(5) 虚拟局域网：使用虚拟局域网技术将网络分割成多个逻辑上的独立网络，缩小攻击的影响范围。

(6) 加密通信技术：对敏感数据使用加密技术，即使数据被篡改也能被迅速发现。

(7) 网络监控和入侵检测系统：部署网络监控和入侵检测系统，实时监测网络流量，及时发现异常行为。

2.5.3 网络层攻击与防范

1）网络层的攻击

针对网络层的攻击是目前互联网上最常见的，以下是几种主要的攻击方式。

(1) Smurf 攻击：通过将回复地址设置为受害网络的广播地址，利用数据包淹没目标主机。

(2) ICMP 路由欺骗攻击：通过发送大量的 ICMP 数据包来耗尽目标的网络资源。

(3) IP 分片攻击：利用网络层 IP 数据包分片机制进行攻击。在 IP 中，当数据包的大小超过了网络的最大传输单元（Maximum Transmission Unit，MTU）时，就需要进行分片处理。IP 分片攻击通过发送特制的分片数据包，利用分片重组过程中的漏洞来执行攻击。

(4) 死亡之 Ping：利用网络协议中的漏洞使系统崩溃或变得不稳定，属于拒绝服务攻击的一种形式。

(5) 路由攻击：如 ARP 欺骗、路由泄露或路由劫持，影响正常的路由路径。

(6) IP 欺骗伪造攻击：攻击者发送伪造的 IP 地址数据包，以冒充其他主机或执行会话劫持。其共性都是通过制造大量的无用数据包，对目标服务器或者主机发动攻击，使得目标对外拒绝服务，可以理解为分布式拒绝服务攻击或类分布式拒绝服务攻击。

2）网络层攻击防范策略

网络层主要负责处理数据包在网络中的活动，如路由选择和转发。网络层的攻击防范通常依赖于对攻击特征的识别和对网络流量的检测。其中，攻击特征识别是指通过分析网络活动和数据包，识别出与正常行为模式不符的异常模式或特定攻击模式，其主要涉及签名匹配、异常检测、行为分析及协议分析四个方面；而网络流量检测主要是实时监控网络流量，以便及时发现和响应潜在的安全威胁，其主要包括网络监控、流量分析、数据包捕获和解码、实时警报和响应、流量清洗及日志记录和审计六个方面。结合攻击特征识别和流量检测的方法可以大大提高网络层攻击的防范能力。通过持续监控和及时响应，可以降低潜在威胁对网络的影响。

为确保整个网络的连通性和数据传输的安全性，采取多种防范手段提高网络层的安全性，降低网络层攻击的风险。

（1）防火墙配置：设置防火墙规则，过滤掉伪造的 IP 地址和异常的流量模式。

（2）入侵检测系统：部署入侵检测系统来监测和警告潜在的攻击行为。

（3）路由协议安全：使用安全的路由协议，如边界网关协议（Border Gateway Protocol，BGP）安全性扩展（BGP-SEC），来防止路由信息被篡改。

（4）网络分段：通过虚拟局域网技术，将网络分割成多个逻辑上的独立网络，缩小攻击的影响范围。

（5）带宽管理：合理分配带宽资源，确保在遭受攻击时有足够的带宽处理合法流量。

（6）限制广播流量：在网络中限制广播、多播和未知单播流量，降低 Smurf 攻击的影响。

（7）网络地址转换（Network Address Translation，NAT）：使用网络地址转换隐藏内部 IP 地址，降低 IP 欺骗攻击的风险。

（8）定期更新和补丁管理：确保网络设备和系统都应用了最新的安全补丁。

（9）流量清洗服务：使用分布式拒绝服务攻击流量清洗服务，在攻击发生时快速响应，清洗恶意流量。

2.5.4　传输层攻击与防范

1）传输层的攻击

传输层主要负责在网络中两个节点的应用程序之间建立直接的通信。针对传输层的攻击主要是利用 TCP/UDP 进行攻击。TCP 和 UDP 是网络通信中最常用的两种传输层协议，各自有不同的特性和应用场景。尽管 TCP/UDP 广泛应用于互联网通信，但也存在一些已知的漏洞和安全风险。

TCP 主要存在 SYN Flood 攻击、TCP 中间人攻击、Land 攻击及 IP 碎片重叠攻击等漏洞。

（1）SYN Flood 攻击：攻击者发送大量的 SYN 包以初始化 TCP 连接，但不完成握手过程，导致服务器资源耗尽。

（2）TCP 中间人攻击：攻击者截取并篡改传输中的 TCP 数据，可能通过会话劫持或连接重置等方式进行。

（3）Land 攻击：攻击者发送一个伪造的 TCP 数据包，源 IP 地址和目的 IP 地址都设置为目标主机的 IP 地址，导致目标主机无法与其他主机通信。

（4）IP 碎片重叠攻击：攻击者发送重叠的 IP 数据包碎片，可能导致某些 TCP/IP 栈实现出现错误，从而触发漏洞。

UDP 主要存在 UDP Flood 攻击、UDP 反射放大攻击及缺乏可靠性等漏洞。

(1) UDP Flood 攻击：攻击者发送大量的 UDP 数据包以消耗网络带宽或导致网络拥塞。

(2) UDP 反射放大攻击：利用某些服务"小请求、大响应"的特性，攻击者发送伪造的 UDP 请求，导致服务器向目标发送大量的数据包，放大攻击效果。

(3) 缺乏可靠性：UDP 本身不提供数据传输的可靠性保证，容易受到各种网络问题的影响，如丢包、重复和乱序。

攻击者利用 TCP 和 UDP 本身存在的漏洞对传输层发起攻击，主要采取以下两种攻击方法。

(1) TCP 攻击主要是利用 TCP 的三次握手机制进行的，攻击者向目标主机或者服务器发送大量的连接请求但是不对其进行响应，从而占用大量目标服务器主机资源，造成其瘫痪，常见的攻击方式有 Flooding 洪泛攻击、ACK flooding 洪泛攻击等。

(2) UDP 攻击主要是利用流量进行的，攻击者利用 UDP 的不可靠性，发送大量的数据包，造成目标拒绝服务，常见的攻击方式有 UDP flooding 洪泛攻击。

2）传输层攻击防范策略

为保证传输层内数据传输的可靠性和完整性，主要采取配置防火墙、入侵检测系统/入侵防御系统、流量清洗、限制连接速率、使用加密协议、会话管理、网络分段、应用层网关（Application Level Gateway，ALG）、负载均衡及定期安全审计等防范手段。传输层的安全措施及其描述如表 2-4 所示。

表 2-4 传输层的安全措施及其描述

安全措施	描述
配置防火墙	设置防火墙规则，限制和过滤恶意流量，如启用 SYN Cookies 功能
入侵检测系统/入侵防御系统	部署入侵检测系统/入侵防御系统以识别和阻止包括 Flood 攻击在内的恶意流量
流量清洗	使用服务清洗恶意流量，保护目标系统不受攻击
限制连接速率	对 IP 地址或用户设置速率限制，减少 Flood 攻击的影响
使用加密协议	利用 SSL/TLS 等协议加密数据传输，防止数据被窃听或篡改
会话管理	实施会话超时和锁定机制，降低会话劫持风险
网络分段	通过虚拟局域网等技术分割网络，限制攻击的影响范围
应用层网关	使用应用层网关监控和过滤特定应用的流量，如即时通信、P2P
负载均衡	利用负载均衡技术分散流量，提高系统对攻击的抵抗力
定期安全审计	定期进行安全审计，确保安全措施更新且无配置错误

2.5.5 应用层攻击与防范

1）应用层的攻击

应用层主要负责处理网络应用程序之间的通信和数据表示。针对应用层的攻击主要是针对应用程序的设计漏洞进行的对应用层协议漏洞的攻击、对应用数据的攻击，以及对应用操作系统平台的攻击等。应用层主要存在 SQL 注入、跨站脚本、跨站请求伪造、不安全的对象反序列化、缓冲区溢出、未授权访问、不安全的应用程序接口（Application Program

Interface，API）暴露、配置错误、敏感信息泄露及组件漏洞等安全漏洞。攻击者利用应用层存在的安全漏洞（包括未经审查的 Web 方式的信息录入、应用权限的访问控制被攻破、身份认证和会话管理被攻破、跨站点的执行代码漏洞、缓存溢出漏洞、弹出漏洞、错误处理不当、不安全存储、拒绝服务、不安全配置管理等）对应用层发起攻击，获取未授权的访问权限、窃取数据或对系统造成损害。应用层存在的安全漏洞及其描述如表 2-5 所示。

表 2-5 应用层存在的安全漏洞及其描述

漏洞类型	描 述
SQL 注入	应用程序未能适当地对用户输入进行过滤，允许攻击者注入 SQL 代码以操纵数据库
跨站脚本	应用程序未能正确地对用户输入进行编码或过滤，允许攻击者注入恶意脚本
跨站请求伪造	应用程序未能充分验证用户请求的合法性，允许攻击者诱使用户执行未经授权的操作
不安全的对象反序列化	应用程序反序列化数据时未进行适当的安全检查，可能导致恶意代码执行或数据篡改
缓冲区溢出	应用程序在处理大量输入数据时未进行适当的边界检查，可能导致内存溢出
未授权访问	应用程序未能正确实施访问控制，允许未经授权的用户访问敏感资源
不安全的 API 暴露	应用程序公开了不应该公开的 API，攻击者可以利用这些 API 进行攻击
配置错误	应用程序或服务器配置不当，暴露了敏感信息或允许攻击者通过安全机制
敏感信息泄露	应用程序未能保护好敏感信息，如密码、个人信息等，导致数据泄露
组件漏洞	应用程序使用了存在已知漏洞的第三方组件，攻击者可以利用这些漏洞

2）应用层攻击防范策略

应用层直接与用户的应用程序和网络服务交互，其安全对于保护数据、网络服务和用户隐私至关重要。应用层防护网络攻击的重点是确保网络应用程序的安全性和数据的完整性。为确保应用层与用户的应用程序和服务交互的安全可靠，主要采取最小权限原则、SQL 注入防御、内容安全策略（Content Security Policy，CSP）、定期更新和补丁管理、网络隔离和防火墙、入侵检测系统和入侵防御系统、定期安全审计、应用层防火墙、数据加密、反病毒软件和反恶意软件工具等防范手段。应用层的安全措施及其描述如表 2-6 所示。

表 2-6 应用层的安全措施及其描述

安全措施	描 述
最小权限原则	为数据库账户分配最小的必要权限，避免权限漏洞被利用
SQL 注入防御	使用参数化查询和预处理语句，防止 SQL 注入攻击
内容安全策略	实施内容安全策略限制网页可执行脚本，降低跨站脚本攻击风险
定期更新和补丁管理	保持应用程序和系统最新，及时采用安全补丁
网络隔离和防火墙	使用防火墙和隔离技术，限制对敏感系统的访问
入侵检测系统和入侵防御系统	部署入侵检测系统和入侵防御系统监测和防御潜在攻击
定期安全审计	定期对应用程序进行审计，检查潜在安全漏洞
应用层防火墙	使用应用层防火墙或 Web 应用防火墙过滤和监控 HTTP/HTTPS 流量
数据加密	对敏感数据进行加密存储和传输，保护数据安全
反病毒软件和反恶意软件工具	部署反病毒和反恶意软件工具，保护系统不受恶意软件侵害

2.5.6 网络攻击跨层协同防护

网络攻击跨层协同防护是指在网络的不同层次（如物理层、数据链路层、网络层、传输层、应用层）之间实现信息共享和协同工作，以提高整体的网络安全防护能力。在数字化时代，网络安全已成为企业稳定发展的基石，等级保护作为我国网络安全的基本制度，在应对网络攻击带来的威胁时，严格遵循信息安全等级保护提出的"一个中心三重防护"总体思路，针对安全管理中心、安全计算环境、安全区域边界、安全通信网络的安全合规进行方案设计，建立以安全计算环境为基础，以安全区域边界、安全通信网络为保障，以安全管理中心为核心的信息安全整体保障体系。等级保护安全设计技术框架如图 2-12 所示。

安全通信网络	网络架构	安全区域边界	边界安全防护	恶意代码与垃圾邮件的阻断	安全计算环境	身份验证	入侵监测与防御	数据完整性
	通信传输		访问权限管理	安全事件的审计		访问权限控制	恶意代码防护	数据保密性
								数据备份恢复
	可信验证		入侵监测与防御	信任验证机制		安全审计记录	信任验证	残留信息保护
								个人信息保护

安全管理中心	系统管理	审计管理	安全管理	集中监控

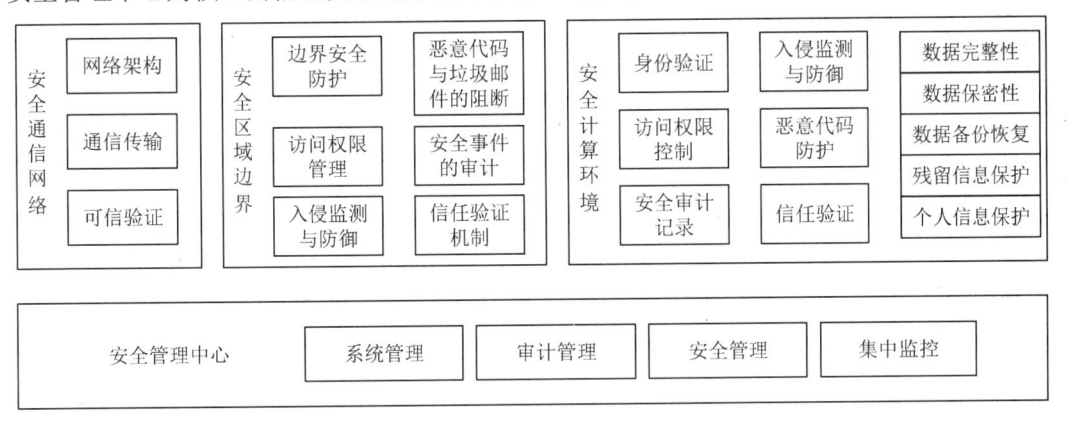

图 2-12 等级保护安全设计技术框架

等级保护安全设计技术框架对于企业而言具有至关重要的意义。为了应对日益复杂的网络安全威胁，必须严格遵循"一个中心三重防护"，深化落实"三化六防"措施，建立科学有效的等级保护体系。

1）一个中心

安全管理中心是网络安全等级保护对象安全防御体系的核心部分，主要负责对网络安全等级保护对象的安全策略、安全计算环境、安全区域边界及安全通信网络上的安全机制实施统一管理。其涵盖了系统管理、审计管理、安全管理及集中监控等多个方面，确保网络安全策略的一致性和有效性。

2）三重防护

"三重防护"即安全计算环境、安全区域边界和安全通信网络。

（1）安全通信网络：解决信息传输过程中的安全保密问题，保障网络通信的安全。通常借助加密技术、虚拟专用网络（Virtual Private Network，VPN）等手段确保信息在传输过程中的完整性和机密性，防止数据在传输过程中被窃取或篡改。

（2）安全区域边界：作为隔离各安全域边界及保障计算环境间安全的关键手段，安全区域边界是实现深度防御策略的重要防线。通过边界安全防护、访问权限管理、入侵监测与防御、恶意代码与垃圾邮件的阻断、安全事件的审计及信任验证机制确保区域边界的安全防护得以实施。

（3）安全计算环境：作为等级保护体系的基础支撑，安全计算环境主要通过身份验证、访问权限控制、安全审计记录、入侵监测与防御、恶意代码防护及信任验证等措施来确保数据的完整性与机密性，同时涵盖数据备份与恢复机制、残留信息清除及个人隐私保护等多个方面。

深化落实"三化六防"的措施，即实战化、体系化、常态化的思路，以及动态防御、主动防御、纵深防御、精准防护、整体防控、联防联控的措施，进一步研究绘制网络空间地理信息图谱，构建国家网络空间综合防控系统，不断提升国家网络安全防御的能力和水平。"六防"实施内容如图 2-13 所示。

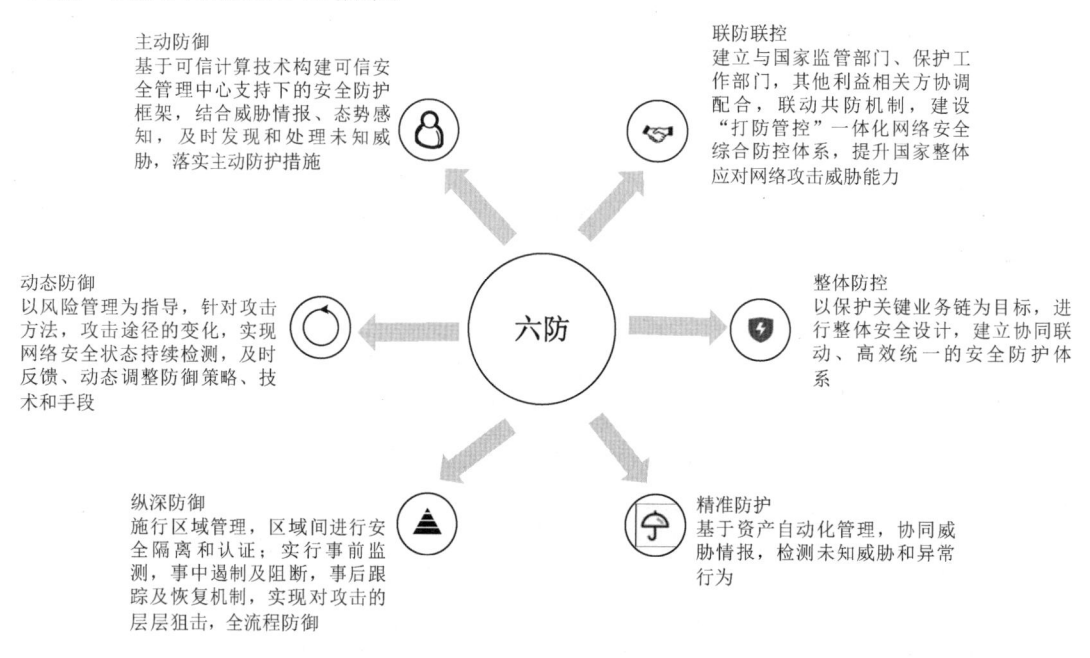

主动防御
基于可信计算技术构建可信安全管理中心支持下的安全防护框架，结合威胁情报、态势感知，及时发现和处理未知威胁，落实主动防护措施

联防联控
建立与国家监管部门、保护工作部门，其他利益相关方协调配合，联动共防机制，建设"打防管控"一体化网络安全综合防控体系，提升国家整体应对网络攻击威胁能力

动态防御
以风险管理为指导，针对攻击方法、攻击途径的变化，实现网络安全状态持续检测，及时反馈、动态调整防御策略、技术和手段

整体防控
以保护关键业务链为目标，进行整体安全设计，建立协同联动、高效统一的安全防护体系

纵深防御
施行区域管理，区域间进行安全隔离和认证；实行事前监测，事中遏制及阻断，事后跟踪及恢复机制，实现对攻击的层层狙击，全流程防御

精准防护
基于资产自动化管理，协同威胁情报，检测未知威胁和异常行为

图 2-13　"六防"实施内容

通过深化落实"一个中心三重防护"与"三化六防"措施，建立科学有效的等级保护体系，持续推动网络安全防护体系的完善和创新，实现网络攻击跨层协同防护，提高整体的网络安全防护能力，确保网络系统的安全稳定运行。

2.6　关键信息基础设施安全防护

2.6.1　关键信息基础设施定义及重要性

关键信息基础设施（Critical Information Infrastructure，CII）在《关键信息基础设施安全保护条例》中给出的定义是："公共通信和信息服务、能源、交通、水利、金融、公共服务、电子政务、国防科技工业等重要行业和领域的，以及其他一旦遭到破坏、丧失功能或者数据泄露，可能严重危害国家安全、国计民生、公共利益的重要网络设施、信息系统等。"关键信息基础设施最初是由通信信息网络发展而来的，信息和电信部门构成了其主要部分，后面随着网络的应用和普及，关键信息基础设施逐渐涵盖公共通信和信息服务、能源、交通、水利、金融、公共服务、电子政务和国防科技工业等行业领域。常见的关键信息基础设施实例如表2-7所示。

表2-7 常见的关键信息基础设施实例

行业领域	关键信息基础设施实例
公共通信和信息服务	互联网服务提供商、数据中心、域名服务系统等
能源	电力网、核电站、石油和天然气管道等能源生产、传输和分配的关键环节等
交通	航空控制系统、铁路信号系统、城市交通管理系统等
水利	水坝、河流控制系统、供水系统等
金融	银行系统、支付系统、股票交易平台等金融交易和监管体系等
公共服务	医院信息系统、城市公共服务平台等提供医疗、教育等基本公共服务的基础设施
电子政务	政府网站、公共安全系统、应急管理平台等信息系统和服务等
国防科技工业	与国防和军事相关的研究、开发、生产与服务设施等

关键信息基础设施是经济社会运行的神经中枢，其安全直接关系到国家安全和社会稳定。然而，随着系统大规模集成和互联的加深，安全风险也随之叠加和扩散。面对组织化、体系化、实战化的网络攻击，关键信息基础设施的防御能力显得捉襟见肘。从乌克兰电网遭遇攻击导致停电事件到委内瑞拉的大规模停电事件，再到澳大利亚政府能源发电机遭勒索软件攻击事件，这些安全事件都充分说明了关键信息基础设施一旦遭受破坏，将对国家安全、社会稳定和民众生活造成极为恶劣的影响。因此，保障关键信息基础设施的安全，已经成为各国政府和安全企业的共同关注点。

2.6.2 关键信息基础设施常用攻击手段

关键信息基础设施面临的攻击手段包括非法入侵和干扰、网络攻击（如分布式拒绝服务攻击）、数据泄露、供应链攻击、内部威胁、漏洞利用、社会工程学攻击、高级持续性威胁攻击、物理破坏及网络遍历攻击。上述攻击手段可能由个人黑客、有组织的犯罪集团或国家支持的黑客团体发起，目的在于获取敏感数据、中断关键服务或对基础设施造成物理损害。关键信息基础设施面临的攻击类型及其描述如表2-8所示。

表2-8 关键信息基础设施面临的攻击类型及其描述

攻击类型	描述
非法入侵和干扰	攻击者未授权访问系统，获取敏感信息或对系统进行破坏
网络攻击	分布式拒绝服务攻击通过大量流量淹没目标服务器，导致服务不可用
数据泄露	攻击者窃取敏感数据，用于贩卖达到非法获益的目的
供应链攻击	攻击者通过攻击供应链中的薄弱环节，如供应商或合作伙伴，间接入侵目标系统
内部威胁	内部人员滥用权限或故意泄露信息，对关键信息基础设施的安全构成威胁

续表

攻击类型	描述
漏洞利用	攻击者利用系统或软件中的安全漏洞，执行恶意操作或获取未授权访问
社会工程学攻击	攻击者通过心理操纵手段诱使目标泄露敏感信息或执行某些恶意操作
高级持续性威胁攻击	一种较为复杂的攻击手段，攻击者长期潜伏在网络中，进行隐蔽的数据收集和破坏活动
物理破坏	攻击者直接对关键信息基础设施的物理组件进行破坏，如破坏服务器或通信设备
网络遍历攻击	攻击者在网络中横向移动，寻找并利用更多的漏洞，扩大攻击范围

2.6.3 关键信息基础设施攻击手段演进

随着技术的演进，针对关键信息基础设施的攻击已成为损害国家安全、政治稳定、经济命脉、公民安全的重要存在。新时期针对关键信息基础设施攻击主要呈现出攻击越发难以洞察、国家入局关键信息基础设施攻击、攻击范围扩散众多领域及 5G 等新技术扩大攻击面四个重要趋势。

1）攻击越发难以洞察

由于技术手段的进步，使得针对关键信息基础设施攻击将越来越难以洞察，其整体呈现出日益隐蔽和难以预见的特点。这种趋势的出现，究其原因是攻击者采用了更为精细和先进的技术，使得攻击行为更难被及时检测和防御。例如，高级持续性威胁攻击者通常具有国家背景，其进行长期的网络间谍活动，利用复杂的策略和技术，使得攻击行为隐蔽性强，攻击周期长，难以被常规监测手段发现。此外，攻击者利用零日漏洞进行攻击，在零日漏洞被发现和修补之前，可以发起难以预防和检测的攻击。社交工程学攻击也是攻击者常用的手段，通过欺骗和心理操纵，诱使员工泄露敏感信息或执行不当操作，该攻击手段利用了人性的弱点，不易被技术防护设备发现。随着人工智能技术发展与应用，人工智能和机器学习也被用于网络攻击，攻击者借助人工智能手段实现网络攻击的自动化和智能化，如利用人工智能自动化执行复杂的攻击脚本，快速发现和利用漏洞；利用机器学习分析用户行为，有针对性地定制钓鱼邮件，提高攻击的效率和成功率。内部威胁和供应链攻击也是关键信息基础设施面临的挑战，其通常涉及组织内部或其合作伙伴，往往难以从外部监测到。

2）国家入局关键信息基础设施攻击

关键信息基础设施攻击威胁的背后，是越来越多国家的入局。国家入局关键信息基础设施攻击旨在削弱对手的防御，造成社会不稳定，或在国际舞台上施加并获取战略优势。具体来说其主要目的包括情报收集、经济影响、政治压力、军事准备、心理战、技术优势、报复行动、能力展示、长期潜伏、内部影响及能力测试等。近几年，安全事件频发，各国竞相上演关键信息基础设施攻击，关键信息基础设施威胁越发严峻。

3）攻击范围扩散众多领域

随着技术的发展，关键信息基础设施的攻击范围扩散涉及多个领域，主要包括太空、国防、经济、民生、舆论控制和信息战等领域。其中，太空领域的关键信息基础设施有卫星系统等，对通信、导航和国防监控至关重要，其安全直接关系到全球定位和通信的稳定性。国防领域的基础设施是国家安全强有力的核心，其包括军事基地和武器系统。经济领域的关键信息基础设施，如金融系统和交通控制系统，对国家经济的稳定和发展至关重要。民生领域的关键信息基础设施，如供水、供电和医疗系统，直接关系到民众的日常生活和社会稳定。舆论控制和信息战主要涉及媒体和通信基础设施，这些是塑造公众意见和社会意识形态的关键。当这些领域的关键信息基础设施安全受到威胁时，不仅会直接影响到国家的战略利益和社会稳定，还可能引发更广泛的国际影响和冲突。

4）5G等新技术扩大攻击面

当前，5G、物联网、人工智能等技术高速发展，在推动工业互联网、车联网、物联网发展的同时，也让 5G 关键信息基础设施面临更大的安全威胁。随着 5G 与关键信息基础设施的深度融合，数十亿个以前未连接的物联网设备和新的专用网络，将悉数笼罩在更严峻的网络安全威胁之下。5G 网络"大宽带、低时延、大连接"的特性，为现代社会带来了巨大的便利和潜力，但也为网络攻击带来了新的可能性。5G 网络的新特性和架构可能会引入新的安全漏洞，攻击者利用这些未知的漏洞进行攻击。例如，高级持续性威胁攻击者会利用 5G 网络的新特性，发起更为隐蔽和持久的攻击，对关键信息基础设施的安全构成严重威胁。5G 网络的不断延伸，推动跨境数据流动的速度和规模急剧增加，导致数据泄露和跨境犯罪活动增加，给关键信息基础设施的数据保护带来新的挑战。

2.6.4 关键信息基础设施防护措施

在当前形势和要求下，关键信息基础设施安全保护不应仅依靠"挂载式"的防护措施，对于关键信息基础设施运营者而言，只有严格落实"同步规划、同步建设、同步使用原则"，并加强主动防御能力、加强网络攻击威胁管控、采用新兴技术赋能安全防护及建立完善的法律保护体系，才能达到有效促进实现安全保护的目标。

1）加强主动防御能力

在网络安全领域中，主动防御是指通过技术手段、安全策略和管理制度等措施，预先识别和防范潜在威胁和攻击行为，以降低被动防御的风险。在关键信息基础设施中，可以通过网络入侵检测、网络流量分析、安全日志监控等技术手段，及时发现异常行为并做出相应的处理。同时，建立健全的安全策略和管理制度，制定适合自身需求的安全政策和规范标准，为关键信息基础设施提供全面的保障。

2）加强网络攻击威胁管控

通过构建完善的威胁情报共享机制、实时监控网络安全态势、建立漏洞修复机制等手段来加强网络攻击威胁管控。同时，在关键信息基础设施中采用网络隔离、数据加密等技术手段，实现安全的数据传输和访问控制，有效降低网络攻击威胁对关键信息基础设施的影响。

3）采用新兴技术赋能安全防护

在关键信息基础设施防护中大量采用人工智能和机器学习技术，使得安全系统能够从大量数据中学习模式，预测和识别潜在的安全威胁。通过自动化的异常检测和响应机制，人工智能可以帮助安全团队更快地识别攻击并采取行动，减少对人工分析的依赖。采用大数据分析分析网络流量、用户行为和系统日志等数据，可以发现异常模式和潜在的攻击迹象。结合实时监控和历史数据，大数据分析有助于构建全面的安全态势感知能力。通过新技术加持促进网络安全技术能力提升，建立一个多层次、多维度的网络安全防护体系，进一步强化保护网络不受攻击和数据不被泄露。

4）建立完善的法律保护体系

立法机构需要制定和更新相关的网络安全法律，明确网络安全的法律责任和义务，为关键信息基础设施的运营者提供法律指导和支持。政府应推动建立跨部门的网络安全协调机制，确保不同机构之间能够有效地共享信息和资源，形成统一的网络安全防护策略。法律保护体系的有效实施还需要依托于强有力的监管和执法。监管机构应定期对关键信息基础设施的网络安全措施进行审查和评估，确保法律得到有效执行。通过这些综合性的政策措施，可以为关键信息基础设施的网络安全提供坚实的法律保障，有效应对各种网络攻击和威胁。

2.7 供应链攻击及安全保障

2.7.1 供应链风险来源

供应链是指创建和交付最终解决方案或产品时所牵涉的流程、人员、组织机构和发行人。在网络安全领域中，供应链涉及大量资源（硬件和软件）、存储（云或本地）、发行机制（Web 应用程序、在线商店）和管理软件。供应链主要包括供应商、供应商资产、客户和客户资产四个关键元素。

（1）供应商：向另一个实体供应产品或服务的实体。

（2）供应商资产：供应商用于生产产品或服务的有价值元素。

（3）客户：消费由供应商生产的产品或服务的实体。

（4）客户资产：目标拥有的有价值元素。

供应链攻击是指针对软件开发人员和供应商的攻击，并通过供应链将攻击延伸至相关的合作伙伴和下游企业客户。供应链攻击至少分为两个部分：一是针对供应链的攻击；二是针对客户企业的攻击。一次完整的供应链攻击以供应链为跳板，最终将供应链存在的问题放大并传递至下游企业，产生攻击涟漪效应并造成巨大的破坏。供应链攻击与传统直接对目标攻击方式相比具有隐蔽性强、影响范围广、低成本、高效率的鲜明特点。供应链攻击在软件、硬件、服务、网络及供应商等多个方面都存在风险。

1）软件风险

（1）开发工具被污染：攻击者可能会在开发工具中植入恶意代码，影响使用这些工具的软件产品。

（2）源代码污染：源代码在开发过程中被恶意篡改，导致生成的软件产品含有后门或恶意功能。

（3）软件分发环节：在软件分发过程中可能被插入恶意软件，如通过捆绑下载或其他手段。

2）硬件风险

（1）固件组件被植入恶意代码：数字设备的固件可能被黑客注入恶意代码，创建后门，使黑客能够访问使用这些固件的设备。

（2）硬件设备预装恶意软件：攻击者可能在硬件设备（如 USB 摄像头、驱动器等）上预装恶意软件，通过这些设备对连接的系统或网络进行攻击。

3）服务风险

（1）服务提供商的安全漏洞：服务提供商提供的服务中如果存在安全漏洞，可能成为攻击的切入点，影响使用这些服务的所有客户。

（2）云服务滥用：攻击者可能会滥用云服务，如通过云平台分发恶意软件或数据泄露。

4）网络风险

（1）网络协议漏洞：未受保护的网络协议可能被攻击者利用，通过合法流程隐藏攻击行为，如利用软件更新作为入口点。

（2）网络隔离不足：如果网络隔离措施不足，攻击者可能会从一个被攻陷的系统横向移动到其他系统。

5）供应商风险

（1）第三方组件的安全隐患：第三方库或组件可能含有漏洞或被植入后门，影响所有使用这些组件的软件产品。

（2）供应商安全实践不佳：供应商的网络安全实践不佳可能使得攻击者更容易渗透，从而影响所有使用该供应商产品的客户。

（3）供应链失陷：供应商提供的软件或硬件产品可能已经被攻击者控制，成为攻击的起点。

供应链攻击示意图如图 2-14 所示。

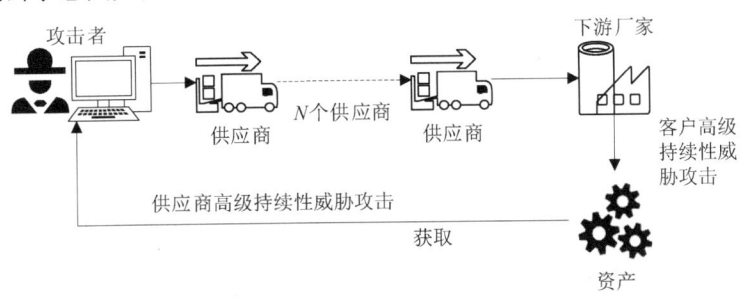

图 2-14　供应链攻击示意图

2.7.2 供应链攻击手段

供应链攻击主要包括面向上游服务器攻击、中游妥协以传播恶意更新、依赖项混淆攻击三种典型的攻击手段。

1）面向上游服务器攻击

对于大多数软件供应链攻击，攻击者会破坏上游服务器或代码存储库并注入恶意附件（如恶意代码或特洛伊木马程序），然后将该恶意附件向下游分发给更多用户，导致其公司下游企业使用者的网络遭遇非法访问。SolarWinds 攻击就是该类型的典型例子，也是供应链攻击大规模威胁严重性的真实体现，SolarWinds 攻击事件的披露让供应链攻击成为近年来网络安全热议的话题。SolarWinds 攻击示意图如图 2-15 所示。

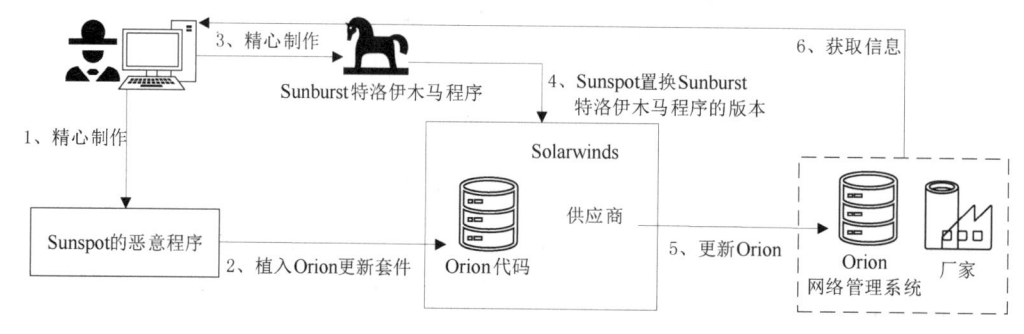

图 2-15　SolarWinds 攻击示意图

2）中游妥协以传播恶意更新

中游妥协是指攻击者破坏中间软件升级功能或持续集成/持续部署（Continuous Integration/Continuous Deployment，CI/CD）工具而非原始上游源代码库的实例，在破坏软件升级功能后用嵌有恶意程序的更新包替换正常更新包，导致更新用户在更新后被植入恶意程序。Passwordstate 攻击正是此类攻击，其是澳大利亚软件公司 Click Studios 所开发的一款企业密码管理器。攻击者破坏了 Passwordstate 的升级机制，并利用其在用户的计算机上安装了一个恶意文件，从而在 Passwordstate 软件程序中提取用户数据并将数据发送到攻击者指定的服务器中。Passwordstate 攻击示意图如图 2-16 所示。

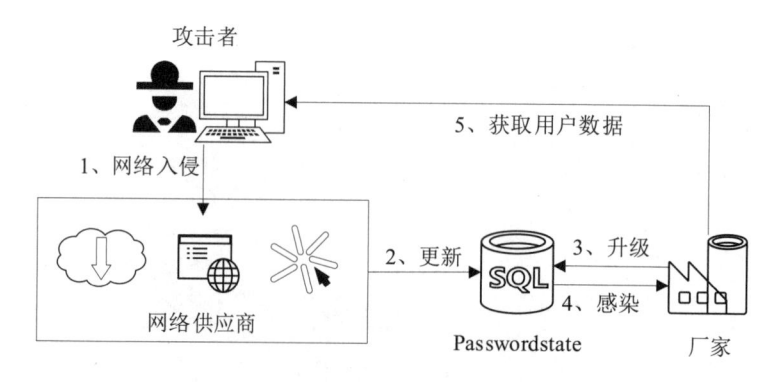

图 2-16　Passwordstate 攻击示意图

3）依赖项混淆攻击

依赖项混淆攻击是指在软件构建过程，通过将恶意软件与某一个软件构建的依赖项命名相同，但恶意软件的版本号高于依赖项的方式令恶意软件被主动拉进软件构建中。依赖混淆项攻击的根源在于软件构建中使用私有的、内部创建的依赖项在公共开源存储库中不存在，攻击者在公共开源存储库中创建与私有库中同名但不同版本号的依赖项，当软件构建时，很有可能使用的是攻击者创建的具有更高版本号的（公共）依赖项，其被添加进软件构建中，而非私有库中内部依赖项，从而将混有恶意代码的依赖项添加进软件中。

依赖项混淆攻击是一种新型供应链攻击方式，发现者 Alex Birsan 与 Justin Gardner 通过它成功闯入了包括微软、苹果、网飞、特斯拉在内的逾 35 家大公司的内部系统，并通过漏洞悬赏计划和预先批准的渗透测试协议共领到了超过 13 万美元的赏金。得益于在多个开源生态系统中发现的固有设计缺陷，该攻击实施简单，且整个过程自动化完成，因攻击者端付出的努力足够小，而逐渐受到攻击者的青睐。依赖项混淆攻击示意图如图 2-17 所示。

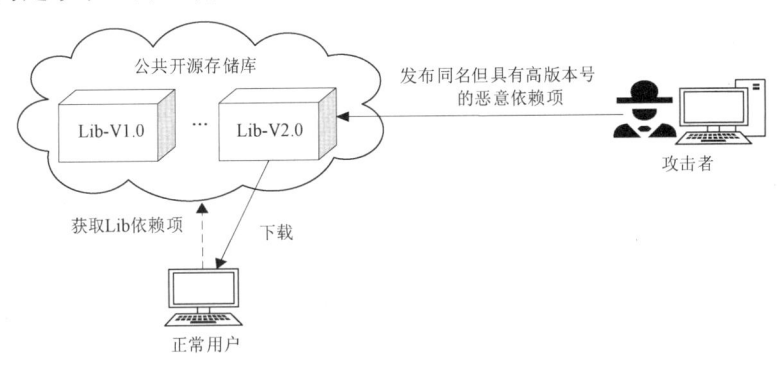

图 2-17 依赖项混淆攻击示意图

2.7.3 供应链攻击防范

随着信息技术产业的发展和软件开发需求的扩展，软件开发的难度与复杂度不断上升，针对软件供应链的重大安全事件（如 Apache Log4j2 漏洞、SolarWinds 事件及 CCleaner 事件等）时有发生，这些事件展现了软件供应链攻击低成本且高效的特点，以及软件供应链管理的复杂性，使得软件供应链的安全问题受到了广泛的关注。针对供应链攻击主要采取强化代码审查与缺陷检测、强化软件供应链攻击分析与预防、实施全生命周期风险审查评估，以及引入新代码防护手段与技术等措施加以防范，保障供应链的安全实施与运行。

1）强化代码审查与缺陷检测

为有效应对软件供应链的安全风险，必须从技术层面采取预防措施。代码审查与缺陷检测作为关键手段，主要使用专业工具和个性化服务来识别潜在的代码漏洞和功能缺陷。在开源软件广泛使用的背景下，需要特别关注被调用开源代码的组件类型、重要性、许可证类型、使用风险及未修复的软件类型和数量。权威机构或企业可以开发检测工具，帮助用户在下载软件时评估其风险。而缺乏软件开发能力的机构可选择购买专业服务应对风险。

通过分析源代码或二进制代码，识别和评估安全风险和逻辑问题，从而确定软件的构成及其包含的开源软件。一旦发现安全漏洞或风险，应立即采取修复措施，从源头降低用户使用的风险，保障用户体验。

2）强化软件供应链攻击分析与预防

供应链软件攻击主要由网络间谍或黑客等传播恶意软件，在攻击时一般选用以下两种方式。

（1）用户在下载、安装软件时直接攻击。

（2）用户在审计与维护软件时攻击。例如，在安装和使用有关软件时自动向用户推送广告，诱导用户下载已植入恶意代码的"合法软件"。

目前主要通过代码审计与静态分析、使用私有软件源、部署安全工具、建立响应机制、建立持续监控机制、实施零信任模型等手段强化软件供应链攻击分析与预防，降低软件供应链攻击的风险，提高整体的安全防护能力。

3）实施全生命周期风险审查评估

面对软件供应链安全风险，企业需建立全生命周期的风险审查评估机制。由于开源代码中频繁发现安全漏洞，且缺乏标准化的安全记录方式，导致风险问题难以及时发现和处理。因此，企业在引入开源软件时，必须在安全审查的基础上，对每个环节进行专业化的安全检测和分析。

（1）在软件引入阶段：企业应进行软件组件分析，以评估漏洞响应和修复能力，构建持续监控和审查机制。同时，根据行业要求评估软件技术情况，构建评估模型，并确保供应商遵循规范，明确权利与义务。

（2）在软件使用阶段：企业应采用专业技术进行全面安全风险评估，如渗透测试、代码安全性分析等，制定相应的安全措施。

（3）在软件退出阶段：需制定退出规划方案，细化迁移和替换工作。

（4）在软件维护阶段：应定期进行安全排查，了解软件的使用情况，主动处理发现的安全漏洞或风险。

4）引入新代码防护手段与技术

近年来，我国进入了互联网发展的全新阶段，各种新理念与技术为软件供应链的安全防护提供了可靠支持，但同样带来了软件供应链安全新风险，这些风险给软件代码审查等带来了较大的挑战。随着恶意代码数量的增多，为应对软件供应链安全风险，有关部门与企业可引入人工智能技术提取与分析恶意代码及其变种，在此前提下，构建恶意代码指纹库、检测病毒变种、特洛伊木马变种等。当然，在有条件的情况下，专业机构及企业也可针对软件供应链安全风险类型及危害程度，借鉴区块链中的智能合约隐私保护技术，如环签名、同态加密等技术来保护软件中的隐私数据，避免数据泄露或篡改。为应对各种软件供应链安全风险，权威机构、相关企业需进一步深化对新代码防护手段、技术等的探索，加强安全防护技术的创新。

第3章 网络安全防御技术

3.1 网络防御技术演进

3.1.1 网络防御技术推动力

网络防御技术旨在保护网络系统，避免内信息系统内部脆弱而被恶意利用，检测并消除外来威胁。随着网络攻击技术的不断发展和网络威胁的不断演变，传统的网络防御技术可能无法有效应对新型安全威胁和攻击手段，因此需要不断创新和提升网络防御技术。推动网络防御技术的发展的因素主要有五个方面：安全威胁的日益复杂化、安全攻击造成损失严重、用户隐私和数据保护、经济利益的驱动及网络防御成为各国的国家战略。

1）安全威胁的日益复杂化

网络攻击手段日益复杂，快速且隐蔽，具有突发性和针对性。攻击方式涵盖了分布式拒绝服务攻击、蠕虫病毒感染、特洛伊木马植入、跨站脚本攻击等，几乎涵盖了整个网络安全领域。随着人工智能技术的发展，攻击者能够制定更智能、自适应和具有预测性的攻击策略，进一步加剧了网络防御的复杂性。面对不断增长的威胁，网络安全管理者必须认真应对，建立科学有效的网络安全防御体系，以保障网络安全稳定地运行。

2）安全攻击造成损失严重

安全攻击造成损失的来源有黑客组织和敌对国家等。黑客组织以经济利益为驱动，可能通过网络攻击手段窃取个人信息、财务数据或企业商业机密，以此牟取不正当利益，直接导致受害者个体、企业或组织遭受经济损失。敌对国家可能通过网络攻击手段进行间谍活动、破坏敌国的关键基础设施或政府机构，以达到政治、军事或经济上的目的，直接给受害国家带来经济损失，还可能造成社会不稳定和国家安全方面的严重危害，甚至引发国际冲突。因此，加强网络安全防御，预防和减轻安全攻击带来的损失，提升国民安全意识和网络安全技术防护水平显得尤为重要。

3）用户隐私和数据保护

个人数据在网络中被广泛应用和传输，许多用户对个人信息的隐私和安全越来越关注。数据泄露、个人信息被滥用等问题频繁发生，引起了社会的广泛担忧。数据泄露不仅可能导致个人隐私权受到侵犯，泄露的数据还可能被用于身份盗窃、欺诈和其他非法活动。为了保护用户隐私和数据安全，使网络防御技术发展成为一项重要任务，推动网络防御技术的发展有助于建立更加安全和可靠的网络环境，包括数据加密、访问控制、身份认证等技术，以确保用户的个人信息不被未授权访问和滥用。

4）经济利益的驱动

黑客组织可以通过勒索软件攻击、金融欺诈、窃取商业机密等手段获取非法收入。勒索软件攻击通过让受害者支付赎金来解密文件；金融欺诈涉及盗取财务数据进行非法交易；窃取商业机密涉及出售机密信息获取利润。经济利益驱动下的黑客行为直接给受害者带来经济损失，还可能攻击基础设施，如能源供应系统、交通系统、通信网络等。这些基础设施的瘫痪将导致生产活动中断、交通混乱、通信中断等问题，严重影响整个社会的正常运行，造成巨大的经济损失。因此，加强网络防御技术的发展，有效对抗黑客组织的网络攻击，不仅是维护个人、企业和国家安全的需要，也是维护经济秩序和可持续发展的重要举措。

5）网络防御成为各国的国家战略

网络空间是继陆、海、空、天之后的第五维空间，网络空间已成为大国博弈的新战场，世界主要国家为抢占网络空间的制高点，已经开始积极部署网络空间安全战略，大力推动网络空间防御技术的发展。美国将移动目标防御和定制可信空间确定为"改变游戏规则"的革命性防御技术。随后，俄罗斯、英国、法国、印度、日本、德国、韩国等国纷纷跟进，将网络防御上升为国家战略层面，全面推进相关制度创设、力量创建和技术创新，试图在塑造全球网络空间新格局进程中抢占有利位置。为应对网络空间安全面临的严峻形势，我国将网络空间安全问题纳入全面深化改革的重要内容，从政策保障、文化教育和科技计划等多个层面推动网络空间安全的建设。

3.1.2 网络防御技术的发展演进

伴随着网络攻击技术的进步，网络防御技术也不断演进，在形态上由软件变为软硬件结合，在部署模式上由单点防御变为全网智能联动防御、由单层防御变为多层协同防御，在技术上由被动防御变为主动防御。

1）由软件变为软硬件结合

从形态上，早期的网络安全主要依赖软件层面的防御措施，如传统防火墙、入侵检测系统、反病毒软件等。其核心思想是在计算机系统上运行时，通过对网络流量和系统行为的监控和分析来发现和阻止潜在的威胁。然而，随着网络流量的增加和攻击手段的复杂化，单纯依靠软件防御已经难以满足安全需求。

为了提高网络安全的效率和性能，逐渐出现了软硬件结合的网络安全解决方案，通过充分利用硬件加速和专用安全芯片等技术，提升了网络安全的防御能力。例如，硬件加速的防火墙能够快速处理大量网络流量，从而提高了防火墙的性能和效率；专用安全芯片可以提供更高级别的安全保护，如加密解密、安全认证等功能，增强了网络设备的安全性能。随着软硬件结合的网络安全解决方案的不断发展和应用，网络安全防御能力得到了进一步提升。软硬件结合的防御方案不仅可以提供更好的性能和更好的效率，还能够更好地应对复杂多变的网络威胁，为网络安全提供了更加可靠的保障。

2）由单点防御变为全网智能联动防御

在网络安全的早期阶段，安全防御往往是基于单点的防御模式，这意味着安全措施主要集中在网络的边界或关键节点上，如防火墙、入侵检测系统等。然而，随着网络攻击日益复杂化和演变，单点防御已经无法满足网络安全的需求。

为了应对更加复杂的网络威胁，现代网络安全趋向于全网智能联动防御模式。全网智能联动防御是指通过各种安全设备和系统之间的信息共享和协作，实现对整个网络的全方位防御。联动性使得网络安全可以更加及时、准确地发现和应对威胁，提高了网络安全的整体效能。全网智能联动防御的实现主要依赖于网络安全技术的发展和创新。例如，安全设备和系统可以通过安全信息与事件管理（Security Information and Event Management，SIEM）系统进行集成，实现对网络流量和日志数据的集中管理和分析；安全设备之间可以通过安全协议和 API 实现信息共享和协作；人工智能和机器学习技术通过分析网络流量数据、用户行为特征、系统日志和历史信息，帮助网络安全系统自动识别和应对威胁，提高了安全防御的智能化水平。

3）由单层防御变为多层协同防御

在网络防御的初期阶段，通常采用的是单层防御方式。单层防御可能只包括基本的防火墙和反病毒软件，主要集中在网络的某一层面，如边界。然而，随着网络威胁的不断演变和攻击手段的多样化，单层防御已经无法满足对网络安全全面性的需求。

为了提高网络整体的安全性，防御策略逐渐演变为多层协同防护。多层协同防护是采用多种不同的安全措施或技术，构建起的多层次安全防御体系，各层之间相互配合、协同工作，以增强网络安全的整体效果。这些层次包括网络层、主机层、应用层等不同的安全控制点。例如，在网络层可以部署防火墙和入侵检测系统，用于阻止恶意流量和检测入侵行为；在主机层可以采用反病毒软件和安全补丁管理来保护主机系统的安全；在应用层可以实施访问控制和身份认证来确保应用程序的安全性。多层协同防护的优势在于，能够通过多个层次的防御措施，从不同的角度对网络安全威胁进行防范，提高了安全防御的全面性和复杂性。即使某个层面的防御措施失效，其余层面的防御措施仍然可以起到补充和弥补的作用，从而有效地保护网络系统和数据的安全。

4）由被动防御变为主动防御

以往网络空间中的防御技术都是附加到目标系统之上的，通过检测攻击行为、分析系统日志和梳理攻击特征，利用自身已掌握的特征集合对网络攻击进行防御，是一种依赖攻击先验知识的安全加固行为。典型的被动防御技术有防火墙技术、入侵检测技术和漏洞扫描技术等,上述技术都是在破坏活动发生后采取的降低破坏程度的补救措施,建立在威胁已经发生的基础之上,是一种"事后"行为。由于对已知威胁的精确防御效果,被动防御技术占据了大部分的市场,对提升网络安全等级发挥了重要作用。

由于未知威胁的特征或行为是不确定的,依赖特征的被动防御无法有效应对,被动防御主导下的攻防对抗往往演变为亡羊补牢式的补救行为。为了更好地抵御未知威胁,近年来研究人员逐渐转向研究不依赖攻击先验知识的主动防御技术。主动防御技术不依赖攻击代码和攻击行为特征的感知,也不建立在实时消除漏洞、堵塞后门和清除特洛伊木马病毒等防护技术的基础上,而是以提供运行环境的动态性、冗余性和异构性等技术手段改变系统的静态性、确定性和相似性,以最大限度地减小防御薄弱点被攻破的概率,阻断或干扰攻击的可达性,从而提升信息系统的防御能力。主动防御技术试图从整体上提高攻击方的攻击门槛和攻击成本,扭转易攻难守的不平衡格局。典型的主动防御技术包括移动目标防御技术、可信计算技术等。

3.2 被动防御技术概述

3.2.1 防火墙技术

1)防火墙技术简介

防火墙是隔离本地网络和外界网络的一道屏障,部署于网络边界,能抵御恶意入侵与恶意代码传播,确保内部网络数据安全,是内、外网连接的安全桥梁。防火墙在网络中的部署位置如图 3-1 所示。

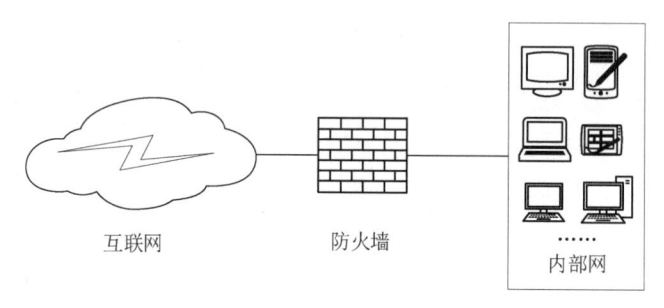

图 3-1 防火墙在网络中的部署位置

防火墙是网络安全策略的有机组成部分,其通过控制和监测网络之间的信息交换和访问行为来保证有效的网络安全管理。防火墙的主要功能有访问控制、网络状态监测、防止内部信息外泄和基于网络地址转换技术隐藏内部网络等。

(1)访问控制。

防火墙可以提高一个内部网络的安全性,并通过过滤不安全的服务而降低风险。防火墙能够根据预先设定的规则,监控和过滤网络流量,通过限制不安全或未授权访问请求,阻止恶意流量进入受保护的网络。防火墙通过实施不同的访问控制策略来限制网络流量，如基于规则的访问控制、应用层代理、状态检测和内容过滤等。由于只有防火墙允许的流量才能通过防火墙，所以网络环境变得更安全。

（2）网络状态监测。

防火墙可以记录所有流经的流量并生成日志，并对网络使用情况进行实时统计分析，若检测到不安全的流量，防火墙能够及时发出警报，并提供相应的细节信息，如网络是否被检测和攻击。

（3）防止内部信息外泄。

内部网络中容易被忽视的点和脆弱点都可能被攻击方利用，对内部网络造成安全威胁，从而增加全局网络的安全弱点。防火墙可以通过内容过滤功能对网络流量进行检查，以识别和阻止包含敏感信息的数据包；可以充当应用层代理，对特定的应用协议进行深度检查和控制，防止恶意软件或未经授权的文件传输；对网络数据包的源地址、目标地址、端口号、协议类型等信息进行过滤和管理，以防止敏感信息的外泄。

（4）基于网络地址转换技术隐藏内部网络。

网络地址转换可把私有地址变换为合法 IP 地址，在诸多互联网接入场景中被普遍使用，有效缓解了 IP 地址短缺的问题，且能隐匿内部主机 IP 地址，以免遭受外部网络的攻击。

2）防火墙的分类

传统意义上的防火墙主要包括包过滤防火墙、应用代理防火墙和状态检测防火墙。随着网络规模的扩大及其复杂性的增加，为了应对处理大容量流量及提供高性能、可扩展性等方面的挑战，后续出现了分布式防火墙。分布式防火墙由网络防火墙、主机防火墙和中心策略服务器三部分组成。分布式防火墙打破了传统防火墙由管理员手工制定安全策略的模式，采用中心策略服务器集中制定安全策略，将制定好的安全策略分发给各个相关节点，安全策略的执行由相关主机节点独立实施，产生的安全日志保存在中心管理服务器中。

（1）包过滤防火墙。

包过滤防火墙作用于网络层和传输层，根据数据包的源地址、目的地址、端口号和协议类型等标志信息，按照预先定义的数据包过滤规则对通过此防火墙的数据包进行规则匹配：如果规则匹配命中，则转发到相应的目的出口；如果规则匹配没有命中，则按照安全策略的规定，丢弃或者放行该数据包。包过滤防火墙可以执行网络安全策略，如阻止来自恶意来源的网络流量、阻止特定类型的攻击流量等，以确保网络安全和可靠运行。在实际应用时，内部主机被允许直接访问外部网络，不用进行检测和过滤；而当外部主机对内部网络进行访问时，需要经过包过滤防火墙检测。包过滤防火墙的工作原理如图 3-2 所示。

（2）应用代理防火墙。

应用代理防火墙工作于应用层，也叫代理服务器，其功能是隔离网络通信流，依靠运行各应用服务专属的代理程序来监控应用层通信流。当客户端与服务器进行数据交换时，均需经由代理服务器完成。例如，当客户端需要数据时，终端会先向代理发送请求，代理再向服务器发送请求，最终由代理将数据转发给客户端。应用代理防火墙可以识别并检测各种应用层协议，如 HTTP、文件传送协议（File Transfer Protocol，FTP）、简单邮件传送协议（Simple Mail Transfer Protocol，SMTP）、邮局协议第 3 版（Post Office Protocol version 3，POPv3）等，可以对应用层数据进行深入的检测和过滤，从而提供更全面的安全保护。应用代理防火墙的工作原理如图 3-3 所示。

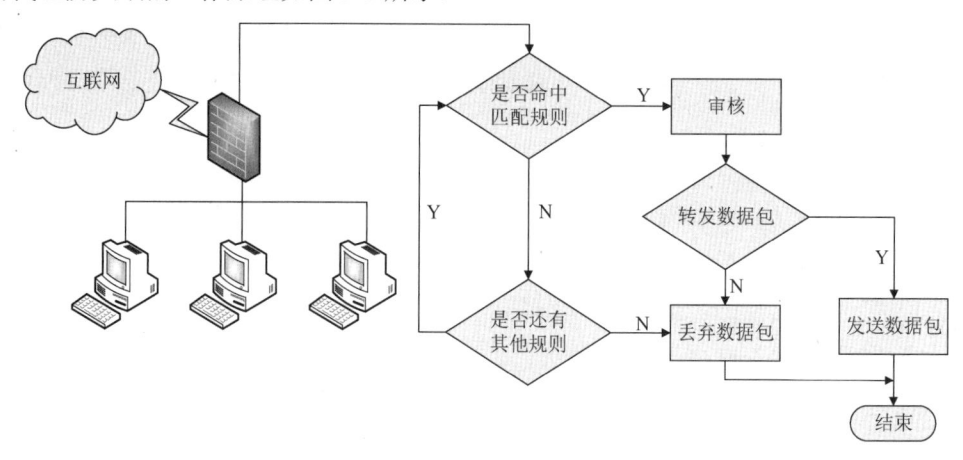

图 3-2 包过滤防火墙的工作原理

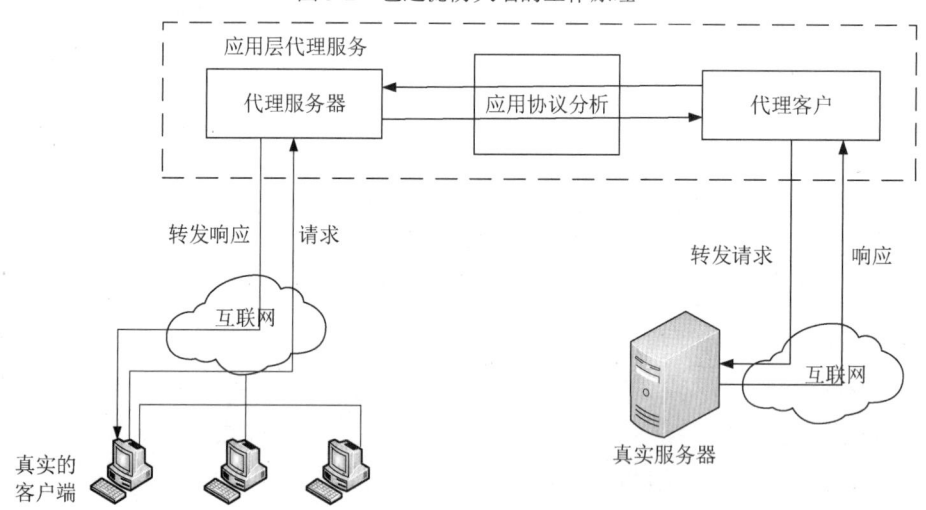

图 3-3 应用代理防火墙的工作原理

（3）状态检测防火墙。

状态检测防火墙工作于数据链路层和网络层之间，通过建立状态连接表来跟踪网络会话的状态，从而实现对数据包协议运行状态的检测和过滤。状态检测防火墙摒弃了包过滤防火墙只检查进入网络的数据包，不关心数据包连接状态的缺点。在每个连接建立时，状态检测防火墙都会为该连接构造一个会话状态。在进行数据包检查时，以哈希算法查看有无匹配连接记录，若有，则予通过并更新记录；若无，则采用包过滤技术，让数据包与预设安全策略匹配，将允许的连接添加到状态连接表中。状态检测防火墙的工作原理如图 3-4 所示。

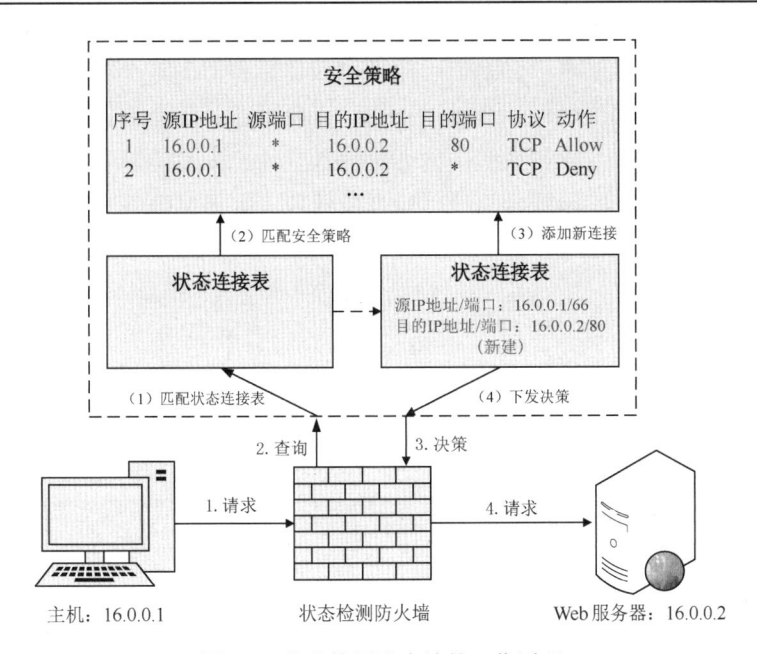

图 3-4　状态检测防火墙的工作原理

3）防火墙的局限性

防火墙可以防止外网上的威胁传播至内部网络，也可以强化安全策略和有效记录互联网上的活动等。由于防火墙是基于预先设定的规则来控制网络通信的信息流的，若网络安全防护仅依赖于规则控制，则规则的制定需要兼顾完备性和互联网的开放性。防火墙存在以下局限。

（1）无法防止内部攻击。

防火墙主要用于保护网络边界，对外部网络的攻击起到防御作用，但无法完全防止内部网络中的恶意行为或内部攻击。因此，在构建完整的网络安全体系时，还需要考虑内部安全措施。

（2）无法应对高级威胁。

传统的防火墙主要基于规则和签名进行检测和过滤，对于新型、未知的高级威胁往往无法有效应对。因此，单独依靠防火墙可能无法提供足够的保护，需要结合其他安全技术和策略来应对高级威胁。

（3）无法处理加密流量。

由于加密流量难以解密和检测，防火墙在处理加密流量时可能存在困难。现代防火墙已经具备了一定程度的加密流量处理能力，但仍然无法实现对所有加密流量的深度分析和检测。

3.2.2　入侵检测系统

1）入侵检测系统简介

"入侵"是指任何未经授权而蓄意尝试访问和篡改信息，导致系统不可靠或不可用的行为。入侵检测系统对网络流量进行分析，识别出与正常流量模式不同的异常流量，进而发现和报告可能的入侵或攻击事件。通过对行为、安全日志、审计数据或其他网络可以获得的信息进行处理分析，从而检测系统中的恶意闯入行为。入侵检测系统用于监测和识别网络中的攻击行为，是入侵检测软件与硬件组合的统称。入侵检测系统在网络中的部署位置如图 3-5 所示。

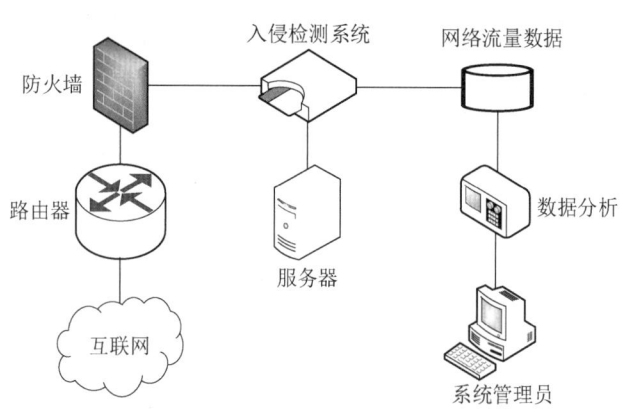

图 3-5　入侵检测系统在网络中的部署位置

入侵检测系统作为网络安全的重要组成部分，能够在计算机网络遭受攻击时，利用其主要功能对入侵行为进行预警和防护，从而防止入侵行为对计算机网络进行渗透和破坏；同时，入侵检测系统还能够生成报告和日志记录，帮助管理员更好地了解网络安全状况，分析安全事件和趋势，从而提高网络安全性能和降低网络安全风险。入侵检测系统的主要功能包括：实时监测网络流量和系统事件、检测可能的入侵行为、识别和分析已知的入侵模式和攻击方式、实时响应和阻断攻击、生成报告和日志记录。

（1）实时监测网络流量和系统事件。

入侵检测系统能够通过实时监测网络流量和系统事件来识别潜在的入侵行为，可以分析流量中的协议、端口和数据包的内容，以及操作系统、应用程序和设备的日志记录，从而识别异常活动。

（2）检测可能的入侵行为。

入侵检测系统可以分析事件的模式和特征，如多次尝试错误密码登录系统、非法修改应用程序或设备异常操作等情况，以便检测可能的入侵行为。

（3）识别和分析已知的入侵模式和攻击方式。

入侵检测系统可以使用特征检测和行为分析等技术，与已知的入侵特征数据库进行比对，以便及时发现已知的威胁，当入侵检测系统检测到已知的病毒感染或攻击手段时，会立即发出警报。

（4）实时响应和阻断攻击。

入侵检测系统能够与防火墙、入侵防御系统等安全设备集成，实时采取措施阻断攻击或限制受攻击的系统资源。例如，当入侵检测系统检测到某个 IP 地址进行分布式拒绝服务攻击时，可以立即通知防火墙阻止该 IP 地址的流量，以减轻攻击对系统的影响。

(5) 生成报告和日志记录。

入侵检测系统能够生成详细的报告和日志记录，包括警报、事件和响应操作的信息。管理员可以根据这些报告和日志进行后续的分析和审计工作，了解网络中可能存在的威胁，并采取相应的措施加强网络的安全性。

2）入侵检测系统的结构

通用入侵检测系统的结构包括审计数据收集、审计数据存储、分析与检测、配置数据、参考数据、动态数据处理和告警七个模块，如图 3-6 所示。

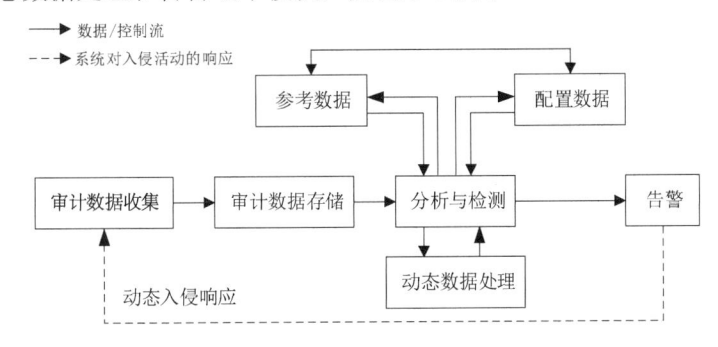

图 3-6 通用入侵检测系统的结构

（1）审计数据收集：本模块处于数据收集阶段，入侵检测算法采用该阶段收集的数据发现跟踪可疑活动。

（2）审计数据存储：典型的入侵检测系统会存储审计数据以便于后续的引用，通常会存储很长时间，因此，通常会积累海量数据信息。如何减少审计数据存储空间（降低数据空间维数）是设计入侵检测系统面临的主要问题之一。

（3）分析与检测：本模块是入侵检测系统的核心部分，也是入侵检测算法具体的执行应用阶段。入侵检测算法分为三类：误用检测、异常检测和混合检测。

（4）配置数据：本模块是入侵检测系统最为关键的部分，通过配置系统的相关信息，可以对收集的审计数据的时间和方式，以及对入侵行为等做出响应。

（5）参考数据：本模块用于存储已知的入侵签名信息（误用检测）或正常行为轮廓（异常检测）。此模块会随着参考数据的增多而实时更新，从而增强入侵检测系统的识别能力。

（6）动态数据处理：本模块用于存储入侵检测系统的中间结果，如部分完成的入侵签名等信息。

（7）告警：本模块是入侵检测系统的输出部分，输出结果可能是对入侵活动的预置反应或对网络安全管理员的告警通知。

3）入侵检测系统的分类

根据数据源的不同，入侵检测系统可以分为基于主机的入侵检测系统、基于网络的入侵检测系统和分布式入侵检测系统。

（1）基于主机的入侵检测系统。

基于主机的入侵检测系统主要对主机系统和本地用户进行检测，其在每个需要保护的端系统（主机）上运行代理（Agent）程序，以主机的日志记录、系统调用、端口调用等为数据源，主要通过对主机网络的实时连接及对主机文件的分析和判断，发现可疑通信行为并做出响应。该类入侵检测系统的优点是对网络流量不敏感，检测效率高，能快速检测出入侵行为，并及时做出响应；缺点是需要占用主机资源，能检测到的攻击类型有限，无法检测到网络攻击。

（2）基于网络的入侵检测系统。

基于网络的入侵检测系统主要通过获取每一个经过的网络数据包作为信息源，通常将网卡设置为混乱模式，来检测分析流经网络层的数据包信息，如果所检测的数据包信息与系统内的安全规则匹配，入侵检测系统就会告警。基于网络的入侵检测系统可应用于不同的操作系统平台，其优点是配置简单，不需要改变服务器等主机的配置，也不需要任何特殊的审计和登录机制，就能够实时检测非法攻击和越权访问；缺点是仅能检测事先定义好的规则特征，无法检测新型攻击行为，无法判断入侵或攻击行为是否成功。

（3）分布式入侵检测系统。

网络系统结构的复杂化和大型化，使系统的弱点或漏洞分散在网络中的各个主机上，这些弱点有可能被入侵者利用，来攻击网络，而仅依靠各个主机或网络入侵检测系统很难发现这些入侵行为。分布式入侵检测系统将探测点放置在网络中的不同位置，根据特定的规则收集和整理数据，按固定周期将数据提交至中央主控节点并对数据进行分析判断，进而识别是否存在异常连接。分布式入侵检测系统既能检测网络的入侵行为，又能检测主机的入侵行为。

4）入侵检测系统的局限性

入侵检测系统能够在不影响网络性能的同时对网络进行监测，保护系统免受内部和外部的攻击；能够弥补防火墙技术不能很好地实现攻击行为的深层过滤的问题。随着互联网的发展，网络空间安全态势发生了改变，现有入侵检测系统存在以下局限性。

（1）误报率和漏报率高：由于网络入侵行为的种类繁多，且现有入侵检测技术不能捕获高维网络数据中包含入侵类别的关键特征，导致检测模型虽然在训练集上的拟合效果良好，但在测试集上的泛化能力较差，出现较高的误报率和漏报率。

（2）检测速度低：网络传输速度随着技术的发展不断提升，如果入侵检测系统的速度不能进一步提升，则部分数据流会来不及处理，这会对入侵检测系统的准确性和有效性产生负面影响。入侵检测系统在接收到数据包和预处理后，都需要分析数据包是否包含某种特定攻击的特征，该过程既花费了大量的时间，又占用了大量的计算资源。

3.2.3　漏洞扫描技术

1）漏洞扫描技术简介

漏洞又称为脆弱性，是计算机系统上硬件、软件和协议等的具体实现或系统安全策略上存在的弱点或缺陷。漏洞来源包括以下内容。

(1) 软件缺陷,即计算机系统和网络中的软件可能存在的编程错误或漏洞。
(2) 配置错误,即系统和网络的配置可能存在的错误或不安全的设置。
(3) 未打补丁的漏洞,许多软件供应商会定期发布安全补丁来修复已知的漏洞。

黑客可以利用漏洞非法获取信息系统权限甚至破坏信息系统安全性,破坏计算机系统安全性三要素,即机密性、完整性、可用性。

漏洞的存在很容易导致黑客的入侵及病毒的驻留,导致数据丢失、数据篡改、隐私泄露和经济损失。对攻击方而言,黑客可以通过扫描等手段发现远程或本地计算机系统中的安全脆弱性和可利用的系统漏洞。对防御方而言,网络管理员可以通过漏洞扫描技术及时发现存在的安全漏洞并加以修复,从而提前防范黑客的攻击。

2) 漏洞扫描技术的分类

根据扫描对象不同,漏洞扫描技术可以分为基于主机的漏洞扫描和基于网络的漏洞扫描。

(1) 基于主机的漏洞扫描。

基于主机的漏洞扫描器通常采用 B/S 模式,包含漏洞扫描控制台、漏洞扫描管理器与漏洞扫描代理三个部分,其体系结构如图 3-7 所示。漏洞扫描控制台和漏洞扫描管理器承担扫描任务的注册及访问工作;漏洞扫描代理分布在各个目标网络中,负责接收并执行漏洞扫描管理器所分配的扫描任务;在扫描流程结束后,漏洞扫描代理会把生成的报告回传至漏洞扫描管理器,用户能借助漏洞扫描控制台查看并分析扫描结果,以便及时评估系统的安全状况。

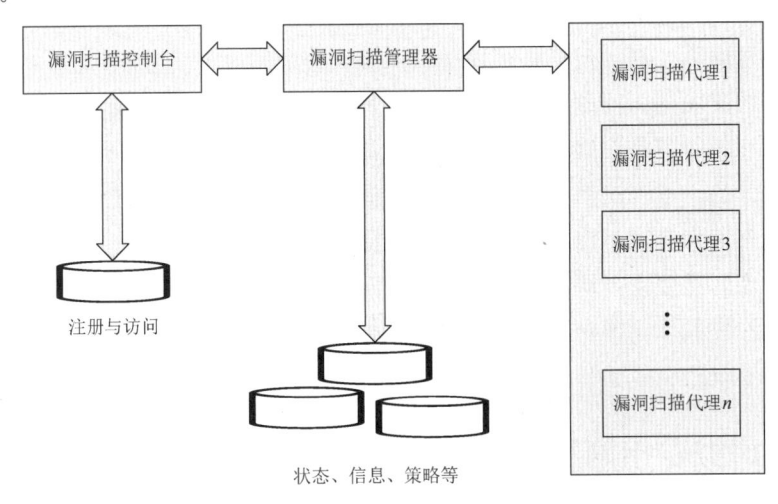

图 3-7 基于主机的漏洞扫描器的体系结构

(2) 基于网络的漏洞扫描。

基于网络的漏洞扫描器一般由漏洞数据库、用户配置控制台、扫描引擎、若干个扫描目标、当前活动的扫描知识库、扫描结果存储和报告生成工具组成,其体系结构如图 3-8 所示。其中,扫描引擎通过用户配置控制台和漏洞数据库来设置扫描目标和扫描内容,具体的扫描过程在当前活动的扫描知识库中进行,最后保存扫描结果并通过报告生成工具生成相关的漏洞扫描报告。

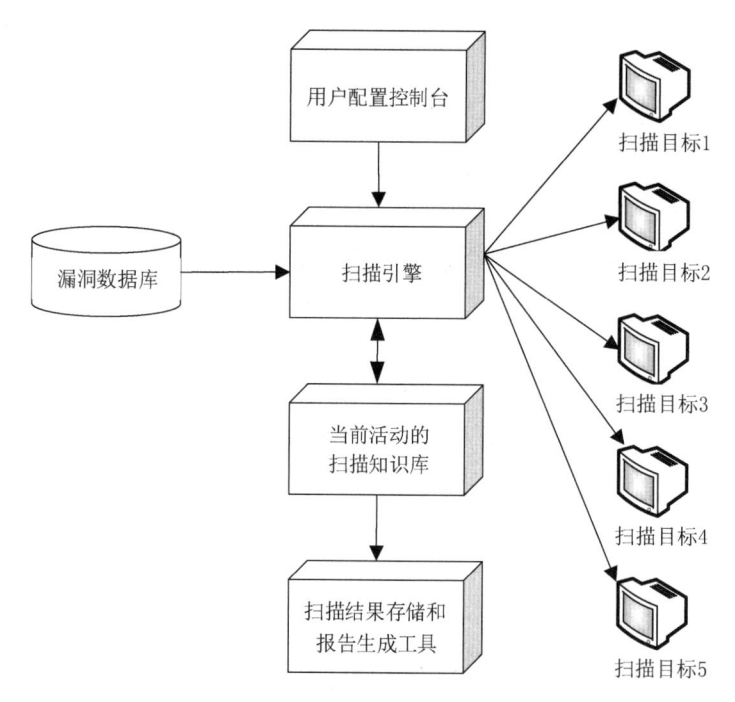

图 3-8　基于网络的漏洞扫描器的体系结构

3）漏洞扫描技术的局限性

漏洞扫描可以帮助企业或组织发现其系统、网络或应用程序中可能存在的安全漏洞和缺陷，以便及时修复漏洞和缺陷，从而提高系统的安全性和可靠性，防止出现安全事故和数据泄露等不良后果。漏洞扫描存在以下局限性。

（1）系统配置规则库问题：系统配置规则库的准确性直接影响漏洞扫描的准确性，若系统配置规则库设计得不准确，会导致漏洞检测的准确度降低；系统配置规则库是根据已知漏洞进行设计的，但当前系统面临许多未知漏洞的威胁，如果系统配置规则库不能及时更新，就无法预测和应对新出现的漏洞，从而降低漏洞检测的准确度。

（2）漏洞库信息要求：漏洞库信息作为漏洞扫描判断的关键依据，若其不完整或未及时更新，漏洞扫描的作用便难以充分发挥。不完整或陈旧的漏洞库信息易给系统管理员造成误导，致使安全隐患或系统漏洞无法及时排除。

3.2.4　虚拟专用网络技术

1）虚拟专用网络技术简介

虚拟专用网络是依靠互联网服务提供商（Internet Service Provider，ISP）和网络服务提供商（Network Service Provider，NSP）在公共网络中建立专用的数据通信的网络技术，可以为企业之间或者个人与企业之间提供安全的数据传输隧道服务。典型的虚拟专用网络传输通道模型图如图 3-9 所示。

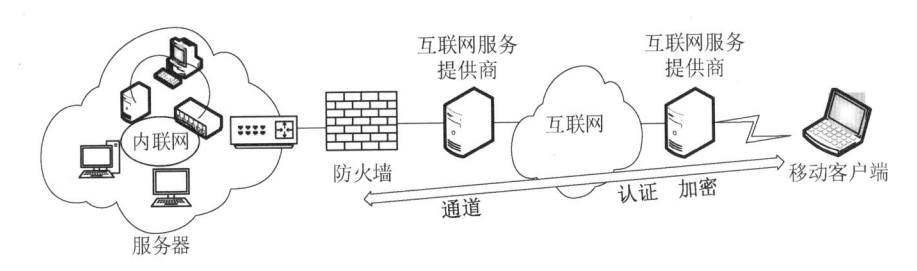

图 3-9 典型的虚拟专用网络传输通道模型图

虚拟专用网络技术提供了安全的远程访问方式,使用户可以在公共网络上安全传输数据,具有安全保障、服务质量(Quality of Service,QoS)保证、可扩展性和灵活性、可管理性等特点。

(1)安全保障。

不同厂家的虚拟专用网络技术各有千秋,但所有虚拟专用网络均需借助互联网传输数据并保障其安全。虚拟专用网络技术通过对隧道传输的数据加密,确保仅有特定的收发双方才能够互传数据,以此维护数据的私密性与安全性。

(2)服务质量保证。

虚拟专用网络通过实施服务质量措施,可以为不同的用户和业务提供不同等级的服务保证。通过流量预测和控制策略,服务质量能够将可用的带宽资源按照优先级进行分配,保证对带宽的有效管理,使得各类数据合理有序地发送,预防阻塞的发生。

(3)可扩展性和灵活性。

虚拟专用网络支持各种类型的数据流在网络内部和网络之间传输,而且能够轻松地扩展节点规模。虚拟专用网络支持多种连接协议和技术,可以在不同的设备和操作系统上运行,并具备良好的扩展性;适应不同规模和需求的网络环境,方便用户进行部署和管理。

(4)可管理性。

在虚拟专用网络管理方面,虚拟专用网络要求企业将其网络管理功能从局域网无缝延伸至公用网,甚至延伸到客户和合作伙伴。管理员可以通过虚拟专用网络管理工具对虚拟专用网络的各项配置进行管理,包括网络拓扑、IP 地址分配、安全策略、加密算法等;监控用户的连接状态和流量使用情况,以便及时调整和优化虚拟专用网络资源的分配;监控和分析虚拟专用网络的安全事件和日志,以及采取相应的措施对安全事件进行应对和防范。

2)虚拟专用网络的相关技术

目前,虚拟专用网络采用了多项关键技术保证通信的安全性,分别是隧道技术、加解密技术、密钥管理技术和设备身份认证技术。

(1)隧道技术。

隧道技术通过在原始数据包的外部添加额外的包头信息,将原始数据包封装起来,然后通过互联网进行传输。这种方法使原始数据包可以安全地通过不可信任的网络,同时保留了原始数据的完整性和机密性。隧道技术在网络通信中扮演着非常重要的角色,能够提供安全、可靠的数据传输环境,广泛应用于企业网络、远程访问及跨网络连接等场景。

(2) 加解密技术。

虚拟专用网络使用加密技术对数据进行加密,数据在传输过程中即使遭到窃取,也不会泄露敏感信息,加密后的数据必须使用相应的密钥来解密数据。可直接采用现有的加密算法,如数据加密标准(Data Encryption Standard,DES)、三重数据加密标准(Triple Data Encryption Standard,3-DES)、信息摘要算法(Message Digest algorithm 5,MD5)等。加密后的数据包即使在传输中被窃取,非法获利者也只能看到一堆乱码,只有拥有相应密钥的人才能够对密文进行解密,将其还原成可读的原始数据。加解密技术依密钥区分可分为两大类:对称密钥加密和非对称密钥加密。

(3) 密钥管理技术。

密钥是保障数据安全的核心要素,公网传输至对端的数据,需依据所传来的密钥予以解密,一旦密钥遭到截取,数据安全便面临极大风险,甚至会被盗取或篡改,密钥管理旨在确保密钥安全抵达,防止其被第三方截取。常用的密钥管理技术有 SKIP 技术与 OAKLEY 技术。

(4) 设备身份认证技术。

设备身份认证技术用于确保连接到虚拟专用网络的设备是合法、可信的。通过设备身份认证,可以防止未授权的设备接入虚拟专用网络,从而提高网络的安全性。

身份认证的目的是鉴别通信中另一端的真实身份,防止伪造和假冒等情况发生。身份认证技术主要利用密码学方法,包括使用对称加密算法、公开密钥密码算法和数字签名算法等。

3) 虚拟专用网络的分类

根据业务类型不同,虚拟专用网络分为企业内部虚拟专用网络(Intranet VPN)、外部虚拟专用网络(Extranet VPN)和远程访问虚拟专用网络(Access VPN)。

(1) 企业内部虚拟专用网络。

企业内部虚拟专用网络能通过公共安全网络与企业集团内部多个分支机构及公司总部的网络互联,是传统专用网络或其他企业网络的扩展和替代形式。随着企业的跨地区工作和国际化经营,绝大多数大中型企业会选择该方式。企业内部虚拟专用网络的结构示意图如图 3-10 所示。

(2) 外部虚拟专用网络。

外部虚拟专用网络即企业间发生收购、兼并或企业间建立战略联盟后,使不同企业网络通过公共网络来构建的虚拟专用网络。外部虚拟专用网络通过一个使用专用链接共享基础设施,将客户、供应商、合作伙伴或兴趣群体连接到企业内部网络中。外部虚拟专用网络的基本网络结构与企业内部虚拟专用网络一样,当然所连接的对象有所不同,如图 3-11 所示。

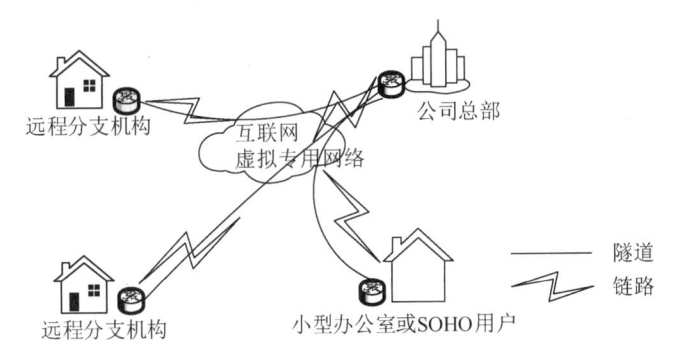

图 3-10　企业内部虚拟专用网络的结构示意图

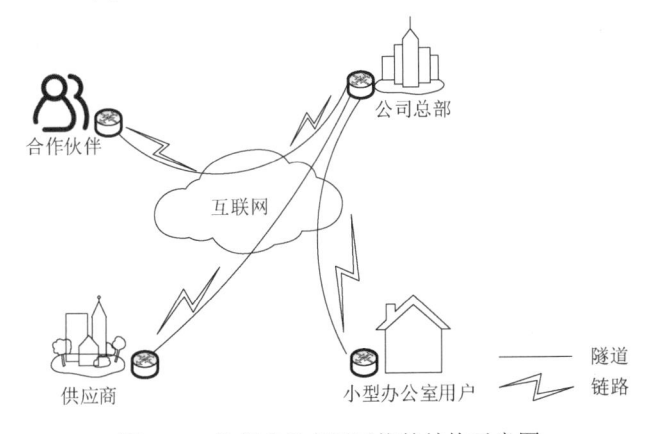

图 3-11　外部虚拟专用网络的结构示意图

（3）远程访问虚拟专用网络。

远程访问虚拟专用网络也叫拨号虚拟专用网络，指企业员工或小型分支机构借助公共网络远程拨号构建起的虚拟专用网络。若企业内部人员存在移动办公需求，或者商家要提供企业到客户（Business to Customer，B2C）的安全访问服务，便可考虑采用远程访问虚拟专用网络。远程访问虚拟专用网络的结构示意图如图 3-12 所示。

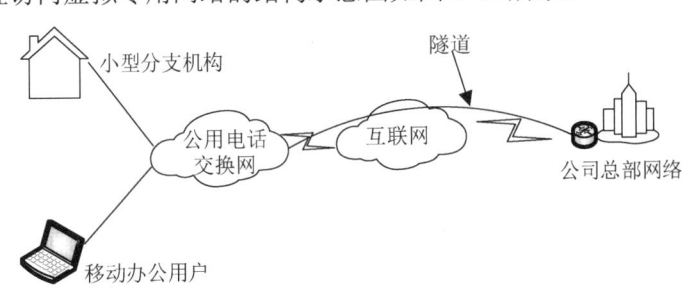

图 3-12　远程访问虚拟专用网络的结构示意图

4）虚拟专用网络的局限性

虚拟专用网络利用附加的隧道封装、信息加密、用户认证和访问控制等技术，保障信息传输安全，同时允许不同地点的专用网络能够在不可信任的公用网络上安全地通信。虚拟专用网络可以使远程用户、企业分支机构、业务合作伙伴和供应商等与组织的内部网络建立可靠安全的连接，确保数据传输安全。由于虚拟专用网络技术的工作原理及运行环境的限制，虚拟专用网络存在以下局限性。

（1）传输效率低：由于虚拟专用网络需要对数据进行加密和解密，以及通过隧道传输，会增加数据传输的延迟和降低网络速度。

（2）不能适用于所有的应用程序：虚拟专用网络只能在支持虚拟专用网络协议的应用程序中使用，无法用于不支持虚拟专用网络协议的应用程序。

（3）对服务器要求高：如果虚拟专用网络服务器的硬件配置不够高，或者带宽不够充足，就会导致虚拟专用网络连接不稳定甚至无法连接。

3.2.5 入侵防御系统

1）入侵防御系统简介

入侵防御系统通过特征匹配、协议分析跟踪、事件关联分析和流量统计分析等方法，对流经它的每个报文进行深度检测，以监控网络或网络设备的传输行为，一旦发现隐藏于其中的网络攻击，就能够及时中断、调整或隔离网络中的异常行为或恶意信息传输行为，并根据该攻击的威胁程度及时采取相应的防范措施，如通知管理中心、丢弃报文、中断应用会话、中断 TCP 连接等。

与入侵检测系统相比，入侵防御系统不仅可以识别和报告威胁，还可以主动采取措施阻止攻击。入侵防御系统位于防火墙之后，其部署图如图 3-13 所示。

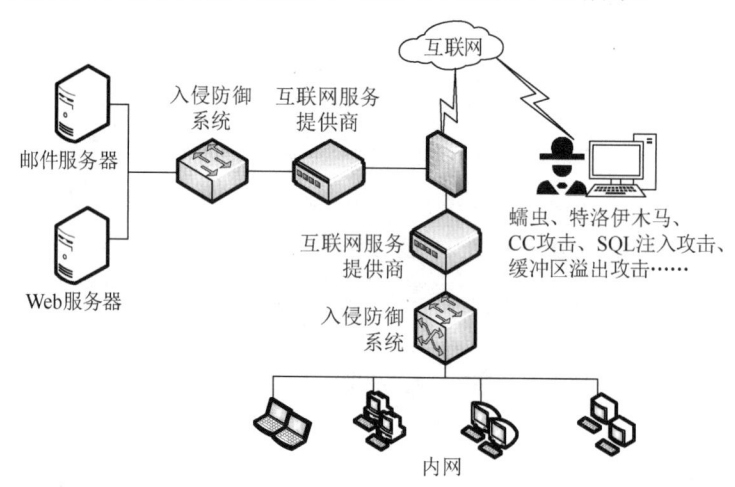

图 3-13 入侵防御系统的部署图

入侵防御系统是在入侵检测系统的基础上发展而来的，但两者之间也存在几点区别，如表 3-1 所示。

表 3-1 入侵防御系统与入侵检测系统的区别

	入侵检测系统	入侵防御系统
部署方式	入侵检测系统一般作为旁路挂载在网络中	入侵防御系统在部署时一般作为一种网络设备串联在网络中

续表

技　　术	入侵检测系统	入侵防御系统
处理机制	当入侵检测系统检测到可疑流量或恶意攻击时，由于本身无法直接对网络行为进行拦截或阻止攻击，会发出警报，交由网络管理员来进行处理	入侵防御系统在入侵检测系统的基础之上增加了对网络的防护功能，能够根据预先设置的安全防御策略，检测出应用层的攻击，并立即采取措施阻断攻击，防止其进入网络内部
实时性要求	入侵检测系统可以根据采集到的历史信息进行分析	入侵防御系统必须实时分析数据，一旦检测出可疑流量或恶意攻击，必须第一时间采取响应措施，将其拦截并阻断，以确保网络的安全

2）入侵防御系统的分类

根据工作原理的不同，入侵防御系统可分为基于主机的入侵防御系统、基于网络的入侵防御系统和基于应用的入侵防御系统。

（1）基于主机的入侵防御系统。

基于主机的入侵防御系统在主机或服务器上安装软件代理程序，以此抵御网络攻击对操作系统与应用程序的入侵，增强主机的安全性。基于主机的入侵防御系统根据定制的安全策略与分析学习机制，阻拦针对服务器或主机的恶意攻击，如阻断缓冲区溢出、变更登录密码、改写动态链接库及阻拦其他妄图夺取操作系统控制权的入侵行为等。

（2）基于网络的入侵防御系统。

基于网络的入侵防御系统通过检测流经它的网络流量，提供对网络系统的安全保护。由于入侵防御系统采用串联方式接入网络，所有的数据流量都要流经该系统，所以一旦辨识出入侵行为，入侵防御系统就可以阻断整个网络会话。由于入侵防御系统处于实时在线工作模式，网络的入侵防护通常被设计成类似交换机的网络设备，支持线速数据处理及多个网络端口。

（3）基于应用的入侵防御系统。

基于应用的入侵防御系统属于特殊的基于主机的入侵防御系统，其将基于主机的入侵防御延伸至应用服务器之前的网络设备，进而对应用程序与网络应用予以有效防护。此系统部署在应用数据服务器网络链路的高性能网络设备中，借助预先设定的安全机制保障应用服务器安全性和应用环境的完整性。

3）入侵防御系统的优势

入侵防御系统能通过分析网络流量，检测入侵行为（缓冲区溢出攻击、特洛伊木马和蠕虫等），并通过一定的响应方式（丢弃恶意数据包、重置连接或阻止攻击者的 IP 地址）实时阻止入侵行为，从根本上避免攻击行为，保护信息系统和网络架构免受侵害，其主要优势如下。

（1）实时阻断攻击。

入侵防御系统直接通过串联方式部署在网络中，并提供多种防御手段，能够及时发现已知或未知攻击，对网络攻击流量和入侵活动进行拦截，从而有效降低网络受到的危害。

（2）深层防护。

入侵防御系统通常会重新构建协议栈，以便能够在多个数据包中还原隐藏的攻击特征；并能够深入多个数据包的内容中挖掘攻击行为，检测出深层次的攻击，根据攻击类型和策略等判断哪些流量应该被拦截，从而保护网络安全。

（3）全方位防护。

入侵防御系统可针对蠕虫、病毒、特洛伊木马、僵尸网络、间谍软件、广告软件、公共网关接口（Common Gateway Interface，CGI）攻击、跨站脚本攻击、注入攻击、目录遍历、信息泄露和远程文件攻击、溢出攻击、代码执行、拒绝服务、扫描工具和后门等提供防护措施，全方位地保护内网系统的安全。

（4）兼顾内、外网安全。

入侵防御系统既可防止来自局域网外部的攻击，又可防止来自局域网内部的攻击。系统对流经它的流量都可以进行检测，为服务器和客户端提供立体防护。

（5）持续更新。

入侵防御系统可建立丰富且尽可能完备的入侵特征库，同时特征库进行持续更新，以应对各种新出现的网络威胁。

4）入侵防御系统的局限性

入侵防御结合了入侵检测系统和防火墙的优势，能够细粒度地检查各个层面的网络数据流量，实时防御内部和外部攻击。一旦发现攻击行为，便可立即采取措施遏制攻击，从而使正常流量的畅通得到保障。但是入侵防御技术也存在以下局限性。

（1）单点故障：入侵防御系统以串联形式接入网络，可能引发单点故障。一旦入侵防御系统因故障而宕机，便会造成由入侵防御系统导致的拒绝服务故障，致使所有用户都无法访问受保护的信息系统资源。

（2）性能瓶颈：入侵防御系统以串联形式部署在网络中，既提升了网络开销，又削减了网络利用效率。当入侵防御系统开展大规模检测时，需短时间处理海量网络流量，且要加载规模庞大的检测特征库，使得负载剧增，传输时延拉长，令入侵防御系统难以维持快速响应。

（3）误报漏报：若入侵特征的编写不够完善，便会出现误报和漏报的情况。误报是指入侵防御系统错误地将合法流量误认为是攻击而进行拦截；漏报是指入侵防御系统未能正确识别应该被拦截的攻击流量，从而导致出现安全漏洞，给内部网络安全带来了严重的威胁。

3.3 主动防御技术概述

3.3.1 主动防御技术概念

1）主动防御技术简介

传统网络防御技术多聚焦于提取已知威胁的攻击特征来探寻潜在恶意程序，属于"事后"举措，难以有效应对网络攻击的动态变化。鉴于"攻守不平衡"的状况，"改变游戏规则"的主动防御技术顺势而生。与传统防御技术不同，主动防御技术并不完全依赖于对攻击特征的提取，而是以提供运行环境的动态性、冗余性和异构性等技术手段来改变系统的静态性、确定性和相似性，以最大限度地减小防御薄弱点被攻破的概率，阻断或干扰攻击的可达性，从而提高网络的安全性。被动防御和主动防御的对比如表 3-2 所示。

表 3-2 被动防御和主动防御的对比

技 术	被动防御	主动防御
主要目标	防御已知的漏洞和攻击方式	防范未知威胁和零日攻击
响应速度	较慢，需要等待漏洞披露或攻击发生后才能采取行动	较快，能够及时应对新兴威胁
策略制定	依赖已知的漏洞列表进行防御	主动采取措施加强安全性
网络负载	较低，仅在威胁出现时进行响应和修复	较高，需要持续监控和更新防御策略
安全意识	侧重于修补已知的漏洞	强调实时监控和响应
适用场景	适用于对安全性要求较低的场景	适用于高风险环境和重要系统

就目前用于保护计算机信息网络安全的主动防御技术而言，其主要层次包括资源访问控制层、资源访问扫描层和进程活动行为判定层。

（1）资源访问控制层着重对用户计算机信息网络里各类系统资源的运用予以规范与管理，涵盖进程开启、文件调用、特定系统 API 调用及注册表调用等方面，以避免病毒、特洛伊木马等恶意程序非法利用这些资源。

（2）资源访问扫描层通过对计算机信息网络中的脚本、引导区、邮件、文件等资源的访问，以及对所截获的内容进行扫描，发现潜在的安全隐患，达到及时、高效地处理恶意代码的目的，以保障系统的安全。

（3）进程活动行为判定层自动采集资源访问控制层与扫描层所获进程动作及特征信息，加以妥善处理与分析，以此合理剖析总结各类危险行为，在无须用户干预时，便可自动识别拦截计算机信息网络中的后门、特洛伊木马、病毒等未知恶意程序。

2）主动防御技术的优势

主动防御技术是一种新型的反网络攻击技术，弥补了传统被动防御的不足（难以有效应对动态变化的网络攻击）。主动防御技术的优势主要体现在实时检测、识别与预测、自动响应与阻断、持续改进与学习、降低攻击风险与损失。

（1）实时检测：主动防御技术能够实时检测网络流量、系统日志和用户行为，及时发现异常活动和潜在威胁，对检测到的网络攻击进行实时响应。

（2）识别与预测：主动防御技术能够预测未来的攻击形势，识别潜在威胁，从而彻底改变"攻防不对称"的不利局面。

（3）自动响应与阻断：主动防御技术具备自动化响应能力，可以快速识别和阻断恶意流量、隔离受感染的终端及更新防御策略，提高了对威胁的应对效率，降低了手动干预的成本和错误率。

（4）持续改进与学习：主动防御技术具有持续性改进的能力，能够根据新出现的威胁和攻击手段进行学习和调整，不断提升安全防御水平，有效应对新兴威胁。

（5）降低攻击风险与损失：主动防御技术通过实时监测和自动化响应等手段，帮助组织及时发现并阻止威胁，保护关键资产和业务免受损害，能够有效地降低网络系统受到攻击的风险和损失。

3.3.2 沙箱技术

1）沙箱技术简介

沙箱技术是一种有效的恶意程序检测和防御的技术，源于软件故障隔离（Software-based Fault Isolation，SFI）技术，主要思想是隔离，即按照一定的安全策略限制程序行为的执行环境。沙箱技术为程序构建了一种隔离的、受限的、可配置的、可追溯的运行环境，限制了不可信进程或代码的运行权限，为主机运行提供了一个安全隔离的环境，防止对系统造成恶意破坏。沙箱的主要功能包括两个方面：保护系统和检测分析程序。

（1）保护系统。保护系统主要体现在将恶意程序限制在沙箱中运行，建立一个程序操作行为严格受控的执行环境，将不受信任的程序放入其中运行和测试，恶意程序在沙箱中造成的危害不会影响沙箱隔离环境之外的用户系统部分。

（2）检测分析程序。检测分析程序主要体现在按照某种安全策略限制程序行为的执行环境，对不可信程序样本进行分析，并记录样本在沙箱环境内的各种执行过程，从而判定样本的真实意图，最终判断该程序是否为恶意程序。

2）沙箱关键技术

沙箱的关键技术主要包括资源访问控制技术、程序行为监控技术、重定向技术、虚拟执行技术和行为分析技术。

（1）资源访问控制技术。

资源访问控制技术旨在实现系统资源的最大化共享，采用访问控制理论，为合法主体提供所需要客体的访问权，以防止越权篡改和资源滥用。面向资源的访问控制把应用程序当作主体，依照其功能与安全需求制定访问控制规则。通过访问控制规则约束程序对资源的访问权限，在保障系统安全的同时，也能满足程序正常访问资源的需要。

（2）程序行为监控技术。

恶意程序一般通过进程隐藏、端口隐藏和文件隐藏等技术保护自己，也会通过系统调用实现自身的恶意功能。程序行为监控技术是构建沙箱的一种基础技术，通过对非可信程序发起的系统调用进行拦截，可以实现对程序行为的监控。构建在操作系统内的沙箱通常使用动态链接库（Dynamic Linked Library，DLL）注入、Inline-Hook等监控技术，构建在操作系统外的沙箱则主要通过虚拟机监控器实现对程序指令的监控与拦截。

（3）重定向技术。

重定向技术通过不同的手段将访问请求和其中的参数重新定向到其他请求或参数上，从而保护真实的用户系统，具体实现包括文件重定向和注册表重定向等。文件重定向是指在非可信程序执行文件操作时，首先将目标文件复制到沙箱指定的路径下，再执行相关操作，避免恶意程序对真实源文件进行操作，同时可以观察和分析沙箱中文件的变化情况。注册表重定向的操作类似于文件重定向，即通过将注册表操作重定向到沙箱指定的路径下，避免恶意程序对真实注册表中的系统参数和应用程序配置信息进行修改；当程序样本执行后，删除沙箱中的注册表资源。

（4）虚拟执行技术。

虚拟执行技术利用系统虚拟化和进程虚拟化等技术，为程序执行提供虚拟化的程序执行环境，如虚拟上下文、虚拟操作系统、虚拟存储设备和虚拟网络资源等。通过模拟与实际资源完全隔离的虚拟执行环境，实现对系统资源等的保护。

（5）行为分析技术。

行为分析技术能对沙箱监控获得的程序行为和指令序列进行分类，或者对其威胁程度进行分析。根据程序行为的效应范围或监控到的系统调用序列，可以对程序的各种行为进行分析，包括对文件的操作、注册表的修改、进程/线程的创建和管理、网络通信的建立和数据传输，以及内核模块的加载和卸载等；依据预先定义的安全策略等级，沙箱可以对具体的恶意行为进行综合评价，判断其危害的严重程度，确定相应的危害等级。例如，打开、读取文件属于轻度危害；程序提权属于中度危害；关闭系统的杀毒软件进程或在后台下载未知程序属于严重危害。

3）沙箱的分类

根据采用访问控制思路的不同，将沙箱系统分为基于虚拟机的沙箱和基于规则的沙箱。

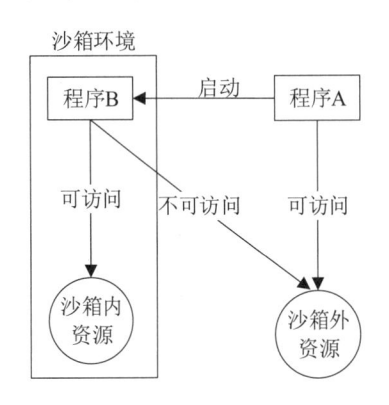

（1）基于虚拟机的沙箱。

基于虚拟机的沙箱为不可信任资源创建了一个封闭的运行环境，并将其与主系统隔离开来，能够在不影响不可信任资源原有功能的前提下，为其他系统提供安全保护，使不可信任资源的解析执行不影响主系统。根据虚拟机层次的不同，基于虚拟机的沙箱可分为两类，即系统级别的沙箱和容器级别的沙箱。基于虚拟机的沙箱结构图如图3-14所示。

图3-14 基于虚拟机的沙箱结构图

（2）基于规则的沙箱。

基于规则的沙箱借助预先设定的访问控制规则约束程序行为，主要包含访问控制规则引擎与程序监控器两大部件。程序监控器承担对沙箱内程序行为的监测,并将信息传至访问控制规则引擎,访问控制规则引擎依据预设规则判定程序能否使用特定的系统资源。基于规则的沙箱无须复制系统资源,可减少对系统性能的冲击,且能便捷应用于不同的程序。基于规则的沙箱结构图如图 3-15 所示。

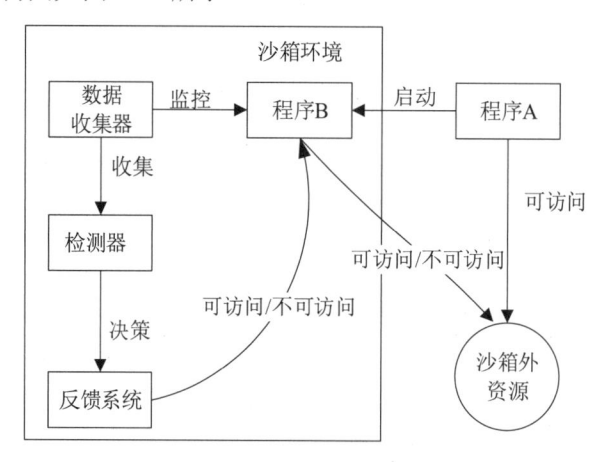

图 3-15 基于规则的沙箱结构图

按照操作系统层次结构的不同,可将沙箱分为用户态沙箱、内核态沙箱、混合态沙箱和虚拟态沙箱。

(1)用户态沙箱。

用户态沙箱一般运行在操作系统的用户层,通过用户态隔离软件执行安全策略,所需要的服务通过调用操作系统内核实现。用户态沙箱的优点是其通常建立在操作系统提供的安全功能之上,实现相对简单,并且可以在各种平台上部署和使用;缺点是用户态沙箱主要工作在用户空间,无法完全防止内核级攻击,如针对操作系统内核的漏洞利用等。

(2)内核态沙箱。

内核态沙箱的功能代码完全基于操作系统的内核实现,其运行时驻留在内存中,通过存储器硬件保护机制实现隔离。内核态沙箱的优点是其与用户态沙箱相比,无须在目标进程中插入额外监控代码,可直接在内核中监视用户程序,避免了用户态沙箱的逃逸问题;缺点是内核态沙箱过于依赖操作系统,且对开发人员要求较高。

(3)混合态沙箱。

混合态沙箱融合了用户态沙箱和内核态沙箱的优势,利用操作系统内核的隔离支持和执行机制,并在用户态中实现沙箱的系统功能。混合态沙箱兼具了内核态沙箱的强大隔离能力和用户态沙箱的灵活性,便于移植和扩展。通过充分利用计算机体系结构、硬件和操作系统提供的机制,混合态沙箱能够提供更为底层和高效的安全保护。

(4)虚拟态沙箱。

随着虚拟化技术的不断发展,虚拟态沙箱开始涌现,其功能模块主要构建在虚拟机监控器中,利用虚拟机监控器的底层优势,为目标操作系统提供隔离的虚拟机运行环境,同时监控虚拟机中的程序运行。

3.3.3 蜜罐技术

1）蜜罐技术简介

"蜜网项目组"（Honeynet Project）的创始人兰斯·施皮策（Lance Spitzer）给出了蜜罐技术的定义，即一种安全资源，其价值在于被探测、攻击和攻陷。蜜罐实质上是一种通过布置诱饵主机来欺骗攻击方的技术，在诱饵主机内部运行着多种多样的数据记录程序和特殊用途的"自我暴露程序"，诱使攻击方对其实施攻击，进而捕获攻击方的行为特征，以备分析或取证。通过蜜罐技术，防御方可以清楚地认识到自己所面临的安全威胁，并利用技术和管理手段提高系统的安全防护能力。

与防火墙技术、入侵检测系统等不同，蜜罐技术本身并不能直接提高网络或信息系统的安全性，但能严密监控出入蜜罐的流量，通过日志功能记录蜜罐与攻击方的交互过程，收集攻击方的攻击工具、攻击方法、攻击策略及样本特征等信息，为防范和破解后续出现的攻击类型积累经验。综上所述，蜜罐并不能代替防火墙和入侵检测系统等常规的安全防护系统，而是通过和这些安全防护系统相互配合，实现被动防御和主动防御相结合，是对现有的安全防御工具的一种补充。蜜罐、防火墙和入侵检测系统对比如表 3-3 所示。

表 3-3 蜜罐、防火墙和入侵检测系统对比

安全防御工具	蜜罐	防火墙	入侵检测系统
部署位置	防火墙前、隔离区、防火墙后等位置	通常部署在网络出口，作为内、外隔离的关键设备	可以部署在网络中的多个位置，包括主机和网络层面
主要功能	诱捕攻击者，收集攻击数据以供分析	控制进出网络的数据包，阻止非法访问和数据传输	实时监控网络流量，检测恶意行为
优缺点	诱捕和缓解网络攻击，发现和识别未知的新型攻击，但部署和维护蜜罐会消耗大量的资源	可以有效阻止未授权访问和数据传输，但无法防止内部攻击	可以实时监控网络流量，发现更多可能存在的威胁，但可能存在误报和漏报

典型蜜罐系统的基本构成如图 3-16 所示。互联网通过高速连接传输流量数据，当防火墙检测到攻击行为时，会将攻击流量转发到已构建好的软件蜜罐或硬件蜜罐中；分析员则通过入侵检测系统对收到的防火墙日志及嗅探通信内容进行处理，分析此次攻击流量的攻击特征。

2）蜜罐技术优势

蜜罐技术被公认为是可以了解攻击方技术、手段、工具和策略的有效手段，是实现主动防御策略的强大工具。蜜罐在安全方面的技术体现在诱捕和缓解网络攻击、提高数据收集和检测效率、发现和识别未知的新型攻击上。

（1）诱捕和缓解网络攻击。

蜜罐的设计初衷是诱骗对方攻击，希望攻击方能够入侵系统，从而进行各项记录和分析工作。蜜罐的主机通常会预设较弱的安全防护功能，如安装和运行没有打最新补丁的 Windows 操作系统或 Linux 操作系统、未设置主机防火墙规则等。诱骗攻击的过程本质上

也是一种防护行为,促使攻击方将精力和时间花费在对蜜罐的攻击上,客观上缓解和保护了真正的网络业务系统。

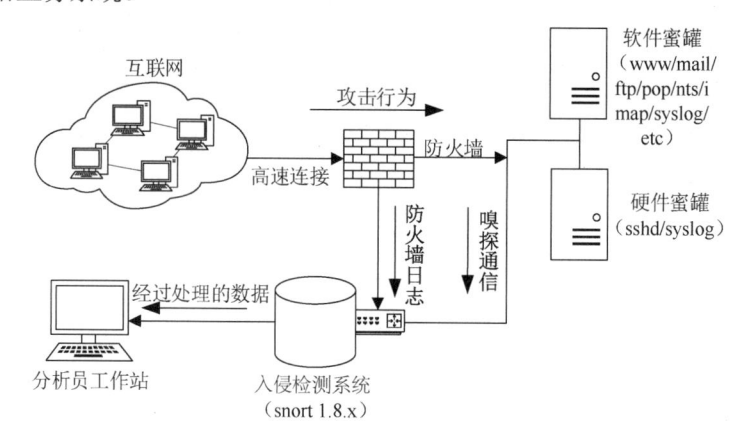

图 3-16 典型蜜罐系统的基本构成

(2) 提高数据收集和检测效率。

一般情况下,对正常主机的后台系统进行攻击时,攻击方会将攻击流量隐藏和淹没在合法流量中,而蜜罐可以最大限度地吸引攻击流量,并记录攻击行为。由于蜜罐自身不会采取任何主动行为,因此所有与其有关的连接都会被当作可疑行为并被记录下来,使用蜜罐可以有效降低误报和漏报的概率,简化检测和监控过程。

(3) 发现和识别未知的新型攻击。

蜜罐可为安全研究人员提供一个全程观测入侵行为和学习新型攻击的平台。当检测到攻击后,蜜罐能够按照预先设置的规则进行响应,通过模拟系统响应引诱攻击方做出进一步攻击,直至整个系统被攻陷。在此过程中,安全人员可以记录攻击方的攻击行为,重点关注蜜罐与攻击方之间的通信或者攻击方给蜜罐上传的后门或漏洞等,为识别和发现未知攻击,以及挖掘攻击方提供依据。

3) 蜜罐关键技术

蜜罐涉及的主要技术有网络欺骗技术、数据捕获技术、数据控制技术和数据分析技术等。

(1) 网络欺骗技术。

蜜罐运用系统漏洞、IP 地址空间及流量仿真等多种技术手段实施欺骗。系统漏洞欺骗通过模拟漏洞系统的端口和服务,诱导攻击者展开攻击,通过收集端口和服务的响应来获取信息;IP 地址空间欺骗借助计算机多宿主特性,为单一网卡分配多个虚假 IP 地址迷惑攻击者,使其误认为是存在可攻击的网络;流量仿真欺骗则是采用各类方式对网络流量予以实时复制与仿真,构建与真实网络环境流量极为相似的虚假网络,从而欺骗攻击者。

(2) 数据捕获技术。

数据捕获旨在捕捉并记录攻击者的行为,可通过主机捕获与网络捕获两种途径达成。主机捕获是从蜜罐主机处获取攻击者的行为信息,其特点是快捷简便,但易被攻击者察觉;

网络捕获是从构建的虚拟蜜罐网络获取攻击者行为信息,此方式不易被攻击者发现,但实施环境的构建较为困难。

(3) 数据控制技术。

数据控制通过对攻击者的行为进行监控和限制,来防止攻击者利用蜜罐对其他系统发起攻击或建立连接。蜜罐系统通常会采用防火墙控制和路由器控制两层数据控制方法。

(4) 数据分析技术。

数据分析是指对获取到的数据进行网络协议、攻击特征等的分析,提取出攻击模型或展示可视化攻击信息,为安全人员制定下一步的网络防御工作提供依据。

4) 蜜罐的分类

根据不同的应用需求,产生了不同类型的蜜罐,可根据使用目的、交互程度和实现方式等进行分类。

(1) 根据使用目的分类。

蜜罐根据使用目的可分为产品型蜜罐和研究型蜜罐。产品型蜜罐是指由网络安全厂商开发的商用蜜罐,主要目的是为企业或单位的网络系统提供安全保护。产品型蜜罐一般作为一种安全的辅助手段,用来辅助各种安全措施,以保障系统的安全,包括辅助入侵检测、减缓攻击破坏、犯罪取证和帮助安全管理员采取正确的响应措施。研究型蜜罐主要用于研究攻击方的活动,不仅要对攻击行为进行吸引、捕获、分析和追踪,还要了解新型攻击工具、监听攻击方的通信、分析攻击方的心理,从而掌握攻击方的背景、目的和活动规律等。

(2) 根据交互程度分类。

蜜罐系统根据交互程度可分为低交互蜜罐和高交互蜜罐。低交互蜜罐具有与攻击源主动交互的能力,一般通过模拟操作系统、网络服务甚至漏洞来实现蜜罐功能。攻击方可在仿真服务指定的范围内动作,仅与蜜罐进行一定程度的交互动作。高交互蜜罐能通过为攻击方提供逼近真实的操作系统和网络服务,复现一个全功能的应用环境,引诱攻击方发起攻击。高交互蜜罐一般由真实的操作系统和主机来构建,具有较高的交互能力,数据获取能力和伪装性能较强。

(3) 根据实现方式分类。

蜜罐根据实现方式可分为物理蜜罐和虚拟蜜罐。物理蜜罐是由一台或多台拥有独立 IP 地址和真实操作系统的物理机器所组成的蜜罐系统。物理蜜罐具有较高的逼真度,攻击者难以识别,可以捕获深层次的网络攻击,但需要较高的成本。虚拟蜜罐一般由虚拟机、虚拟操作系统和虚拟服务构建而成,仅能提供部分应用服务。与物理蜜罐相比,虚拟蜜罐开发和维护成本较低且容易部署;但其交互能力有限,对攻击者的引诱能力较弱。

3.3.4 入侵容忍技术

1) 入侵容忍技术简介

入侵容忍是"假定系统中存在未知的或未处理的漏洞,即使系统被入侵或感染病毒,其仍能最低限度地继续提供服务"。在实际的防御过程中，攻击阻止、漏洞修复和入侵阻止等传统防御方法都无法达到理想的阻断效果，入侵故障的发生不可避免，即传统防御方法无法阻止系统失效的发生。入侵容忍技术来源于容错技术，是对传统的入侵检测、多样化冗余和隔离等技术的综合，借鉴了容错技术的思想和技术手段来屏蔽入侵所导致的系统内部错误，以维持系统的正常运行。

通常入侵容忍系统的前端是入侵检测系统，后端部署了多个具有相同功能的执行体。当前端的入侵检测系统发现可疑威胁后，会将其转发到后端的冗余执行体中处理，并将多个数据结果统一输入到一个判决器中进行裁决。例如，基于大数判决输出多数一致的结果，进而屏蔽少数不一致的结果（在此过程中，认为不一致的结果是恶意执行体的篡改输出）。该机制可以容忍一定数量的执行体被恶意感染，从而提高系统的容错性。综上所述，入侵容忍系统先假定入侵者利用系统漏洞入侵系统并引发入侵故障，随后导致系统内部出现错误，但只要在错误引发系统失效之前触发容忍机制来避免失效，仍然可以持续对外提供正常或降级的服务。从上述过程中可以看出，入侵容忍系统的本质是容忍入侵导致的错误，而非阻止入侵，如图 3-17 所示。

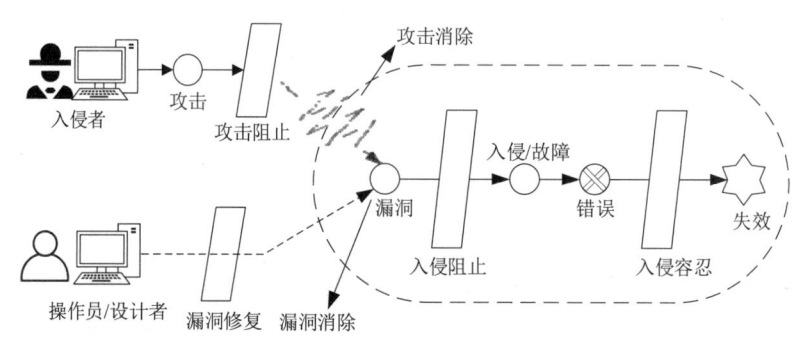

图 3-17 入侵容忍系统的本质

根据不同的应用场景，入侵容忍系统的结构也有所不同，本节以一个具有入侵容忍功能的 Web 服务系统为例进行分析和介绍。Web 服务系统包括防火墙、代理节点网络（包含一般代理节点、管理节点和裁决节点）、数据库和 Web 服务器等。其中，防火墙是基本网络防护模块，与入侵容忍系统配合使用；一般代理节点用于检测 Web 服务器的运行状态；管理节点用于接受所有的 Web 服务器响应，并依据表决方法来回复客户端；裁决节点对所有 Web 服务器的 SQL 查询请求进行一致性协商处理；数据库用于保存数据，当 Web 服务器有查询请求时，由裁决节点代理查询；Web 服务器用于支持 Web 服务应用运行。Web 服务系统的入侵容忍架构如图 3-18 所示。

2）入侵容忍技术的特点

入侵容忍技术设计的系统具备消除单点失效、抵制内部犯罪和权力分散的特点，以确保在面对攻击或入侵时避免系统失败，并持续为合法用户提供及时的服务。

（1）消除单点失效：消除单点失效是入侵容忍系统的关键特点之一，要求系统中的任何单一组件或节点的故障都不会导致系统的崩溃或服务的中断。入侵容忍系统不信任任何单一的系统，因为单一的系统存在被攻击者利用或被攻陷的风险。

（2）抵制内部犯罪：攻击是无法完全禁止的，而内部犯罪的根除更为困难。入侵容忍系统通过分散权力和预防技术上的单点故障，确保即使部分设备、局部网络或单个节点受到攻击或遭到犯罪行为，也不会导致系统的整体泄密或破坏。

（3）权力分散：入侵容忍系统通过在系统中分散权力和权限，确保没有任何单一设备或个人可以掌握特权。这种权力分散不同于传统的权限管理，是完全的权力分散。例如，入侵容忍技术中的保密机制与传统的存取控制有所不同，存取控制中通常存在着一些系统或设备具有高级别的权限，而入侵容忍系统中则不存在这样的设备。

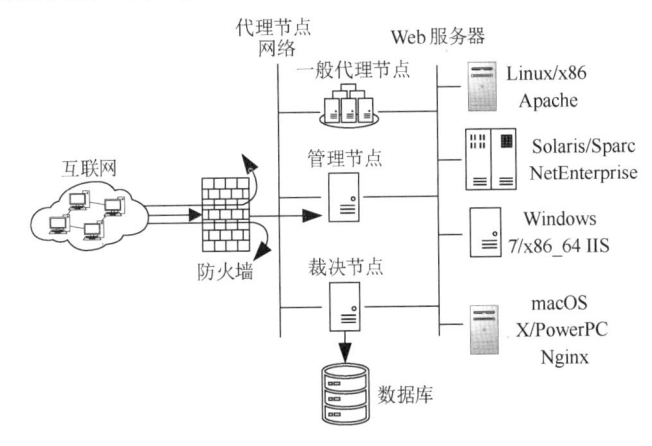

图 3-18 Web 服务系统的入侵容忍架构

3）入侵容忍关键技术

入侵容忍关键技术包括多样化冗余、表决输出、系统重构、系统恢复、拜占庭一致性协商机制和秘密共享等，如图 3-19 所示。

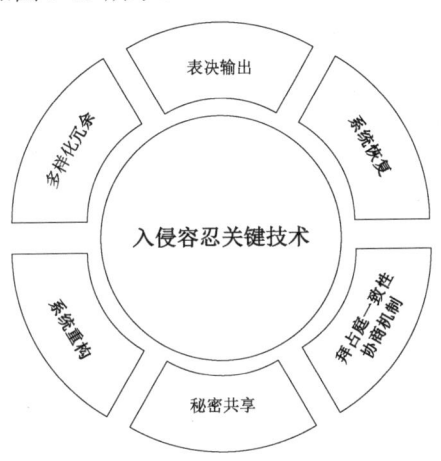

图 3-19 入侵容忍关键技术

（1）多样化冗余。

所谓多样化，既指硬件冗余、软件冗余等多种冗余方法的结合，也指同一种冗余方法中不同冗余部件或实现方式的结合。在入侵容忍系统的设计中，通常会采用多样化冗余技术增强系统的入侵容忍能力。在入侵容忍系统中，通常会对关键部件或者组件进行冗余备份，使系统在随机故障发生时仍能够继续工作，增强系统的可靠性。

（2）表决输出。

表决机制广泛应用于许多对可靠性有严格要求的容错应用系统，如有毒或易燃、易爆材料生产过程的控制系统、航空与铁路等交通基础设施的控制系统、核电站和军事相关的控制系统，以及关乎国计民生的基础信息系统等。在网络的入侵容忍系统中采用多样化冗余机制，通过对比冗余部件的输出，采取一定的策略来达成一致输出。

（3）系统重构。

系统重构本质上属于一种冗余管理方案，借助冗余软硬件资源与预先设定的组合方式，使系统在异常状况下实现自我恢复。若系统因故障、入侵等无法正常运作或存在较高风险，便可运用系统重构技术，重新调配系统内部结构与资源，以保障系统正常运行或提供安全的降级服务。

（4）系统恢复。

系统恢复是指对受黑客入侵修改的系统关键文件，或因计算机病毒修改注册表等而受影响的系统关键文件或部件进行恢复处理，使之重新发挥正常功能。

（5）拜占庭一致性协商机制。

拜占庭一致性协商机制，即对系统成员予以管理，借助成员间的信息交互，维持所有正常服务器的状态信息同步，且能包容被入侵篡改的恶意服务器所传播的虚假信息。依据所采用定时模型的差异，拜占庭一致性协商机制可划分为同步环境下的拜占庭一致性协商机制与异步环境下的拜占庭一致性协商机制两类。

（6）秘密共享。

秘密共享是指将一个秘密分配给多个参与者，在此过程中，规定只有部分满足条件的参与者能够还原初始秘密，而其他不满足条件的参与者则无法获取关于初始秘密的任何信息。秘密共享机制有效保证了入侵容忍系统中签名、密钥等敏感信息的安全性，被许多入侵容忍系统所采用。

3.3.5 可信计算技术

1）可信计算技术简介

可信计算属于主动应对攻击的防御体系，是一种运算和防护并存的主动免疫的新计算模式，计算过程全程可测、可控，不受干扰，同时能进行安全防护。可信计算类似于人体的免疫系统，具有状态度量、身份识别和保密存储等功能，能够及时识别出"自我"和"非自我"成分，并对入侵系统的有害物质进行破坏和排除。可信计算认为只有从整体上采取措施，才能有效地解决信息系统的安全问题，要从芯片、主板、硬件结构、基本输入输出系统（Basic Input Output System，BIOS）和操作系统等硬件底层做起，结合数据库、网络和应用进行设计。硬件系统和操作系统的安全是信息系统安全的基础，密码和网络安全等是信息系统安全的关键技术。

可信计算的基本思路是首先确立一个信任根,作为信任链的起点和基础;然后建立一条信任链,通过逐级认证和信任传递,将信任扩展至整个系统,从而保障整个计算环境的可信性。一个典型的可信计算系统由信任根、可信硬件平台、可信操作系统和可信应用系统组成,如图 3-20 所示。

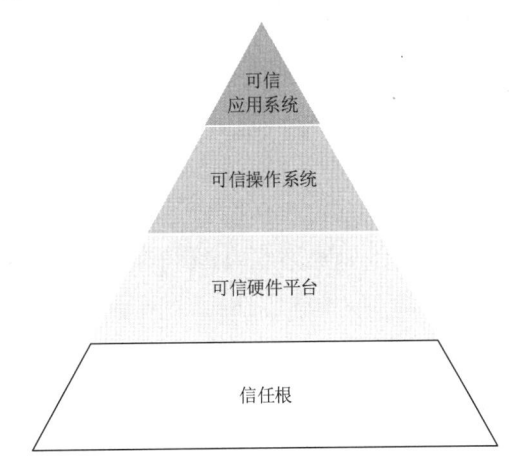

图 3-20 可信计算系统的结构

可信计算系统各结构的特性如表 3-4 所示。整个链条环环相扣,每部分都经过上一级的可信验证,所以由可信计算组成的信息系统的安全性大大提高。

表 3-4 可信计算系统各结构的特性

结构名称	特性
信任根	芯片级、底层、不可篡改。 片级硬件的不可篡改性,决定了其可以作为最高等级安全的基础
可信硬件平台	硬件安全模块扮演信任根的角色,是整个可信计算平台的基石
可信操作系统	操作系统经过硬件平台的认证
可信应用系统	应用系统经过操作系统的认证

2)可信计算系统的组成

(1)可信计算机硬件平台。

台式机、服务器和移动设备等计算平台作为组建信息基础设施的基本单元,其面临的网络安全风险不断攀升。可信计算机硬件平台是实现计算机终端安全和网终平台可信的根本保障,主要包括安全处理器(内置信任根)、可信 BIOS、可信 CPU 及支持云计算的可信平台控制模块(Trusted Platform Control Module,TPCM)、可信计算的安全芯片、安全外设等。可信计算机硬件平台能为固件层和操作系统等提供安全支持,支持密码运算、接口控制和处理器控制等常规安全功能,并具备片内安全、内核完整性度量、细粒度安全审查和安全删除等拓展功能。

(2)可信计算机软件平台。

可信计算机软件平台对上能保护宿主基础软件和应用的安全,对下能管理和承接可信平台控制模块信任链的传递,是可信平台控制模块操作系统的延伸。可信计算机软件平台在操作系统之上,在可信平台控制模块的支撑下,通过在宿主操作系统内部主动拦截和度量保护实现主动免疫防御的安全能力。

(3)可信网络连接。

不同终端设备通过网络连接都能实现系统之间端到端的通信,但网络连接难以掌握来访者的安全性,无法验证通信终端是否可信。可信网络连接(Trusted Network Connection,TNC)技术强调的是终端的安全接入,旨在解决网络环境中通信终端的认证和可信接入问题。可信网络连接技术能通过可信平台模块(Trusted Platform Module,TPM)对接入网络终端的完整性和安全性进行检测和掌握。在终端访问网络前,必须提供完整的信息并将其放在可信平台模块内,比较其完整性状态与预定的安全策略;若遵循安全策略,则允许终端访问该网络的安全域,否则拒绝和隔离终端的接入。

目前,在可信网络连接方面,应用较广的是可信网络连接技术。可信网络连接技术能通过将完整性校验与主机认证保证结合起来,实现终端接入的安全性,且支持匿名网络访问,能实现对连接终端的隐私保护。可信网络连接技术属于一种主动的网络访问控制方式,可以将大部分攻击隐患抑制在攻击发生前。典型可信网络连接框架从左向右分别为完整性度量层、完整性评估层与网络访问层。完整性度量层用于信息的收集和验证,完整性评估层负责接入者的身份和状态认证,网络访问层主要支撑传统的网络连接技术。典型可信网络连接框架图如图3-21所示。

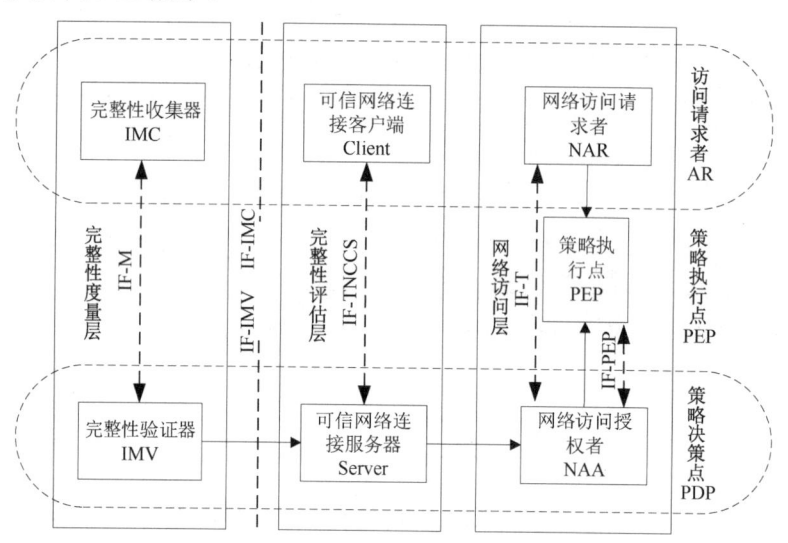

图3-21 典型可信网络连接框架图

3)可信计算关键技术

可信计算涵盖了多个技术层面,如硬件、软件及网络等,其中涉及的关键技术包括信任链传递技术、安全芯片设计技术、可信BIOS技术、可信计算软件栈和可信网络连接技术。

(1)信任链传递技术。

可信计算平台的核心机制之一是信任链传递,用于描述系统的可信性。系统信任链的传递可分为两个主要阶段：从硬件运行开始，直到操作系统启动完成；启动操作系统和执行应用程序。信任链传递技术能够有效地保证信息的完整性和真实性，确保该终端的计算环境任何时候都可以被信任。

（2）安全芯片设计技术。

安全芯片作为可信计算平台的模块，能够独立进行密钥生成和加解密操作，在整个可信计算机中起着核心作用。安全芯片由独立的处理器和存储单元组成，具有密码运算能力、密码存储能力和密码管理能力，能够永久保存用户的身份信息或密码信息。

（3）可信 BIOS 技术。

可信 BIOS 技术是将硬件设备与应用程序联系起来的枢纽，主要负责检测设备开机后各种硬件设备的初始化、引导和启动操作系统、提供中断服务、设置系统参数等操作，可直接控制计算机系统中的输入、输出设备。在高可信计算机中，系统的物理信任根由 BIOS 和安全芯片两者共同构成。

（4）可信计算软件栈。

可信计算软件栈是可信计算平台的关键软件，其作用是为应用软件提供可信计算平台的接口，以提升操作系统和应用程序的安全性。可信计算软件栈具有为应用软件提供可信计算模块接口、实现数据的私密性保护、平台识别和认证、实现统一调度和管理可信计算模块硬件资源等功能。

（5）可信网络连接技术。

可信网络连接技术是对可信平台应用的扩展，主要解决网络环境中终端平台的可信接入问题，在终端平台接入网络之前，对用户的身份进行认证。认证完成后，首先针对终端平台展开身份认证，然后对终端平台实施受信任状态度量，最后对比该度量结果与网络连接安全性原则是否相符。若相符，则准许终端连接网络；若不符，则先将终端连接至指定隔离区，再对其安全性加以修补与更新。

3.3.6 移动目标防御技术

1）移动目标防御技术简介

移动目标防御（Moving Target Defense，MTD）是美国国家科学技术委员会（National Science and Technology Council，NSTC）于 2011 年提出的。移动目标防御的目标不在于创建一个毫无漏洞的系统来抵御入侵，而是建立一个动态的、随机的和多样化的网络，通过持续改变系统配置来控制攻击平面的变化，从而降低网络的漏洞暴露概率。移动目标防御旨在增加系统的不确定性、复杂性和不可预测性，以进一步提高攻击者的攻击难度。移动目标防御理论框架是一个动态调整系统，通过将物理网络映射到逻辑任务模型，调整引擎获取当前状态，并由配置管理生成新的适应性状态，分析引擎监测物理网络的实时事件，并利用传统防御机制进行漏洞分析，由逻辑安全模型生成逻辑安全状态，并通过闭合自反馈系统发送给调整引擎。移动目标防御理论框架如图 3-22 所示。

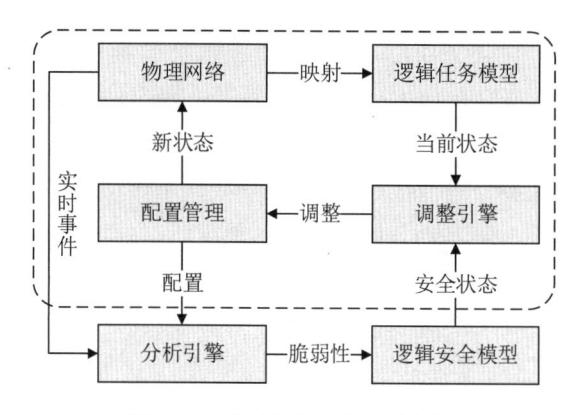

```
          物理网络  ——映射——  逻辑任务模型
            ↑                      ↓
          新状态                  当前状态
   实时     ↓                      ↓
   事件   配置管理  ←—调整——   调整引擎
            ↓                      ↑
           配置                  安全状态
            ↓                      ↑
          分析引擎  ——脆弱性——  逻辑安全模型
```

图 3-22　移动目标防御理论框架

移动目标防御是一种新型的保护方式，其核心理念是通过不断转移攻击面，增加攻击者对系统的攻击难度。移动攻击面具有动态性、随机性与多样性特征，即被攻击的系统资源处于持续变动之中，涵盖资源总量及资源收益成本差值。防御方的策略在于缩减攻击面规模或降低新旧攻击面重叠部分的收益成本差值。如图 3-23 所示，防御方若转移攻击面，则原本有效的攻击（如攻击 2）便会失去效力，迫使攻击者耗费更多成本去探寻新攻击面（如攻击 4），进而提升攻击者实施攻击的难度与成本。

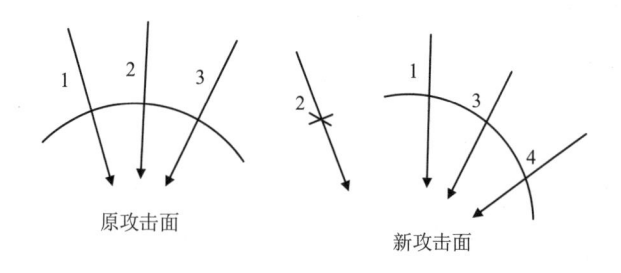

图 3-23　移动攻击面原理

2）移动目标防御技术的特征

移动目标防御具有三大特征，分别是动态性、多样性和随机性。这些特征是移动目标防御的核心原则，也是其能够提供高效、灵活和智能化防御的关键。

（1）动态性。

动态性是指当系统资源具有冗余时，动态地改变系统组成结构或运作方式，以创造动态变化的系统攻击面。其核心在于改变系统原有的静态特征，通过动态变化扰乱对方的攻击链，弱化攻击效果。

（2）多样性。

多样性是指采用不同的方法实现相同的功能，以防止相同的漏洞在功能相似的组件中出现。通过多样性可以改变目标系统的相似性这一被动条件，使得攻击者不能借鉴其攻击某目标的成功经验来攻击后续的相似目标，有助于阻止攻击造成的损害快速蔓延。

（3）随机性。

随机性是指在维持系统正常功能的同时，在被保护系统的内部状态中引入不确定性，增强系统的不可预测性。引入不确定性的方式可以是随机选择和应用移动目标防御策略，或者是系统在不同时间应用不同的配置等。通过引入不确定性手段，系统可以在一定程度上增强自身的防御能力，提高攻击者获取系统状态信息的难度。

移动目标防御通过其动态性、多样性和随机性的特征，积极主动实现目标，包括设计在危险环境下仍能可靠运行的系统；增加攻击方实施攻击的代价；变被动防御为主动防御；开发可阻断攻击的移动目标防护机制，且不影响正常用户使用；开发针对各种攻击和破坏行为的最优移动目标防御机制。

3）移动目标防御技术的分类

移动目标防御技术按照系统执行栈层次的不同可分为动态数据防御技术、动态软件防御技术、动态运行环境防御技术、动态系统平台防御技术及动态网络防御技术。

（1）动态数据防御技术。

动态数据防御技术通过改变应用程序数据的内部或外部表现形式，包括数据格式、编码等，使攻击者无法以常规的方式进行攻击，从而保护系统的安全，常用的技术是数据随机化。数据随机化技术旨在通过对数据访问和存储进行随机化处理，隐藏用户访问数据的模式，从而提高数据存储的安全性，用户的重要数据和隐私数据通常会通过加密的方式存储，以确保数据的机密性。

（2）动态软件防御技术。

动态软件防御技术旨在增加攻击者分析软件漏洞的难度，这是通过在软件的开发、编译和执行过程中，利用多样化和随机化技术构建多个具有相同功能但结构不同的软件体来实现的。动态软件防御技术主要包括代码序列随机化、编程语言转换等。代码序列随机化是一种防御代码复用攻击的方法，通过对代码中的函数块的随机变换，使攻击者无法预测和利用代码的行为；编程语言转换是指转换程序或应用的开发语言以抵御代码注入攻击和SQL注入攻击。

（3）动态运行环境防御技术。

动态运行环境防御技术是指在程序运行中动态改变执行环境配置（动态运行环境），阻止攻击方利用应用程序中的漏洞攻击主机，具体包括程序执行所依赖的软硬件、操作系统和配置文件等。动态运行环境防御技术主要包括地址空间随机化和指令集随机化。地址空间随机化是指通过动态改变二进制执行程序在存储器中的位置，导致依赖目标位置信息的攻击失效；指令集随机化是指通过引入加密、解密等机制，对操作系统层、应用层或硬件层等的二进制执行代码进行随机化，使攻击方难以预测程序的具体运行方式。

（4）动态系统平台防御技术。

动态系统平台防御技术通过创建和部署各种不同的运行平台，并在运行时动态伪随机地改变这些平台，以增加平台的多样性和不确定性，可以有效地缩短特定平台暴露给攻击者的时间，从而提高攻击者的攻击难度。常见的动态平台防御技术为操作系统多样化。操作系统多样化是指动态地变换操作系统，使得对于特定操作系统的漏洞攻击全部失效。

(5)动态网络防御技术。

动态网络防御技术在网络层面采用动态防御策略,涵盖网络协议、网络端口、网络地址和逻辑网络拓扑等方面。从网络攻击的角度来看,攻击者需要先获取目标的网络地址、网络端口、业务等相关的信息,然后才能发起攻击。在攻击者侦查过程中,网络通过引入动态化、虚拟化、随机化等手段改变自身,对攻击者的侦查进程进行有效干预,使侦察信息具有不确定性,大大提高攻击方进行网络探测和基于网络攻击的难度,不利于对方在后续攻击中做出正确决策。

3.4 网络弹性技术

3.4.1 网络弹性的概念

由于潜在安全威胁的不可预测性、高度不确定性和快速演变的特性,要保证网络空间绝对安全或者"不破防"是不现实的。在日益复杂的网络攻击面前,网络安全的工作重点应从阻止网络事故的发生转向缓解事故带来的危害;应从抵御攻击转变为保障业务的连续性和可用性,使系统拥有快速恢复的能力,尽可能维持业务的正常运营,网络弹性(Cyber Resilience)概念应运而生。

网络弹性是指使用由网络资源启用的系统,在其处于负面条件时,进行预测、承受、恢复和适应的能力。网络弹性旨在使依赖网络资源的任务或业务目标,能够在被攻击的网络环境中继续运行。网络弹性具有四个主要特征:(1)聚焦于任务或业务能力;(2)聚焦高级持续性威胁攻击的影响;(3)假设对手必将攻陷系统;(4)假设对手长期存在于系统中。

网络弹性可以应用于不同的领域,包括云计算和分布式系统、大数据处理、物联网、容器化和微服务架构、应用程序和边缘计算等。

(1)云计算和分布式系统:在云环境下,网络弹性技术对于自动扩展、负载均衡和容错处理非常关键,通过动态分配资源和自动调整网络拓扑,确保系统在面对不断变化的工作负载时保持稳定和正常性能。

(2)大数据处理:大数据系统通常需要处理海量的数据和复杂的计算任务,网络弹性技术可以确保数据的高可靠性、可用性和传输效率。

(3)物联网:物联网系统中存在大量的设备和传感器,通过网络相互连接并交换数据。网络弹性技术能够确保物联网系统的稳定性,防止因设备故障或网络拥塞导致的数据丢失或延迟。

(4)容器化和微服务架构:容器化和微服务架构的兴起使得应用程序的部署和管理更加灵活和高效,但也增加了网络复杂性。网络弹性技术可以帮助在容器集群和微服务之间实现负载均衡与故障恢复。

(5)应用程序:包括各种Web应用、移动应用和在线游戏等。网络弹性技术可以保证这些服务在面对高并发访问时依然能够保持稳定的响应速度和用户体验。

（6）边缘计算：边缘计算环境中的节点分布广泛，网络连接不稳定且延迟较高。网络弹性技术能够帮助边缘节点在不稳定的网络环境下进行有效的通信和协作。

3.4.2 网络弹性技术优势

传统的网络安全技术主要关注的是预防和抵御网络攻击，保护网络中的数据和服务不受威胁。这涉及使用防火墙、加密、身份验证、入侵检测系统等技术来防止未授权访问、数据泄露，以及其他类型的网络攻击。传统网络安全技术的目标是防止攻击发生，如果发生攻击，则尽可能减小攻击的影响。网络弹性侧重于构建具有自我修复和自适应能力的网络架构，使网络能够在面对攻击或故障时快速恢复并适应新的环境。网络弹性可以减少因网络故障或攻击而导致的服务中断和数据丢失，提高网络的灵活性和可管理性，降低网络维护成本、提高服务质量和用户满意度。

如前所述，网络弹性是指网络在面临攻击或者其他不利情况（如设备故障、自然灾害等）时，能够维持其关键功能，或者在攻击后能够快速恢复的能力。网络弹性的关键是设计和实施一种能够适应和恢复的网络架构，这可能涉及负载均衡、冗余设计、故障切换、灾难恢复等措施。网络弹性是现代网络架构设计中至关重要的一部分，具有许多技术优势，主要包括容错性、自愈性、动态路由、弹性扩展和安全防护。

（1）容错性：通过使用冗余设备、链路和服务，实现故障容忍和自动切换功能。当某个节点或链路发生故障时，可以自动切换到备用节点或链路上，避免中断和数据丢失，保证网络的连通性和可用性。

（2）自愈性：通过自动检测和修复网络故障，减少人工干预和修复时间。网络设备和系统可以实时监测和分析网络状态，一旦发现异常情况，就可以自动进行故障诊断和修复，恢复网络的正常运行。

（3）动态路由：采用动态路由协议，根据网络状况和负载情况动态调整路由选择，实现负载均衡和流量优化。当某个路径出现拥堵或故障时，可以自动选择其他可用路由路径，保证数据的快速传输和服务的可靠性。

（4）弹性扩展：通过采用虚拟化技术和云计算技术，实现网络资源的弹性扩展。根据实际需求，可以动态调整网络带宽、存储容量和计算资源，满足不同业务需求和流量峰值，提高网络的灵活性和适应性。

（5）安全防护：通过使用防火墙、入侵检测系统等技术手段，保护网络免受攻击和威胁。同时，及时发现并应对网络安全事件，保护网络资源和用户数据的安全性。

3.4.3 网络安全框架

美国国家标准与技术研究院在网络安全领域提出了网络安全框架，旨在帮助组织改善保护网络安全的能力，提高对网络安全风险的应对能力，网络安全框架将弹性机制分为五类：识别、保护、检测、响应和恢复，如图 3-24 所示。

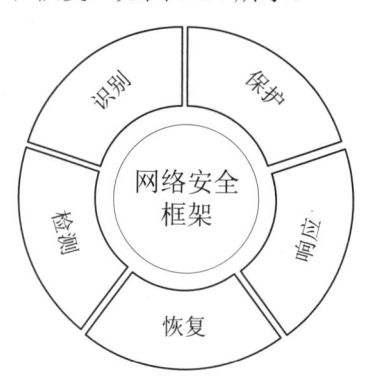

图 3-24 网络安全框架

（1）识别：为了防范网络攻击，网络安全团队需要深入了解组织中最重要的资产和资源。识别功能包括资产管理、业务环境、治理、风险评估、风险管理策略等。

（2）保护：保护功能涵盖了许多技术和物理安全控制举措，用于开发和实施适当的保障措施及保护关键基础架构。其具体类别包括身份管理和访问控制、意识和训练、数据安全、信息保护流程和程序、维护和保护技术。

（3）检测：检测功能实时向组织发出网络攻击警报。检测类别包括异常和事件、持续安全监视和检测过程。

（4）响应：响应功能类别可确保对网络攻击和其他网络安全事件做出适当的响应。其具体类别包括响应规划、通信、分析、缓解和改进。

（5）恢复：一旦出现网络攻击、安全漏洞或其他网络安全事件，恢复功能就会实施网络安全永续计划，确保业务连续性。恢复功能包括恢复计划改进和通信。

3.4.4 网络弹性设计原则

网络弹性设计原则直接指导网络弹性系统的架构和设计。网络弹性设计原则包括保持态势感知、充分利用运行状况和状态数据、确定持续的可信度、扼制和排除行为、保持冗余、改变或破坏攻击面、创造对用户透明的欺骗效果和不可预测性等。

（1）保持态势感知：包括对可能的性能趋势和异常现象的感知，为有关网络行动指南的决策提供信息，以确保任务完成。

（2）充分利用运行状况和状态数据：健康和状态数据可用于支持态势感知，指示潜在的可疑特性及预测、适应不断变化的操作需求。

（3）确定持续的可信度：对数据、软件的完整性或正确性的定期或持续核查会增加攻击者修改数据、功能或制造数据所需的工作量。

（4）扼制和排除行为：限制可以做什么及可以在何处采取行动，可以降低危害或中断攻击在组件或服务之间传播的可能性。

（5）保持冗余：冗余是许多弹性策略的关键，但随着配置的更新，冗余会随着时间的推移而减少。

（6）改变或破坏攻击面：攻击面的破坏会导致攻击者浪费资源，对系统或防御者做出错误的假设。

（7）创造对用户透明的欺骗效果和不可预测性：欺骗和不可预测性可成为对抗攻击的高效技术，导致攻击者暴露其存在。

3.4.5 网络弹性系统框架

网络弹性系统框架以风险管理策略为导向和出发点，系统工程师根据组织的风险管理策略，通过分析风险、特定威胁事件或恶意网络活动类型可能造成的潜在影响确定网络的弹性解决方案顶层目的优先级，并逐层分解为一系列需求目标、子目标和活动或能力，然后在网络弹性策略和设计原则指导下，针对每个活动、能力选择合适的技术和方法，如图 3-25 所示。

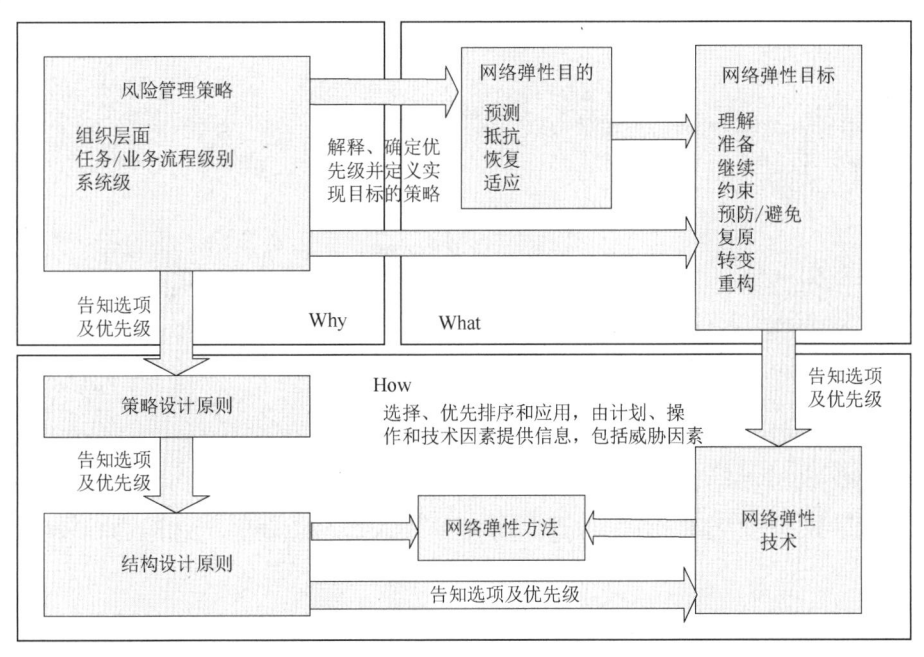

图 3-25 网络弹性系统框架

网络弹性系统框架包括网络弹性目的、网络弹性目标、网络弹性技术和方法及网络弹性设计原则等。

（1）网络弹性目的：用于描述关注的更高级目标或优先级，包括预测、抵抗、恢复和适应。

（2）网络弹性目标：为了实现任务保障和弹性安全需求，在操作环境和整个生命周期中必须达成一系列可操作的具体目标，如理解、准备、继续、约束、预防/避免、复原、转变和重构。

（3）网络弹性技术和方法：一组或一类技术和实践，旨在实现网络弹性目标，包括自适应响应、分析监测、情境感知、协调保护、多样性、动态定位、非持久性、权限限制、重组、冗余、分割、完整性验证、不可预测性和欺骗等。

（4）网络弹性设计原则：识别战略和框架中的关键概念，并详细描述其流程和程序。

3.5 拟态防御技术

3.5.1 基于内生安全机制的主动防御

传统的网络安全思维方式与技术路径，被局限于"尽力而为，问题归零"的惯性思维。在这种思维模式下，网络安全的保护主要侧重于挖掘漏洞、打补丁、查杀病毒、设置蜜罐和布置沙箱等附加式防护措施。传统的内置层次化安全组织结构虽然旨在引入安全功能，但在这个过程中往往会导致新的内在安全隐患的出现。尽管加密算法本身可能是安全的，但在应用和执行这些算法的软件和硬件环境中，可能存在着漏洞或其他安全隐患。内生安全机制通过实时监测和分析、自动化响应和应对、漏洞修复、持续改进和学习等手段，提高系统对安全威胁和风险的预防和应对能力，从而保障系统的安全和稳定运行。

1）实时监测和分析

内生安全机制通过建立实时监测和分析系统，能够不断监测系统活动和事件，以及时发现潜在的安全威胁和异常情况，如异常的登录尝试、恶意软件的传播等。这种实时监测可以覆盖各个系统层面，包括网络流量、系统日志、用户行为等。

2）自动化响应和应对

内生安全机制支持自动化的响应和应对措施，能够实现对安全威胁的快速应对和遏制。一旦系统监测到异常事件，内生安全机制就可以自动触发预设的应对措施，以减轻或消除安全威胁的影响。应对措施可以包括自动阻断攻击流量、自动隔离受感染的设备、自动修复系统漏洞等。

3）漏洞修补

内生安全机制可以帮助系统及时发现和修复存在的漏洞和弱点。通过建立漏洞扫描和补丁管理系统，可以定期对系统进行漏洞扫描和评估，及时发现系统中存在的漏洞，以消除潜在的安全风险。

4）持续改进和学习

内生安全机制强调持续改进和学习，通过定期进行安全演练和模拟攻击，发现系统中的安全漏洞和弱点，并及时改进和加强安全防护措施。持续改进和学习的过程可以帮助系统不断提高应对安全威胁的能力，持续保持对安全威胁的警惕性。

3.5.2 拟态防御技术简介

网络空间拟态防御（Cyberspace Mimic Defense，CMD）是针对网络空间中潜在的未知漏洞和软件后门而提出的一种新型主动防御技术，由我国工程院院士邬江兴提出。网络空间拟态防御采用动态异构冗余（Dynamic Heterogeneous Redundancy，DHR）的系统架构与运行机制，在基本运行环境存在一定"有毒带菌"的状况时，采取沙滩建楼方式构建具备内生机理安全、风险可控且可信的系统，以此达成主动防御目的。相较于传统的防火墙技术、入侵检测技术等，拟态防御技术依靠的是自身结构产生的内生安全效应，不依赖于对漏洞后门等网络威胁特征的掌握，从根本上破除了传统防御手段依赖准确的先验知识这一桎梏。因此，拟态防御技术提供的安全防护能力具有普适性。

拟态防御技术借助于系统架构技术，化解了拟态防御领域中因未知漏洞、后门或病毒、特洛伊木马等带来的不确定威胁，为应对此类威胁开辟了一条"改变游戏规则"的新路径，其核心思想涵盖动态性、异构性与冗余性。

（1）动态性：通过持续变更系统对外呈现的形式，使攻击者难以预估系统的真实状况，进而减小攻击者借助漏洞直接攻击系统的概率。常用的实现手段有访问负载均衡、时间轮转调度及流量迁移等，上述手段在系统运作时依据特定策略促使服务、数据与流量等要素动态化，让原本静态的流量访问拥有动态特征，以此提升系统的安全性。

（2）异构性：秉持相异性设计理念，通过构建功能相同但构成原理不同的软硬件执行体环境，以此减小异构体存在共生漏洞与相同后门的概率，保证同一种攻击无法使两个执行体同时失去效用。

（3）冗余性：通过引入多个异构执行体，并利用多模裁决机制对其输出结果进行比对，以验证系统是否受到攻击。

拟态防御虽然能提高系统的安全性，但是也会带来一定的成本和开销，主要体现在动态的代价、异构的代价和冗余的代价三个方面。

1）动态的代价

拟态防御中的调度器会根据系统的反馈来对执行体集合进行相应的调度，调度结果会使得目标对象呈现出"测不准"属性。拟态防御应用中的呈现、迁移、转换都需要进行专门的资源配置来处理，所以应该适当地减少系统的调度过程，以降低系统的开销。

2）异构的代价

拟态防御的异构性涉及引入多样化的异构功能等价体，以增强系统的安全性，然而实施异构性需要投入额外的成本和资源，包括技术集成的成本、管理和维护的成本及性能和资源消耗的成本。尽管异构性可以提高系统的安全性，但在实际应用中需要权衡成本与收益，有针对性地选择系统中的薄弱点和关键路径进行异构配置。

3）冗余的代价

拟态防御架构需要配置异构冗余的执行体，这会导致成本和开销随冗余度的增加呈线性增长关系。目标对象中多模余量越大,设备开发、生产成本、运行成本及功耗就会随之成倍增加。

3.5.3 拟态防御系统架构

拟态防御作为一种内生安全机制,适用于网络空间中具有函数化的输入、输出关系或满足 Input-Process-Output 模型的场合,如网络路由器、交换机、域名服务器、Web 服务器和邮件服务器等信息基础设施。拟态防御的前提是相关功能的实现方法或算法满足多元化或多样化处理的技术条件,即能够提供多种异构功能等价执行体。拟态防御的功能模块如图 3-26 所示。

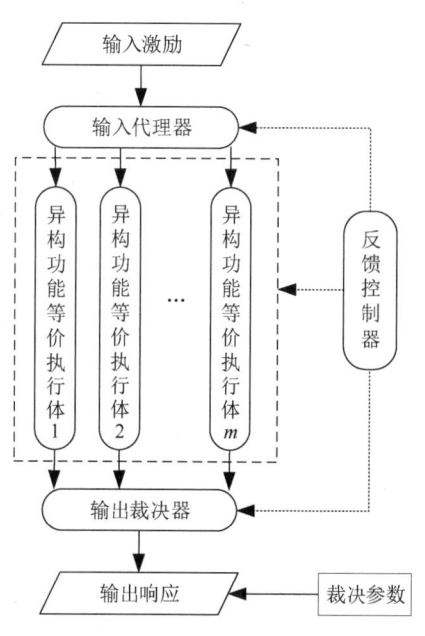

图 3-26 拟态防御的功能模块

输入代理器与输出裁决器覆盖区域的边界称为拟态界,拟态界由若干组针对给定功能完全等价的执行体构成。当收到输入激励时,输入代理器将其分发至各执行体,由各执行体并发执行,并将执行结果输出至输出裁决器;输出裁决器依据裁决策略,输出最为可信的结果,同时判定某个(些)执行体是否存在异常,对于出现异常的执行体,设计反馈控制机制,后续可以执行异常执行体清理和轮换调度,从而保证每个在线运行的等价执行体都是相对"干净"的,即执行体是安全可靠的。

3.5.4 拟态防御核心技术

拟态防御技术内涵丰富,功能实现复杂,拟态防御核心技术涵盖了拟态裁决(Mimic Ruling,MR)机制、多维动态重构(Multi-dimensionality Dynamic Reconfiguration,MDR)机制、执行体清理与恢复机制、反馈控制机制和去协同化机制等。

1）拟态裁决机制

拟态防御机制中将基于多模输出矢量的策略性判决和归一化桥接等功能统称为"拟态裁决"。拟态裁决有两种功能：其一为多模裁决，即采用多数投票形式输出结果，在多模态输出的矢量出现不一致时，开始清洗、恢复、替换、迁移、重构及重组等操作，且依据异常频率调整各执行体的置信记录。若多模态输出的矢量全然不一致，便会触发策略裁决功能。策略裁决依照预先设定的策略对多模裁决结果予以分析与决策。

2）多维动态重构机制

多维动态重构机制是指依据多维度策略，动态调度拟态界内的异构执行体集合投入服务，以增强执行体的不确定性，造成攻击者对目标场景的认知困境。多维动态重构机制具有两大功能意义：一方面，持续改变拟态范畴内运行环境的差异性，以此破坏攻击的协同性及攻击经验或阶段性探测成果的可继承性；另一方面，借助重构、重组、重定义等方式，对目标系统中的软硬件漏洞后门加以变换，或使其丧失可利用性。

3）执行体清理与恢复机制

执行体清理与恢复机制用来处理出现异常输出矢量的执行休，主要有两类方法：一是重启"问题"执行体；二是重装或重建执行体的运行环境。一般来说，拟态界内的执行体应当定期或不定期地执行不同级别的预清洗或初始化操作，或者重构与重组操作，以防止攻击代码长期驻留或实施基于状态转移的复杂攻击行动。一旦发现执行体输出异常或运转不正常，就及时将其从可用队列剔除并做强制性的清理或重构操作。

4）反馈控制机制

反馈控制机制是拟态系统建立问题处理闭环和自学习能力的关键。拟态系统在运行过程中，由输出裁决器将裁决状态信息发送给反馈控制器，在确认存在异常的情况下，反馈控制器根据状态信息形成两类指令：一是将变更输入分发的指令发送给输入代理器，以引导外部输入信息到指定的执行体中，实现动态地选择执行体，组成持续呈现变化的服务集；二是发出重构执行体的操作指令，用于确定重构执行体及发布重构的策略。

5）去协同化机制

基于目标对象漏洞、后门的利用性攻击可以视为一种"协同化行动"，恶意代码的设置也要研究目标对象及其具体环境中是否能够被隐匿地植入，如何不被甄别，以及使用时如何不被发现等问题，这也是"协同化"的一种体现。实际上，防御者只需要在处理空间、敏感路径或相应的环节中，适当增加一些受随机性参数控制的同步机制，或者建立必要的物理隔离区域，即可在不同程度上瓦解或降低漏洞后门的利用性攻击效果。因此，去协同化机制的核心目标就是防范渗透者利用可能的同步机制实施时空维度上协同一致的同态攻击。

3.5.5 内生安全机制

基础设施包括能源供应系统、交通运输网络、信息网络、金融系统等，是国家经济平稳、社会安全和稳定的支柱。基础设施的正常运行对国家的发展和人民的生活至关重要。

尽管信息网络不断升级，但其固有的安全问题依然存在，给基础设施的发展带来了潜在的风险，若该潜在风险得不到解决，就可能演变成为严重的安全威胁。网络安全的根本问题在于内生安全问题，虽然网络空间安全问题表现出各种不同的形态，但其根源却是系统的先天缺陷和软件漏洞等。各类信息系统、控制设备的软件、硬件都不可避免地存在着各种设计上的缺陷，这些缺陷往往成为黑客攻击信息系统的途径。一方面，目前的科技水平尚不能彻底消除由设计缺陷引发的漏洞问题；另一方面，基于相对优势分工的全球化格局，导致单个国家无法完全掌控信息技术产业链，这也意味着漏洞后门问题几乎不可能完全消除。

内生安全问题需要用新思路破解。传统网络安全防御范式的思维视角是"亡羊补牢"的被动防御、"封门补漏"的方法论和"尽力而为"的实践规范。在此背景下，网络空间内生安全技术应运而生，其可在缺乏攻击者先验知识与行为特征的情况下，有效察觉、遏制并控制由传统及非传统安全威胁所致的确定性或不确定性干扰。内生安全技术的诞生让传统以软硬件脆弱性或漏洞后门为基础的攻击理论与方法失去作用，从而达成对基础设施的自主掌控，寻求到安全可信的解决办法。

因此，基础设施的发展不仅需要引入新思路、新体系、新技术和新领域，更为关键的是要依赖能够改变游戏规则的网络安全技术来提供保障，避免再次陷入危机，也就是避免"在别人的墙基上盖房子"。内生安全作为我国首创并受到全球关注的新安全理论与技术体系，有望应对网络空间安全的多重挑战，并为国家的网络安全战略提供强有力的支持和保护。

第4章 数据安全

4.1 数据的概念及属性

4.1.1 数据的定义

"数据"一词最早出现在拉丁语中,其最初的含义为"给予的事物"。之后,随着科学技术的发展和人类认知的演进,"数据"一词逐渐进入其他语种,并被应用于更多的领域,在特定背景下,数据被用来表示信息的数字、字符或其他能被计算机处理的符号集合,对现实世界事物属性的记录,可以是量化的数值、文字描述、图像、声音等多种形式。随着社会的发展,数据的作用越来越被重视,其不仅是科学研究的基础,也是经济活动、社会管理和日常生活中决策的重要依据。

数据的含义随着时间推移而发展:(1)古典时期:"数据"一词主要用于哲学和逻辑学领域,指代给定的、已知的前提或论据;(2)科学革命时期:随着实验方法和观测技术的发展,"数据"开始被用来描述科学实验和观测中收集到的具体事实和数字;(3)信息时代:进入20世纪后半叶,随着计算机和互联网技术的飞速发展,数据的概念得到了极大的扩展。数据不仅包括文本、数字,还包括图像、视频、声音等多种形式,成为信息技术领域的核心概念;(4)人工智能时代:随着人工智能、大数据技术的兴起,"数据"开始被看作可以从中提取价值、洞察和知识的重要资源,数据分析、数据挖掘等成为热门领域。

1)数据特殊的资源属性

数据资源作为新型资源,具有以下区别于传统资源的特性。

(1)无形性:非物质性和无形性使得数据资源被传统物权所排斥,因此无法成为传统物权的客体。基于此,数据资源可以被他人近乎零成本、快速地、无次数限制地复制,可以跨越时空限制而为社会公众所共享、共用,且不会发生有形的损耗。

(2)可变性:数据资源形成和流通的过程意味着数据资源处于变化之中。同时,数据流通过程中的每一个事物特征和活动状态也都可能形成新的数据资源。此外,数据资源也会基于市场主体的不同需求,或者数据生命周期而发生相应的变化。

(3)共享性:具体指的是多个用户能够一起分享计算机数据库中的数据资源,而且不受程序的限制，可以对数据库中的数据进行自由使用。在相同的时间内，相同的数据能够同时被多个人采用，从而实现数据的高效利用，提升工作效率。

2）数据与信息关系

数据是构成信息的原料，而信息则是数据经过加工、组织和解释后的产物，数据和信息之间的关系是递进和互补的。在"数据-信息-知识-智慧"（Data-Information-Knowledge-Wisdom，DIKW）金字塔模型中，数据本身是无意义的原始事实记录，只有经过主体使用、分析和提炼，才会生成对人类有用的、具有特定功能的信息。"数据-信息-知识-智慧"金字塔模型如图4-1所示。数据与信息二者之间的关系如下。

（1）数据是信息的构成要素：信息是由数据组成的，没有数据就无法形成有意义的信息。数据提供了信息所需的基本素材，是信息的基础和来源。

（2）数据是信息的表现形式：数据通过能书写的信息编码表示信息，是信息的一种表现形式。数据可以是数字、文字、图像、声音等。

（3）数据是信息的载体：信息是数据的内涵和意义，数据则是信息的载体。数据可以被记录、存储和处理，从而提取出更深层的信息。信息是通过对数据的加工和转化得到的有用内容。

（4）数据与信息的相互转化：数据经过加工处理后可以成为信息，而信息也可以经过数字化转变成数据以进行存储和传输。数据和信息之间的转化是一个相互依存的过程。

（5）数据和信息的质量关系：数据的质量直接影响到信息的质量。如果数据不准确、不完整或存在噪声，那么从中提取的信息也将是不可靠的。因此，在数据处理和信息提取过程中，需要保证数据的质量和准确性。

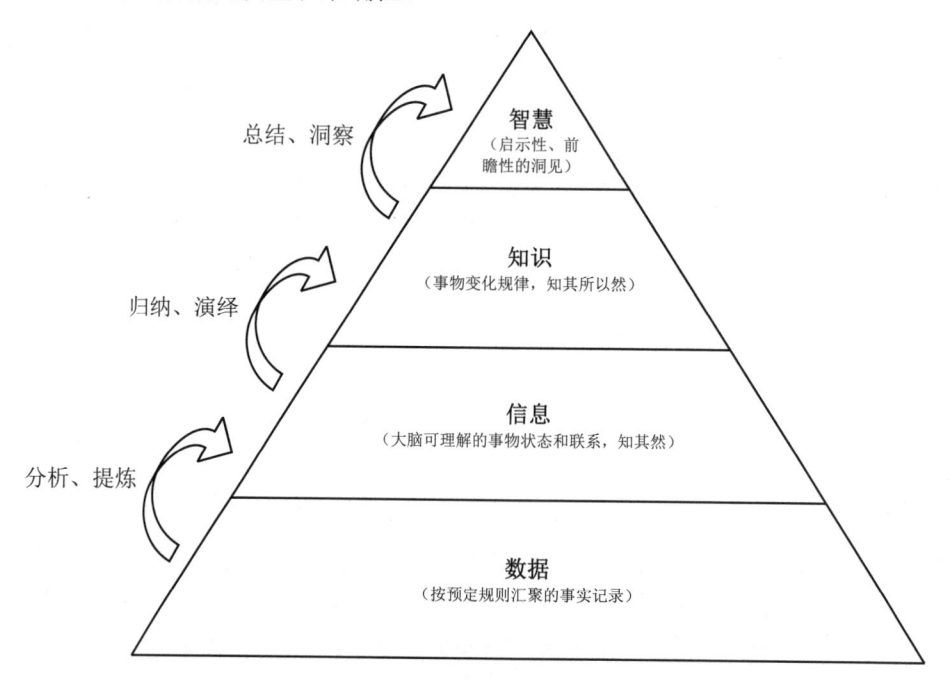

图4-1 "数据-信息-知识-智慧"金字塔模型

4.1.2 数据的特征

数据作为现代社会中不可或缺的资源，其核心属性和价值体现在虚拟性、量化性、时效性、完整性、可存储性、可处理性和价值性等方面。数据的特征如图 4-2 所示。

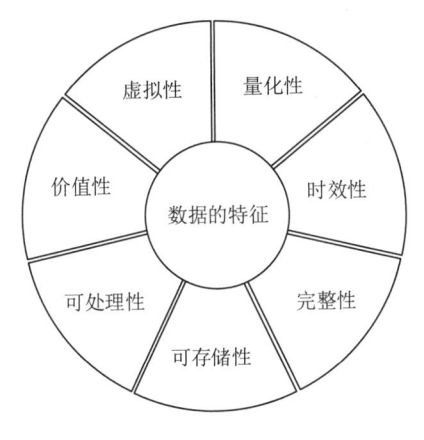

图 4-2 数据的特征

1）虚拟性

数据是虚拟的，不是物质实体，而是以电子信号的形式存在的。数据可以在计算机系统中经历生成、传输、存储和处理等虚拟过程。数据的虚拟性使得数据可以被快速复制、传输和共享，同时给数据的保护和管理带来挑战。

2）量化性

数据的量化性是指数据可以被度量或计数，并以数字形式表达的特性。例如，数字形式的数据，如温度读数、销售额等；可以转换为数值的定性数据，如调查问卷中的满意度评级，都体现了数据的量化性。量化的数据以数字形式存在，使得数据易于存储、处理和分析。

3）时效性

数据具有时效性，即数据会随时间的变化而变化。数据的时效性对于决策和预测具有重要意义。例如，股票价格、天气预报、交通流量等数据都是实时更新的，数据的时效性对于相关领域的决策和预测至关重要。

4）完整性

数据完整性是指在存储、传输或处理过程中保持数据的准确性和一致性的特性，准确无误地反映其所代表的现实世界信息或事务，是确保数据真实、可靠的基础。数据的缺失或不完整可能会导致分析结果有偏差或造成误解。

5）可存储性

可存储性是指数据能够被有效地保存、管理和存储的能力，存储方式多样，包括电子文件、云存储、数据库等。可存储性使得数据可以被保存、检索和分析，为未来的使用提供便利。

6）可处理性

可处理性是指数据可以被计算机系统进行各种处理，如数据清洗、数据挖掘、数据分析等。可处理性使得数据可以被转化为有用的信息和知识，为人们的决策和预测提供支持。

7）价值性

数据具有价值性，主要体现在数据可以为个人、组织和社会创造价值。例如，政府可以通过数据分析制定更有效的政策；企业可以通过数据分析优化业务流程、提高生产效率；个人可以通过数据分析提升自我认知和生活质量。

4.1.3 数据的生命周期

数据生命周期涵盖了从采集到销毁的完整流程，数据生命周期如图 4-3 所示，包括数据采集的初始化、安全传输、高效存储、精确处理、可靠交换及最终的安全销毁，阶段间相互关联，形成一个闭环，确保数据在整个生命周期中都能得到妥善管理和保护，从而充分发挥数据的价值，并保障信息安全。

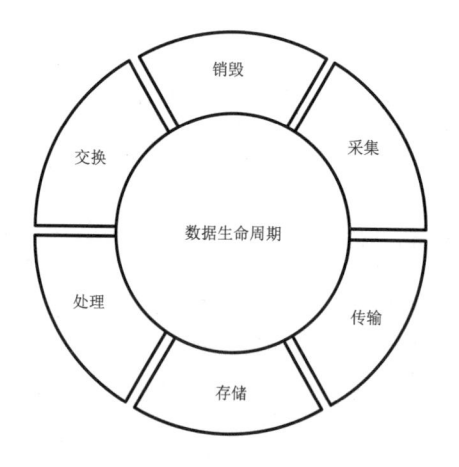

图 4-3 数据生命周期

1）采集阶段

数据采集是数据生命周期的第一阶段，数据可以通过传感器、设备、用户输入、日志记录等途径进行采集和创建，采集的数据可以是结构化的、半结构化的或非结构化的，如数据库记录、文本文件、图像、音频、视频等。

2）传输阶段

组织机构内部的数据在从一个实体通过网络流动到另一个实体的过程中，主要目的是确保数据的可靠传输和安全传输，以保障数据的可信与安全，重点关注数据的完整性、安全性和效率。为实现该目标，需对数据进行加密和限制访问权限、安全等级等控制，同时需要维护传输过程中数据的私密性和传输后数据的完整性。

3)存储阶段

数据可以以任何数字格式进行物理存储,如硬盘存储、固态硬盘存储、磁带存储、云存储,主要目的是将采集到的数据存储到适当的位置中,以便于后续的访问、处理和管理。数据存储可以使用关系型数据库、非关系型数据库、数据仓库、数据湖等技术。

4)处理阶段

数据处理是数据生命周期中的一个重要阶段,主要目的是对存储的数据进行处理和分析,以发现数据中的模式和趋势,从而生成有价值的信息和预测。数据处理可以使用各种技术和工具,如机器学习、数据挖掘等。数据处理分为数据清洗和预处理、数据转换和整合、数据分析挖掘、数据可视化和报告等步骤。

5)交换阶段

数据交换将数据从一个系统或环境传输到另一个系统或环境中,主要目的是确保数据的共享和交换。数据交换涉及数据格式转换、数据集成和数据验证等操作,以确保数据在目标系统中能够正确解释和使用。数据交换通常需要使用特定的协议、接口或 API,以确保不同系统之间的数据互操作性和相互通信。

6)销毁阶段

在不再需要数据或数据已经失效的情况下,对其进行彻底删除或销毁,以确保数据无法被恢复或访问,从而避免数据泄露或不当使用。数据销毁包括物理层面和逻辑层面,物理销毁包括粉碎、破坏或熔化存储介质,适用于销毁硬盘驱动器、光盘和其他物理介质中的数据;逻辑层面主要是采用数据擦除,适用于既需要保留存储介质又需要删除其中的数据的情况,通过覆写存储介质上的数据来防止数据被恢复。

4.1.4 数据的分类

数据分类是将数据按照特定的属性或特征进行归类整理的过程,将大量数据划分为不同的类别,使数据更易于管理和处理,能够帮助我们识别出数据之间的相似性和差异性,发现数据之间的规律和趋势,为进一步的分析提供线索,也有助于数据的存储和检索,提高数据的利用效率和准确性。数据的分类包括按字段类型分类、按数据结构分类、按描述事物角度分类和按数据处理角度分类等。

1)按字段类型分类

正确分类字段类型有助于在数据库设计时选择合适的数据类型,从而优化存储空间的使用,提高数据检索和访问的效率。按字段类型不同,数据可分为文本类数据(如 string、char、text 等)、数值类数据(如 int、float、number 等)、时间类数据(如 data、timestamp、year 等)。

(1)文本类数据:文本类数据常用于描述字段,如姓名、地址、交易摘要等。该类数据不是量化值,不能直接用于四则运算。

（2）数值类数据：数值类数据用于编码或描述量化属性，如交易金额、额度、商品数量、积分数、客户评分等都属于量化属性，可直接用于四则运算，是日常计算指标的核心字段。

（3）时间类数据：时间类数据仅用于描述事件发生的时间，时间是一个非常重要的维度，在业务统计或分析中尤为重要。

2）按数据结构分类

数据结构是一种组织并存储数据的形式，其设计直接关系到数据访问、修改、保存及传输效率，同时深刻影响着数据操作的难易度。按数据结构不同，数据主要分为以下三类。

（1）结构化数据：数据遵循关系数据库的管理模式，信息被有序地存放在表格中，并通过字段来区分，字段间的界限清晰且相互独立。

（2）半结构化数据：数据以文本形式存在，相较于结构化数据，无须严格遵守关系数据库的严格结构和关系要求，在实际应用中更为灵活便捷。

（3）非结构化数据：涵盖了如音频、图像、视频等多种格式的数据，通常遵循特定应用的编码格式，其数据量庞大且难以直接转化为结构化数据形式。

3）按描述事物角度分类

按描述事物角度的进行数据分类，旨在更好地理解和组织数据，以及满足不同的分析需求，按描述事物的角度不同，数据可分为状态类数据、事件类数据、混合类数据。

（1）状态类数据：状态类数据描述的是事物的静态特征或属性，特定的时间点下数据是固定的，不会随时间的变化而发生变化。例如，一个人的年龄、性别、身高、体重等。

（2）事件类数据：事件类数据表示事物随时间变化而发生的行为或事件，反映了事物的动态特性，是事物在时间轴上的一系列变化。例如，一个人的购买行为、出行记录、在线浏览记录等。

（3）混合类数据：混合类数据既包含状态类数据，又包含事件类数据，是两者的混合。例如，一个人的健康状况数据，既包含静态的生理指标（如血压、心率等），又包含动态的健康事件（如生病、就医等）。

4）按数据处理角度分类

为了更好地适应不同的数据处理需求和方法，有效地处理、转换和分析数据，从而提取出有价值的信息，按处理角度不同，数据可分为原始数据和衍生数据。

（1）原始数据：指来自上游系统的，没有经过任何预处理或修改的，直接从数据源收集到的数据，包含了所有的细节、噪声、错误或不一致，反映了最真实的数据状态。

（2）衍生数据：指通过对原始数据进行加工处理后产生的数据。衍生数据包括各种数据集市、汇总层、宽表、数据分析和数据挖掘结果等。对原始数据进行加工和提炼，旨在提供更直接的洞察、简化分析流程或支持特定的业务决策。衍生数据通过预处理和转换原始数据，去除不必要的复杂性和冗余，从而简化数据分析过程。

4.2 数据安全概述

4.2.1 数据安全的概念

数据安全是指保护数据免受未授权访问、泄露、篡改或破坏，以确保数据的机密性、完整性和可用性。在数据安全的框架内，机密性、完整性和可用性共同构成数据安全的基石，是确保数据价值得以充分发挥和信息安全得到保障的关键要素。数据安全的概念至关重要，其关系到国家安全、企业竞争和个人隐私等多个方面。数据安全模型的三个核心要素如图 4-4 所示。

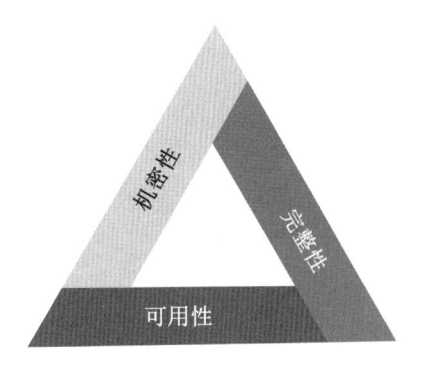

图 4-4 数据安全模型的三个核心要素

1）机密性

机密性也称保密性，是指确保数据不被未经授权的第三方获取或利用，主要关注的是防止数据的非授权泄露，确保只有经过授权的人员才能访问和使用数据。数据的机密性对国家、社会和个人都具有重要意义。

（1）国家层面：数据的机密性关乎国家的安全和利益。国家秘密（如国防建设、外交策略、经济政策等）一旦泄露，就很可能对国家造成无法估量的损失。国家通过制定相关法律法规，严格限制国家秘密的知悉范围，并采取一系列技术手段和管理措施，确保国家秘密的存储、传输和处理都在可控范围内。

（2）社会层面：数据的机密性对于维护社会秩序和公共利益极为重要，企业的商业机密等都属于需要保护的机密数据。如果数据被非法获取或泄露，将导致企业经济损失等严重后果。因此，社会需要建立健全的数据安全保护机制，通过加密技术、访问控制等手段，确保机密数据不被非法访问和泄露。

（3）个人层面：数据的机密性直接关系到个人的隐私和权益。个人的身份信息、银行账户、通信记录等都属于个人隐私范畴，需要得到严格的保护。一旦信息被泄露，将导致个人财产受损、生活受到干扰等。因此，人们需要增强数据安全意识，采取适当的保护措施，如设置复杂密码、定期更换密码、不轻易透露个人信息等，以确保个人数据的机密性。

2）完整性

完整性指的是数据的精确性和可靠性，即在数据生成、传输、存储和使用等过程中，确保数据保持其原始状态，不被未授权地修改或破坏，或者在遭受篡改时能够被迅速检测并恢复。以下从国家、社会和个人层面介绍数据的完整性。

（1）国家层面：数据的完整性直接关系到国家的安全和稳定。国家的重要数据，如政府文件、统计数据和军事信息等，必须保持完整和准确，以确保国家决策的正确性和有效性。如果数据被篡改或破坏，就可能导致国家决策失误、政策失效等严重后果。

（2）社会层面：数据的完整性对于维护社会秩序和公共利益至关重要。企业的财务数据、客户资料和交易记录等，以及社会公共机构的数据，如医疗记录、教育信息等，都是社会运转的基础。如果数据不完整或遭受篡改，将导致市场混乱、信任危机等问题，损害社会整体利益。

（3）个人层面：数据的完整性直接关系到个人的权益和利益。个人的电子文档、照片、视频等个人数据，需要得到完整的保护。如果数据丢失或被篡改，将导致个人财产损失、名誉受损等。因此，个人也需要增强数据安全意识，采取有效的备份和加密措施，确保个人数据的完整性。

3）可用性

可用性指的是数据或资源在需要时能够被及时且正确地访问和使用的性质，要求数据资源无论何时何地，只要需要，都能够提供既定的功能，而不会因为系统故障、误操作或遭受攻击等原因导致资源丢失或妨碍对资源的使用。以下从国家、社会和个人层面介绍数据的可用性。

（1）国家层面：数据的可用性对于国家的治理、决策和公共服务至关重要。政府需要依赖各种数据来制定政策、优化资源配置、提升公共服务水平。如果数据不可用或难以访问，那么政府就无法做出决策，无法有效地提供公共服务，进而影响国家的治理效能和公众满意度。

（2）社会层面：数据的可用性对于推动社会进步和创新具有关键作用。企业、研究机构和社会组织等需要利用数据进行市场分析、产品研发、社会调查等活动。如果数据不可用或难以处理，那么企业和研究等机构就无法充分发掘数据的价值，无法进行有效的创新和发展。

（3）个人层面：数据的可用性关系到个人的生活质量和便利性。个人在日常生活中需要依赖各种数据来完成任务、获取信息、享受服务。例如，个人可能需要使用在线银行服务来管理财务，或者利用社交媒体来保持与朋友和家人的联系。如果数据不可用或难以使用，那么个人的生活将受到极大的影响。

4.2.2 数据安全的需求

随着大数据、人工智能等技术的广泛应用，海量数据被收集、存储和传输，对数据保护和个人隐私极为重要，因此，保护数据的安全和完整性成为一个迫切的需求。数据安全需求主体涉及国家、企业和个人，同时新兴技术的不断进步也增加了数据安全风险。

1）国家层面的数据安全需求

（1）情报保护：保护国家的关键基础设施、军事机密和情报信息不被泄露，维护国家的战略利益和核心安全。

（2）社会稳定与信任：保护公民的个人数据不被滥用，维护社会信任，从而保持社会的稳定和发展。

（3）国家安全决策：确保国家决策所需的数据的准确性和可靠性，为国家的安全决策提供有力支持。

2）企业层面的数据安全需求

（1）商业机密保护：防止企业的核心技术和商业策略被竞争对手获取，保持企业在市场中的竞争优势。

（2）客户关系维护：保护客户数据的安全和隐私，维护客户信任，从而保持和增强企业的客户关系。

（3）合规与风险管理：遵守数据保护法规，降低企业因数据泄露而面临的法律风险和经济损失。

3）个人相关的数据安全需求

（1）数据机密性：确保个人数据不被未授权访问、披露或滥用，保护个人敏感信息的安全。

（2）个人自主权：允许个人控制自己的数据，决定数据的收集、使用和共享范围，确保个人在数据处理中的自主权利得到尊重。

（3）信任与安全感：数据安全需求得到满足可以增强个人对数字世界的信任感，使个人更愿意参与在线活动和交易，从而促进数字经济的发展。

4）新兴技术带来的安全需求激增

新兴技术的迅猛发展在推动社会进步的同时，也带来了前所未有的安全挑战。随着云计算、大数据、物联网等技术的广泛应用，数据安全需求呈现出激增的态势，给数据安全带来了极大的威胁。

（1）技术漏洞与安全隐患：随着云计算、大数据、物联网等新技术的广泛应用，新技术本身存在安全漏洞，成为黑客和攻击者的攻击目标。攻击者通过各种手段窃取、篡改或破坏重要数据，造成数据泄露、业务中断等严重后果。

（2）数据集中化与存储风险：技术进步使得数据集中存储和处理成为常态，但也增加了数据泄露和数据滥用的风险。一旦集中存储的数据被非法访问或篡改，将会造成巨大的损失。

（3）跨境数据流动风险：随着全球化的加速和信息技术的普及，数据跨境流动越来越频繁。然而，不同国家和地区的数据安全法规和标准存在差异，导致数据在跨境流动过程中面临安全风险。数据可能在传输过程中被拦截、篡改和滥用，也可能因为不符合目的国家的数据安全法规而面临处罚。

（4）供应链安全风险：技术进步使得供应链更加复杂，涉及更多的供应商、合作伙伴和技术组件，这意味着供应链中的任何一个环节出现安全问题，都会对整个数据安全造成影响。例如，供应商的软件或硬件存在安全漏洞，可能导致整个系统的数据泄露或被篡改。

（5）攻击手段与技术的升级：黑客和攻击者不断升级攻击手段和技术，利用高级持久性威胁攻击、零日攻击等新型攻击方式，对目标进行精确打击和深度渗透，使数据安全面临更大的挑战。

4.2.3 数据安全的防护手段及措施

1）威胁数据安全的技术手段

数据安全建立在机密性、完整性和可用性三原则基础之上。云计算、大数据、物联网等技术的广泛应用，使得数据在多个设备和系统之间流动，增加了数据泄露和被非法访问的可能性。对数据安全造成威胁的技术手段主要包括以下几种。

（1）恶意软件攻击：恶意软件，如病毒、特洛伊木马、间谍软件等，通过利用内部员工的访问权限进行传播，感染企业的设备和系统。一旦设备或系统感染，恶意软件就能够窃取、篡改或破坏数据，甚至将整个系统置于攻击者的控制之下。

（2）分布式拒绝服务攻击：分布式拒绝服务攻击是一种通过大量无效或高流量的网络请求拥塞目标服务器，使其无法提供正常服务的攻击方式。当企业遭受分布式拒绝服务攻击时，其服务器和应用程序可能会陷入瘫痪状态，导致数据无法访问或处理。

（3）网络钓鱼诈骗：攻击者通过发送伪造的电子邮件或创建虚假的网站，诱骗受害者点击恶意链接或下载附件，进而窃取其敏感信息或执行恶意代码。发送恶意链接等攻击方式利用了人的心理弱点，对员工的网络安全意识构成了巨大挑战。

（4）黑客攻击：黑客利用各种技术手段和方法，如漏洞利用、社会工程学、密码破解等，试图非法访问和窃取企业的敏感数据。他们可能利用已知的或未知的漏洞，对企业的网络和系统进行渗透和破坏。

（5）第三方风险：企业在与合作伙伴、承包商或供应商合作时，可能会面临数据安全风险。如果第三方缺乏足够的网络安全措施或存在安全漏洞，那么企业的数据就可能受到威胁。此外，第三方也可能滥用其被授予的访问权限，对数据进行非法访问或篡改。

（6）漏洞和缺陷：系统和应用程序中的漏洞和缺陷是数据安全的重要威胁之一。攻击者可以利用漏洞执行恶意代码、提升权限或绕过安全控制。此外，随着技术的不断发展，新的漏洞和缺陷也不断涌现，给数据安全带来了持续的挑战。

2）数据安全防护措施

随着数字化浪潮席卷全球，各国政府逐渐意识到，数据已成为与国家安全和国际竞争力紧密关联的重要资源，对数据安全的认知已从传统的个人隐私保护上升到维护国家安全的高度。各行业的企业内生发展需求和外部合规要求激增，正在积极利用新技术不断提升数据安全保障能力。针对恶意软件攻击、分布式拒绝服务攻击和黑客攻击等方面的安全威胁，需在制定完善的安全政策和流程、采用多层次的安全防护措施及使用强密码策略和多因素认证等方面采取措施保护数据安全。

（1）制定完善的安全政策和流程：制定并实施安全政策和流程，包括数据分类、访问控制、数据加密、数据备份和数据恢复等，确保所有员工都了解并严格遵循安全政策和流程。

（2）采用多层次的安全防护措施：部署防火墙、入侵检测系统、入侵防御系统和反病毒软件等，以防止恶意软件的入侵和网络攻击。

（3）使用强密码策略和多因素认证：要求所有用户使用复杂的密码，并启用多因素认证，增加黑客破解密码的难度。

（4）实施数据加密：对敏感数据进行加密存储，确保即使数据被盗或丢失，攻击者也无法解密。

（5）定期进行安全审计和漏洞扫描：定期检查系统的安全性，发现并修复潜在的安全漏洞。

（6）备份重要数据：定期备份重要数据，确保在数据丢失或损坏时能够快速恢复。

（7）建立应急响应计划：制订应急响应计划，明确在发生安全事件时的处理流程和责任人，确保能够及时有效地应对安全事件。

（8）加强员工安全意识培训：定期对员工进行安全意识培训，让他们了解常见的网络威胁和攻击手段，提高他们的防范能力。

4.2.4 全生命周期的数据安全目标

数据安全的目标在于确保数据在采集、传输、存储、处理、交换和销毁等生命周期阶段得到全方位保护，防止未授权访问、泄露、篡改或破坏。数据所处的生命周期阶段不同，数据安全目标的侧重点也不同。全生命周期的数据安全目标如表 4-1 所示。

表 4-1 全生命周期的数据安全目标

阶 段	描 述	目 标	安全措施
数据采集阶段	践行 DSMM 数据安全管理的第一步，确保数据的准确性、完整性、安全性和可用性	确保数据采集过程的安全可靠	发现数据、定义数据、分级分类、建立数据字典、验证数据
数据传输阶段	将数据从一个地点或设备安全地传输到另一个地点或设备	保护数据免受未授权访问、篡改或破坏	使用加密技术、制定数据完整性校验机制
数据存储阶段	确保存储数据的机密性、完整性和可用性	建立可靠的数据存储环境	使用加密技术、访问控制技术，制定数据存储安全策略，实施定期安全检查
数据处理阶段	保障数据的准确性、一致性、合规性，以及隐私性和安全性	提供高质量的数据支持，促进业务的发展和创新	数据清洗与验证、数据加密、建立数据质量标准、加强数据安全管理

续表

阶　段	描　述	目　标	安全措施
数据交换阶段	实现不同系统、不同部门之间的数据共享和交换	确保数据在交换阶段的安全传输和保护	选择安全可靠的通信协议、严格的数据访问控制
数据销毁阶段	数据生命周期的终点,确保之前存储的数据不可恢复	防止任何潜在的数据泄露或数据滥用风险	彻底删除数据、防止数据泄露、确保数据合规、记录与审计

1）数据采集阶段

数据采集阶段是践行数据安全能力成熟度模型（Data Security capability Maturity Model，DSMM）数据安全管理的第一步。数据采集阶段的安全目标是确保数据的准确性、完整性、安全性和可用性，通过发现数据、定义数据、分级分类、建立数据字典和验证数据等安全措施，确保数据采集过程的安全可靠，为后续数据传输、存储、处理和使用等环节奠定坚实的基础。

2）数据传输阶段

数据传输阶段的安全目标是将数据从一个地点或设备安全地传输到另一个地点或设备，通过使用加密技术和制定数据完整性校验机制等安全技术，确保数据在传输过程中的机密性、完整性和可用性，从而保护数据免受未授权访问、篡改或破坏。

3）数据存储阶段

数据存储阶段的目标是确保存储数据的机密性、完整性和可用性，通过使用加密技术、访问控制技术，制定数据存储安全策略和实施定期安全检查等技术管理措施，确保数据符合法规要求，建立可靠的数据存储环境。

4）数据处理阶段

数据处理阶段的目标是保障数据的准确性、一致性、合规性，以及隐私性和安全性，通过数据清洗与验证、数据加密，建立数据质量标准和加强数据安全管理等技术管理措施，提供高质量的数据支持，促进业务的发展和创新。

5）数据交换阶段

数据交换阶段的目标是实现不同系统、不同部门之间的数据共享和交换，通过选择安全可靠的通信协议和严格的数据访问控制等技术措施，确保数据在交换阶段的安全传输和保护，保障数据的安全性和可靠性。

6）数据销毁阶段

数据销毁阶段是数据生命周期的终点，其目标是确保之前存储的数据不可恢复，通过彻底删除数据、防止数据泄露、确保数据合规和记录与审计等技术措施，确保不再需要的数据能够被彻底、不可逆地删除，防止任何潜在的数据泄露或滥用风险。

4.2.5　数据安全相关的法律法规

数据安全相关的法律法规主要包括《中华人民共和国网络安全法》《中华人民共和国数

据安全法》《中华人民共和国个人信息保护法》等。以下是部分法律的内容介绍：

（1）2016年11月7日，中华人民共和国第十二届全国人民代表大会常务委员会第二十四次会议上通过了《中华人民共和国网络安全法》。该法的制定旨在确保网络安全的稳固，维护网络空间的国家主权与整体安全，以及社会公共利益，同时保护公民、法人及其他组织的合法权益，进一步推动经济社会信息化的稳健发展。

（2）2021年6月10日，中华人民共和国第十三届全国人民代表大会常务委员会第二十九次会议上通过了《中华人民共和国数据安全法》，该法律旨在规范数据处理活动，保障数据安全，促进数据的开发利用，保护个人和组织的合法权益，维护国家主权、安全和发展利益。该法规定了数据安全的定义、数据安全保护义务及数据安全监管的职责和制度。

（3）2021年8月20日，中华人民共和国十三届全国人大常委会第三十次会议上通过了《中华人民共和国个人信息保护法》，该法旨在保护个人信息的合法权益，规范个人信息的收集、使用和处理，以及个人信息跨境传输的行为。

4.3 数据采集安全

4.3.1 数据采集的流程

数据采集阶段作为整个生命周期的起点，不仅是数据流的开端，更是数据安全保障的起点。随着数据采集的广泛应用，数据的威胁来源也日益增多，如网络攻击、内部泄露、误操作等，都可能对数据的安全性和完整性造成严重影响。

为保障数据采集安全，采集过程需要严谨规范，确保所采集数据的准确性和完整性。首先需明确采集目标，确定所需的数据类型和范围；然后，根据采集目标设计采集方案，选择合适的采集工具和采集方法，构建数据采集系统；最后，对采集到的数据进行预处理和清洗，为后续的数据分析和应用奠定基础。若采集过程存在安全隐患，可能导致数据泄露、数据篡改或非法访问。具体的数据采集过程通常分为以下几个阶段。

（1）明确采集目标：在开始采集数据之前，需要明确具体的数据需求，包括数据类型、范围、时间跨度及所需的数据量等，有助于确定数据采集的方向和范围，并为后续步骤奠定基础。

（2）选择数据源：根据数据采集需求，确定从哪些数据源获取数据。数据源可以是网站、数据库、API、传感器等。选择可靠且质量高的数据源对于确保数据的准确性和完整性至关重要。

（3）制定采集策略：制定一个详细的采集策略，包括采集频率（如实时采集、定期采集等）、采集的数据字段、采集方法（如使用爬虫、API调用等）及数据的存储和传输方式等。

（4）实施数据采集：根据采集策略，使用适当的技术工具从数据源中抓取或拉取数据。

在数据采集阶段,需要确保数据采集过程的安全性和可控性,防止数据泄露或被非法访问。

(5)数据清洗和整理:采集到的原始数据可能包含噪声、重复值或错误数据。因此,需要对数据进行清洗和整理,以确保数据的质量和准确性,包括去除重复项和修正错误数据等。

(6)数据存储和管理:清洗后的数据需要被安全地存储到数据库中。在此过程中,需要采取适当的数据加密和访问控制措施,以防止数据被非法访问或篡改。同时,建立数据备份和恢复机制,以应对可能的数据丢失或损坏情况。

(7)数据安全和隐私保护:在数据采集的整个过程中,需要始终关注数据的安全和隐私保护。采取必要的安全措施,如使用防火墙、入侵检测系统和加密技术等,以防止数据泄露、数据篡改或数据滥用。

4.3.2 数据采集阶段的数据安全风险

在数据安全采集阶段,可能因系统漏洞、非授权访问、数据篡改、隐私泄露及采集操作不规范而引入风险,可能造成数据泄露、数据被非法访问或修改、隐私侵犯及数据质量下降等负面影响。以下是引入不安全数据的后果。

(1)数据泄露与隐私侵犯:如果数据采集过程存在安全漏洞,敏感数据(如个人信息、商业机密等)可能被未经授权的第三方获取,导致隐私泄露,侵犯个人或企业的隐私权,并引发法律纠纷。

(2)数据篡改与误导决策:不安全的采集过程使数据在传输或存储过程中被篡改,导致数据失去真实性和完整性。基于不安全的数据进行的分析和决策,其有效性将大打折扣,甚至可能导致错误的决策。

(3)经济损失与业务中断:数据泄露或数据篡改可能导致企业遭受重大的经济损失,如客户流失、信誉受损等。同时,如果数据采集系统受到攻击导致服务中断,企业的正常业务就可能受到影响。

(4)法律风险与合规问题:在许多国家和地区,数据采集和处理需要遵守相关的法律法规。如果采集过程不安全,导致数据泄露或数据滥用,企业可能面临法律制裁和罚款。

(5)声誉损害与信任危机:数据采集不安全可能导致公众对企业的信任度降低,进而影响企业的声誉和品牌形象。

4.3.3 数据采集阶段的数据保护原则及方法

数据采集的安全性需要从数据的可信性、完整性和隐私性等方面综合考虑和实施,通过数据加密、访问控制和数据脱敏等技术,可以提高数据采集的安全性,保护数据采集免受未授权访问或攻击。数据采集的安全性涉及以下几个方面。

1)可信性

数据的可信性是一个重要安全属性。数据采集时,可能威胁数据可信性的是数据被伪造或刻意制造，以及出现虚假评论、数据粉饰、随意数据等不可信数据，这将严重降低数据的准确性和实际使用价值，可能诱导分析数据时得出错误结论，影响决策判断。因此，数据采集时必须对所采集数据的可信性进行识别、评估，做到去伪存真，确保数据来源安全可信。

2）完整性

在采集数据过程中，网络传输性能差、电缆稳定性差、板卡性能差、遭受的攻击、软件出错等因素均可能导致传输差错、数据丢失、数据被篡改等问题，这将影响数据的完整性。其中，数据篡改攻击是人们应该关注的重要安全问题，须采用相关技术方法，识别可能出现的数据完整性问题。

3）隐私性

负责数据采集的用户端或采集端模块不一定具备数据访问权和信息知晓权等，因此在数据采集的过程中，需要考虑数据隐私的问题，设计合理的安全控制机制和数据加密方法，防止数据采集时发生隐私数据的泄露。数据采集方式包括本地采集和远程采集。如果采用远程数据采集方式，为了防止第三方可能会在传输过程中截获所采集的数据，并从中知晓非授权的数据信息，从而造成数据泄露，可以采用数据加密技术，对所采集的数据进行加密，以密文形式实现数据传输，保证远程采集数据时不会出现数据泄露问题。

在数据安全采集阶段，需要实施多重安全方法，利用数据加密以确保数据传输和存储的机密性与完整性，利用访问控制和身份验证机制来限制数据访问，利用数据脱敏以保护敏感信息，实施安全审计和日志记录以追踪、监控数据流向，并加强物理安全保障以防范物理威胁。采集阶段的数据保护方法涉及以下几个方面。

（1）数据加密：对采集到的数据进行加密处理，确保数据在传输和存储过程中的机密性、完整性。常用的加密技术包括对称加密技术和非对称加密技术等。

（2）访问控制和自动验证机制：通过设定访问权限和身份验证机制，限制对数据的访问和操作。只有经过授权的人员才能访问和操作相关数据，从而防止数据泄露和被非法访问。

（3）数据脱敏：对敏感数据进行脱敏处理，使其在不失去价值的同时，无法被直接识别或用于不当用途，有助于保护个人隐私和企业商业机密。

（4）安全审计和日志记录：对数据采集过程进行安全审计和日志记录，以便追踪、监控数据的流向和操作行为，有助于及时发现和应对潜在的安全威胁与违规操作。

（5）物理安全保障：对数据采集设备和环境提供物理安全保障，如安装监控摄像头、设置门禁系统等，以防止设备被盗或遭到恶意破坏。

4.4 数据传输安全

4.4.1 数据传输安全性概述

数据传输安全指通过采取必要的措施,确保数据在传输阶段,处于有效保护和合法利用的状态,以及具备保障持续安全状态的能力。数据传输是指按照一定规则,将数据从数据源传输到数据接收端,实现点与点之间的信息传输,信息一般是字母、数字和符号的组合,且要保证数据在传输过程中的实时性和可靠性。数据传输依赖于数据传输系统,数据传输系统通常由传输信道和信道两端的数据发送设备和数据接收设备组成。传输信道可以是一条专用的通信信道,也可以借助于公共网络,如数据交换网、电话交换网或其他类型的交换网络。数据传输系统的数据发送和接收设备通常是移动终端或计算机,统称为数据终端设备(Data Terminal Equipment,DTE)。

数据传输安全作为数据全生命周期安全的关键环节,已成为保障数据安全重点看护环节。以下从国家、企业和个人层面分别介绍数据传输安全的重要性。

(1)从国家层面看,保障数据传输安全是保护数据安全、维护国家安全、保障数字经济健康发展、推动构筑国家竞争新优势的重要部分。对国家安全而言,保障数据传输安全与国家公共服务、社会治理、经济运行、国防安全等方面密切相关,个人信息、企业经营管理数据和国家重要数据的流动,尤其是跨境流动,存在多种安全风险挑战;对数字经济而言,随着新一轮科技革命和产业变革的加快推进,数据作为新型生产要素,有效促进数字基础设施的发展与产业的迭代升级,数字经济已成为我国经济高质量发展的新引擎,保障数据传输安全,已成为我国数字经济蓬勃发展的关键所在;对国家竞争优势而言,发展数字技术、数字经济,加强数据治理,综合运用政策、监管、法律等多种手段确保数据安全和有序流动,是全球科技革命和产业变革的先机,是新一轮国际竞争重点,是构筑国家竞争新优势的重要因素。保障数据传输安全已经为维护国家主权、安全和发展利益不可或缺的重要部分。

(2)从企业层面看,保障数据传输安全对于保护企业数据安全,维护企业经济利益、竞争力及持续经营能力有着重要意义。在数字化转型的大趋势下,数据已成为企业日常办公、生产经营、技术创新、战略发展等活动的基础,数据安全已成为数字企业健康稳定发展的基本保证。目前,数据在传输过程中面临着传输主体多样、处理活动复杂、攻击手段升级、内部泄露频发等安全风险挑战。保障数据在传输过程中的安全性、完整性和可用性,对维护企业业务连续性,保护企业竞争力、经济利益,确保企业安全转型和持续健康发展有着重要意义。

(3)从个人层面看,保障数据传输安全对于保护个人信息安全,维护个人合法权益和人身安全有着重要作用。在数字社会中,伴随日常活动会产生大量的个人数据,反之数据也能反映个人活动的方方面面。保障个人数据传输安全,确保个人数据在传输过程中不被篡改、破坏、泄露、窃取和非法利用,关系到个人的隐私权、决定权、知情权、人格权等多种权利,甚至关系到个人财产和人身安全。通过采取必要措施保护个人数据传输安全,能更加全面地保护个人信息安全,维护数字社会中个人的人格尊严和自由,保障个人合法权利、利益与人身安全不受侵害。

4.4.2 数据传输阶段潜在威胁

数据在传输过程中经过多个中继节点和多段通信通道,在传输过程面临着各种潜在的安全威胁。例如,攻击者在传输信道中拦截数据,并窃取其中的敏感信息;或者直接对传输中的数据进行篡改,破坏其正确性或完整性。此外,数据传输还可能受到网络故障、硬件故障或自然灾害等不可控因素的影响,导致传输通道异常从而丢失或损坏数据。威胁数据传输安全的主要因素有通信协议不安全、中间人攻击、数据泄露和恶意软件注入等。

(1)通信协议不安全:使用过时或不安全的通信协议进行数据传输,如未加密的HTTP或FTP,导致数据在传输过程中被轻易截获。任何能够监听网络流量的攻击者,都能毫不费力地截获相关数据,进而窃取其中的敏感信息,如个人身份信息、交易密码等,导致个人隐私泄露、财产损失等严重后果。

(2)中间人攻击:攻击者通过截获并篡改在两个通信方之间传输的数据,或者伪装成其中一方与另一方进行通信,窃取或篡改传输的信息。中间人攻击发生在公共网络环境中,如咖啡厅、机场等无线公共网络。

(3)数据泄露:在传输过程中,由于传输协议的安全漏洞、加密措施的不足或网络设备的配置不当,敏感数据可能被未经授权的第三方截获。例如,防火墙设置不当或路由器存在漏洞,都可能使得未经授权的第三方能够轻易入侵网络,进而截获传输中的敏感数据。

(4)恶意软件注入:攻击者在数据传输过程中注入恶意软件,如病毒、特洛伊木马或勒索软件,恶意软件一旦进入接收方的系统,就可能窃取敏感数据、破坏系统文件,甚至加密用户文件并索要赎金,对数据和系统安全造成极其严重的威胁。

(5)拒绝服务攻击:拒绝服务攻击是一种极具破坏性的网络攻击手段,攻击者利用大量无用的数据请求对目标网络或系统资源进行疯狂消耗。当攻击者发起拒绝服务攻击时,目标网络或系统会迅速被大量无效请求所淹没,导致正常的数据传输请求无法得到及时的处理。

(6)流量分析:攻击者通过对网络流量的分析,可以推断出数据的传输模式、通信双方的身份及可能的敏感信息。即使数据本身被加密,攻击者仍能通过分析流量特征来窃取有价值的信息。

(7)跨站脚本攻击和SQL注入攻击:在跨站脚本攻击中,攻击者会精心构造恶意脚本,并设法将其插入到目标Web页面的数据中。而SQL注入攻击则是利用Web应用中SQL语句的漏洞,攻击者通过构造恶意的SQL查询语句,尝试绕过正常的验证和过滤机制,直接访问或篡改数据库中的数据。

4.4.3 数据传输安全保护措施

1）数据传输加密

数据传输加密被公认为是保护数据传输安全唯一实用的方法，也是保护存储数据安全的有效方法，是实施数据保护的重要手段。数据加密技术是最基本的安全技术，最初主要用于保证数据在存储和传输过程中的机密性，通过变换和置换等各种方法将被保护信息变换成密文，再进行信息的存储或传输，其机密性直接取决于所采用的密码算法和密钥长度。

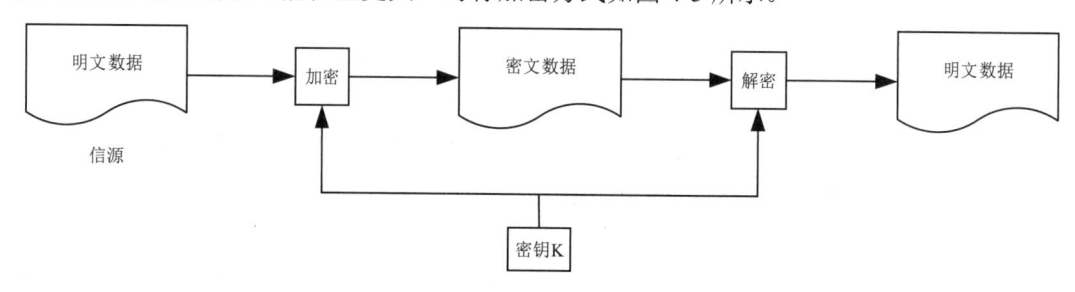

数据传输的加密方式可以分为对称加密方式、非对称加密方式和混合加密方式。对于对称加密方式，发送方和接收方都使用同一个密钥对信息进行加密、解密，其优点是快速，缺点是不同类型的通信端需要维护不同的密钥，同时由于客户端和服务端都需要保存密钥，所以密钥泄露的潜在可能性也更大。对称加密方式如图 4-5 所示。

图 4-5 对称加密方式

非对称加密方式在采用密钥时需成对使用，即一个公钥（Public Key）和一个相应的私钥（Private Key）配对使用，非对称加密方式如图 4-6 所示，若采用公钥加密信息，则需要与之对应的私钥才能解密，反之亦然。非对称加密方式对明文长度有限制，实际使用中，可以将长的明文用对称加密方式加密，对其密钥，使用非对称加密方式加密后进行传递。

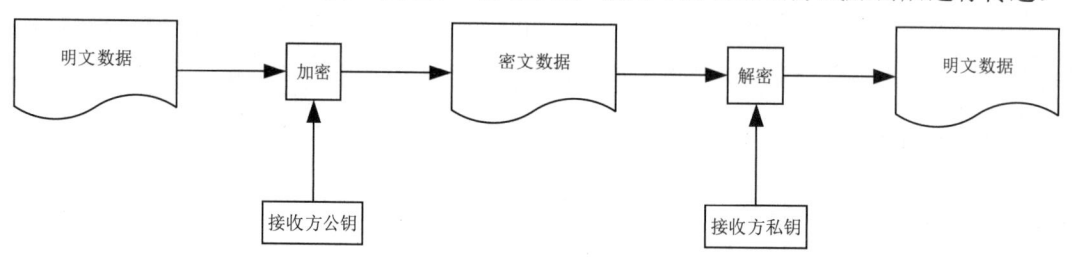

图 4-6 非对称加密方式

对称加密技术与非对称加密技术各有自己的优缺点，因此常常将两种加密技术混合起来使用，即混合加密方式，如图 4-7 所示。先用加密速度快的对称加密技术对明文数据进行加密处理，然后使用非对称加密技术对对称加密密钥进行处理，一起作为密文发送，当接收者收到密文之后首先用自己的私钥对密钥密文进行解密得到对称加密密钥 K，然后用对称密钥 K 解密密文数据，得到明文。混合加密方式不仅加密速率快，而且安全性也特别好，已成为网络中常用的加密方法。

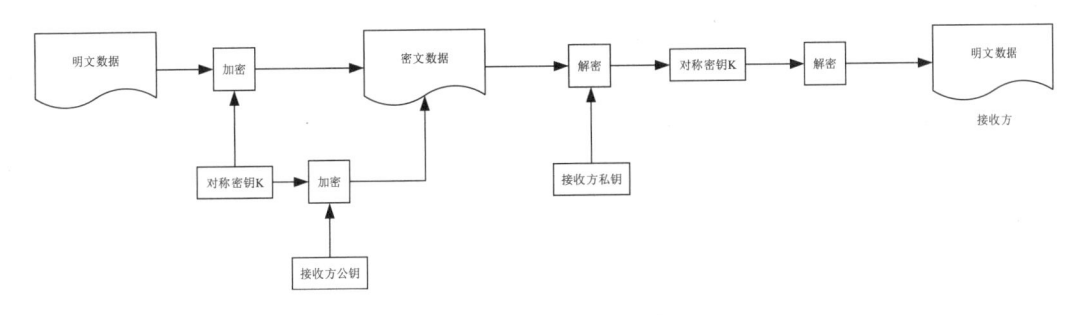

图 4-7 混合加密方式

2）数据传输通道安全

在移动应用与服务器之间的个人敏感信息传输环节中，缺乏足够的安全防护，用户的敏感数据将面临泄露和篡改的风险。具体而言，采用 HTTP 进行明文传输，信息在遭受网络嗅探或数据包捕获等攻击时极易暴露。即便使用超文本传输安全协议（Hypertext Transfer Protocol Secure，HTTPS），若通过统一资源定位符（Unified Resource Location，URL）直接传递明文敏感信息，一旦 URL 被转发或不当存储，同样存在泄露隐患。此外，即便在 HTTPS 环境下，如果安全套接层（Secure Socket Layer，SSL）协议版本配置不当、采用不安全的加密算法或使用了非法的认证中心（Certificate Authority，CA）证书，用户数据仍可能面临中间人攻击、协议降级攻击及协议版本漏洞等安全威胁，进而造成敏感信息的泄露或篡改。

（1）代理服务器到终端。

基于 SSL 协议的传输加密技术主要应用于保障传输层的安全，采用密码算法和数字证书认证技术，确保登录用户的身份安全可信，以及数据传输的机密性、完整性，满足固定台式终端、移动办公用户、移动智能终端等不同场景、不同平台的可信接入需求。

（2）代理服务器到互联网。

HTTPS 在 HTTP 的基础上加入了 SSL 协议，SSL 协议依靠证书来验证服务器的身份，并为浏览器和服务器之间的通信加密。可信安全 SSL 站点证书用于标识网站真实身份，能够实现网站身份验证，确保用户访问网站的真实性，确保用户所浏览的信息是真实的网站信息，能有效防范假冒的网站和钓鱼网站。

（3）代理服务器到代理服务器。

基于互联网络层安全协议（Internet Protocol security，IPsec）的传输加密技术主要应用于网络层 IP 包传输的安全，包括传输模式和隧道模式，也就是网络层的安全传输。采用密码算法对用户报文进行加密，采用封装安全负载（Encapsulating Security Payload，ESP）协议对用户报文进行重新封装，确保用户信息传输安全，满足不同分支机构之间及分支机构与总部之间的加密组网需求。

3）数据传输访问控制

除了数据传输过程中对数据本身的安全考量，对数据进行访问控制管理，也能够有效控制数据传输安全。数据传输访问控制可以防止非授权人员访问、修改、篡改及破坏系统资源，防止数据遭到恶意破坏。访问控制方式包括身份认证、权限限制和端口开放访问控制。

(1) 身份认证。

身份认证访问控制是指通过身份认证技术限制用户对数据或资源的访问。常见的身份认证方式包括密码认证、双因素身份认证、数字证书的身份认证、基于生物特征的身份认证、Kerberos 身份认证机制、电子门禁系统、协同签名、标识认证等。常见的身份认证访问控制应用场景包括已经离职及在职时采用生物特征进行访问控制的员工,应于离职后及时删除基于生物特征录入的信息;外部人员访问时应进行身份认证来进行访问控制;数据处理中心的物理安全应利用身份认证来进行访问控制,如机房门口应配置电子门禁系统等技术手段进行访问控制。身份认证应用场景如表 4-2 所示。

表 4-2 身份认证应用场景

身份认证方式	应用场景	备 注
基于生物特征的身份认证(如指纹、虹膜)	已离职员工访问控制	员工离职后,应删除其生物特征信息,防止非法访问
基于生物特征的身份认证(如指纹、虹膜)、密码认证	在职员工访问控制	使用生物特征提高安全性,同时保留传统密码认证作为备选
密码认证、双因素身份认证	外部人员访问控制	对于非员工,建议使用更高级别的双因素身份认证确保安全
数字证书的身份认证	敏感数据处理	适用于处理敏感数据的系统,确保数据完整性和机密性
Kerberos 身份认证机制、电子门禁系统	高安全要求区域(如机房)	Kerberos 提供强身份认证,电子门禁确保物理访问控制
协同签名、标识认证	协同工作/多用户访问	确保多人协同工作时访问权限的正确分配和验证

(2) 权限限制。

权限限制访问控制是指基于最小特权原则、最小泄露原则、多级安全策略来限制用户对数据或资源的访问权限。常见的权限限制访问控制方式包括:访问控制列表、访问控制矩阵、访问控制能力列表、访问控制安全标签列表等。例如,通过对比用户的安全级别和客体资源的安全级别(绝密、秘密、机密、限制及无级别)来判断用户是否有权限可以进行访问;对用户进行角色划分,并授予管理用户所需的最小权限,实现管理用户的权限分离;对系统资源的访问是通过访问控制列表加以控制的,即当用户试图访问资源或者数据时,系统会控制用户对有安全标记资源的访问。权限限制访问控制方式如表 4-3 所示。

表 4-3 权限限制访问控制方式

访问控制方式	介 绍
访问控制列表	访问控制列表是一个包含访问权限信息的列表,用于确定哪些用户或角色可以对特定的资源执行哪些操作,通常与资源相关联,并记录了每个用户或角色对资源的访问权限
访问控制矩阵	访问控制矩阵是一个二维表格,其中行代表用户或角色,列代表资源或对象。矩阵中的每个单元格包含一个访问权限值,指示用户或角色对资源的访问级别(如读、写、执行等)
访问控制能力列表	访问控制能力列表是一种更细粒度的访问控制方法,定义了用户或角色可以执行的具体操作或命令。与访问控制列表和访问控制矩阵不同,访问控制能力列表更关注于控制用户对特定操作的访问权限

续表

访问控制方式	介绍
访问控制安全标签列表	安全标签列表是一种基于标签的访问控制方法，为每个资源分配一个或多个安全标签，并为每个用户或角色分配一个或多个安全级别，通过比较用户的安全级别和资源的安全标签，系统可以确定用户是否有权访问该资源

（3）端口开放访问控制。

服务器传输数据除了需要有目标 IP 地址，还需要开放一些服务端口，通过系统的端口，使不同的计算机应用进程之间互相通信。服务端口分为默认端口和动态端口，其中，默认端口用于明确某种服务的协议，如默认 2 端口是分配给 FTP 服务的，25 端口是分配给 SMTP 服务的，80 端口是分配给 HTTP 服务的；动态端口则被动态分配给一些系统进程或应用程序，应用服务器应根据提供服务的需求，有限开放对应端口，限制不必要的端口开放，从而有效降低数据传输泄密的风险。

4.5 数据存储安全

4.5.1 数据存储安全性概述

数据存储对象包括数据流在加工过程中产生的临时文件或加工过程中需要查找的信息。数据以某种格式记录在计算机内部或外部存储介质上。通过使用数据存储空间，用户可在设备上保存数据，通过计算机指令从存储设备中抽取数据。存储网络工业协会（Storage Networking Industry Association，SNIA）给出了存储安全的概念，即应用物理、技术和管理、控制来保护存储系统和基础设施及存储在其中的数据。数据存储方式分为本地存储和云存储，本地存储是指数据存储在主机的本地磁盘上，可以通过文件系统进行管理和访问，多个主机上的磁盘组成一个分布式文件系统，可以实现数据的分布式存储和访问。云存储存在多种方式：（1）对象存储：数据以对象的形式存储在云存储服务中可以通过 API 进行管理和访问；（2）云数据库：在云中使用托管的数据库服务，如 Amazon RDS、Google Cloud SQL、Azure Database 等；（3）数据湖：通过云存储服务创建数据湖，将结构化数据和非结构化数据以原始形式存储在云中，如 Amazon S3、Azure Data Lake Storage 等；（4）云文件系统：提供像传统文件系统一样的文件存储服务，可以在云中创建和管理文件系统，如 Amazon EFS、Google Cloud Filestore 等。

数据在本地存储，还是在云端存储，涉及存储基础设施的安全和存储数据的安全。

1）存储基础设施的安全

存储基础设施的安全通常包括物理安全、存储软件安全、存储软硬件的高性能服务能力等，实现数据由动态到静态的存储安全。数据存储在相应的存储介质上，如物理实体介质（磁盘、硬盘）、虚拟存储介质（容器、虚拟盘）等，对存储介质的不当使用容易引发数据泄露，因此需要注重物理安全层面的数据保护。同时，数据的高可用性也是存储基础设施的重要目标，包括冗余机制、冗余系统、高性能计算架构等。

2）存储数据的安全

存储数据的安全，包括防止非授权访问、隐私泄露、非法篡改数据和数据破坏等，实现数据由静态到动态的存储安全。在实际实施时，通常根据数据安全的需求，以及数据应用的业务特性等，建立针对数据逻辑存储、存储容器和云架构的安全模型和安全机制，包括访问控制、授权机制、数据加密等。

4.5.2 数据存储阶段潜在威胁

在大数据、人工智能等新型数据密集型应用的推动下，数据量爆炸增长，大量的数据被存储在各种存储介质中，数据存储过程中受到非法访问、泄露、更改或破坏的概率大大提高。在数据存储阶段的漏洞涉及安全漏洞涉及技术层面、管理层面和人员层面三个方面。

1）技术层面

（1）加密算法和密钥管理问题：加密算法不够强大，无法有效保护数据的机密性。同时，密钥管理也是一项关键任务，如果密钥泄露或管理不当，攻击者就会利用漏洞解密数据。

（2）存储设备和软件的缺陷：存储设备或软件可能存在设计缺陷或安全漏洞，如缓冲区溢出、加密漏洞等，上述漏洞可能被攻击者利用来执行恶意代码或获取敏感数据。

（3）数据传输和存储加密不足：数据传输过程中如果没有足够强的加密措施，攻击者可能通过拦截通信来窃取数据；同样，如果数据存储没有采用适当的加密技术，数据在存储介质上也容易遭受未授权访问。

（4）访问控制和身份认证不足：如果数据存储系统的访问控制机制不完善，或者身份认证措施不够严格，攻击者就会利用漏洞获得对数据的非法访问权限。

2）管理层面

（1）权限管理不当：未能根据数据的敏感性和机密性为不同级别的数据设置相应的访问权限，或者权限设置过于宽松，导致未经授权的人员能够访问敏感数据。此外，权限的分配、修改和撤销流程可能缺乏规范，增加了权限滥用的风险。

（2）安全策略缺失或不完善：缺乏明确的数据存储安全策略，或者策略没有得到有效的执行和监控，使得数据存储安全无法得到有效保障。

（3）审计和监控机制不健全：缺乏有效的审计和监控机制来追踪和检测数据存储中的异常行为或安全事件，使得安全漏洞无法被及时发现和处理。

（4）安全培训和安全意识教育不足：组织可能未能定期对员工进行安全培训和安全意识教育，导致员工对数据安全政策、流程和最佳实践缺乏了解，增加了数据泄露和误操作的风险。

3）人员层面

（1）安全意识薄弱：员工可能随意将敏感数据存储在不安全的地方，或者在不安全的网络环境下传输数据，增加了数据泄露的风险。

（2）密码管理不当：员工可能选择过于简单的密码，或者使用相同的密码在多个系统上，使得攻击者容易破解。部分员工可能将密码写在便签上或与他人共享，导致密码泄露。

（3）缺乏安全培训：组织可能未能定期为员工提供关于数据安全的知识和技能培训，导致员工缺乏应对安全威胁的能力。员工在面对新型攻击手段或复杂的安全问题时，可能无法做出正确的判断和应对。

4.5.3 数据存储安全保护措施

在数据存储过程中，数据存储流程遭受的威胁多种多样，既有外部攻击，也有内部风险。为了保障数据存储的安全性，需要使用磁盘加密技术、数据库加密技术或文件加密技术等来保护数据不被非法访问，共同构建一个多层次、全方位的数据存储安全保障体系，以应对潜在威胁。

1）磁盘加密技术

磁盘加密技术，也称为全磁盘加密（Full Disk Encryption，FDE），是一种通过动态加解密技术，对磁盘或分区进行动态加解密的技术。当系统向磁盘中写入数据时，磁盘加密技术先加密数据，再将其写入磁盘；反之，当系统读取磁盘数据时，磁盘加密技术会自动对读取到的数据进行解密，然后提交给操作系统。磁盘加密技术能够确保磁盘上所有数据（包括操作系统）都进行动态加解密，从而保护数据的安全。

2）数据库加密技术

数据库加密技术是一种集成了透明加密与主动防御机制的防泄露技术，专注于对敏感数据进行加密存储，并强化了访问控制、应用访问安全及安全审计等功能，旨在有效抵御因明文存储导致的数据泄露风险，防范外部黑客突破边界防护的攻击，以及内部高权限用户的数据窃取行为，从而从根本上解决数据库敏感数据泄露的问题。

3）文件加密技术

文件加密技术是指将明文信息通过某种算法转化为密文信息，只有拥有正确密钥的人才能够解密获得明文信息。加密技术可以确保文件在存储和传输过程中的安全性，防止文件被非法访问或篡改。

4.6 数据处理和使用安全

4.6.1 数据处理安全性概述

数据处理是对数据进行收集、整理、分析等过程，旨在将数据转换为对特定应用或分析有用的形式，在帮助用户获得数据价值方面起着至关重要的作用。例如，数据的收集是数据处理的基础,可以通过各种途径,如问卷调查、传感器收集或网络爬虫等方式获取原始数据。之后的数据处理阶段涉及数据整理和分析过程,其中,数据整理是对收集到的数据进行清洗、去重、格式转换等操作,确保数据的质量和一致性;数据分析则是运用统计学、机器学习等方法,挖掘数据的潜在价值,发现数据中的规律或趋势。

数据处理阶段同样存在安全问题,安全因素始终贯穿于数据处理的各个环节。在数据收集阶段,就需要确保数据来源的合法性和安全性,防止恶意数据或病毒的入侵。在数据清洗和整理过程中,除了保证数据质量,还需对数据进行脱敏处理,防止敏感信息的泄露。此外,在数据分析和应用阶段,访问控制和权限管理变得尤为重要,必须确保合法授权人员才能访问和使用相关数据。综上,数据处理不同过程中存在多种安全风险,常见问题如下。

(1)数据泄露:在数据处理期间,数据可能会被未经授权的人员获取,导致敏感信息泄露、个人隐私曝光等问题。

(2)数据篡改:未经授权的人员可能会篡改数据,导致数据的准确性和完整性受到影响,进而影响业务决策和运营。

(3)数据丢失:在数据处理过程中,由于各种原因,数据可能会丢失,导致业务中断、信息不完整等问题。

(4)恶意软件攻击:恶意软件可能会通过数据处理系统进行攻击,如病毒、勒索软件等,对数据安全造成威胁。

(5)不当使用数据:在数据处理过程中,员工可能不当使用数据,如超出许可范围使用数据或将数据用于非法用途,造成安全隐患。

(6)不当配置和管理:数据处理系统的不当配置和管理可能导致安全漏洞,如弱密码、未及时更新补丁等问题。

4.6.2 数据污染导致处理错误

数据污染指的是数据质量受到破坏或损害,导致数据不再准确、完整或可靠。在数据处理阶段,数据经过收集、整理、分析等操作,如果处理过程中存在错误、失误或不当处理,就会导致数据质量下降,进而引入数据污染。数据污染对数据处理影响极大,因为数据质量是数据处理的基础,直接影响到后续的分析、挖掘和决策。数据污染的主要特征包括产生大量的异常值、极大的隐蔽性、扩散效应和关联性。

1)产生大量的异常值

产生大量的异常值是指在数据集中频繁出现与整体数据分布模式显著偏离的极端数值,异常值是由多种原因导致的,包括但不限于测量设备的误差、数据录入时的失误、样本中的极端情况及数据收集过程中的偏差。以数据库系统为例,当数据被不正确地输入或更新时,可能会产生与整体数据分布不一致的异常值。例如,在电商网站的数据库中,如果某个商品的价格被错误地设置为负数或极高的数值,那么价格数据就是异常值。数据污染不仅会影响数据分析的准确性,还可能导致系统错误或误导用户。

2)极大的隐蔽性

数据污染问题具有极大的隐蔽性。数据污染不同于其他污染,数据污染往往具有隐蔽性,有时候很难立刻发现。以机器学习模型的训练数据为例,如果数据采集和标注过程中存在污染,可能会导致模型学习到错误或误导性的特征。假设一个图像识别模型正在训练识别猫的图片,如果训练数据集中包含了一部分被错误标注为猫的其他动物(如狗或狐狸)的图片,或者包含了一些由于拍摄角度、光线等问题导致难以辨认的图片,那么被污染的数据就会成为模型学习的干扰因素。

3)扩散效应

数据污染问题会产生扩散效应。正如经济学的马太效应一样,数据污染问题也是一个污染逐步加深的过程。在数据的处理过程中,如果原始数据或早期数据受到污染,后续的分析会加重污染程度。以数据仓库(Data Warehouse)的构建为例,数据仓库通常用于存储企业内部的各类数据,以供数据分析、报表生成和决策支持等应用使用。如果数据源中的数据存在污染,如数据录入错误、重复数据、缺失值或异常值等,在数据仓库的构建过程中,污染数据会被导入并存储起来。

4)关联性

数据污染的结果可能会导致一系列相关问题的产生,会产生连锁反应。数据污染问题的另外一个突出特点就是和其他问题紧密相连、高度相关。一项数据受到污染,会导致一连串的严重后果。假设一个互联网公司正在使用机器学习算法来预测用户的行为和偏好,以优化其推荐系统。由于数据采集过程中的疏漏,一部分用户的行为数据被错误地记录或标注,导致向用户推荐的内容与其实际兴趣和需求不匹配,会减少用户对该公司其他服务的使用,从而进一步影响公司的收入和市场份额。

4.6.3 数据污染的来源及危害

数据污染是指一种由人们故意的或偶然的行为造成的对原始数据的完整性和真实性的损害,是对真实数据的扭曲。在数据处理阶段,如果存在数据污染错误,就容易对数据处理阶段造成影响。数据污染来源多样,具体来源包括以下几种。

(1)数据清洗不当:在数据清洗的过程中,如果清洗操作不当,可能导致错误数据的保留或有效数据的误删,从而引入数据污染。

(2)数据转换错误:在数据转换过程中,如数据格式转换、单位转换等操作,如果操作不当可能导致数据格式异常或数据内容错误,进而产生数据污染。

(3)计算错误:在数据处理过程中进行各种计算操作时,如果计算公式、算法或程序存在错误,可能导致数据计算结果的错误,从而影响后续的数据分析和应用。

(4)数据集成问题:在不同数据源或系统间进行数据集成时,如果集成操作不当可能导致数据关联错误、数据字段对应错误等问题,产生数据污染。

(5)数据标识错误:在数据处理阶段对数据进行标识、分类等操作时,如果标识不准确或分类错误，可能导致数据被错误处理，产生数据污染。

（6）人为操作失误：在数据处理过程中，人为操作失误也可能导致数据污染，如错误的数据输入、误删数据等。

数据本来的意义是能够真实反映客观现实，真实的数据能说明事物各方面正确特征。若数据受到污染，则会歪曲事物的本来面目，降低数据的说服力，甚至得出错误的结论，数据污染对处理过程的影响，涉及以下几个方面。

（1）影响数据质量：数据污染会直接影响数据的准确性、完整性和一致性，导致数据质量下降。在数据处理阶段，如果数据受到污染，可能会给后续的分析、决策和应用带来严重问题，影响业务运营的正常进行。

（2）损害业务决策：数据处理阶段是将原始数据转化为有用信息的关键环节，如果数据污染导致处理结果不准确或不可靠，就会给业务决策带来误导，影响企业发展方向和战略规划。

（3）增加成本和风险：数据被污染后，需要花费额外的时间和资源来纠正和修复数据，增加了数据处理的成本。同时，污染的数据可能会引入安全隐患，增加数据泄露、数据丢失等风险。

（4）影响用户体验：如果数据处理阶段存在数据污染问题，可能会影响到最终用户的体验。例如，在客户服务中，如果数据污染导致客户信息错误，将会影响客户的信任感和满意度。

（5）法律合规风险：某些行业对数据质量有着严格的法律法规要求，如金融行业、医疗保健行业等。数据污染可能会导致企业违反相关法律法规，带来法律诉讼和罚款等问题。

4.6.4 数据安全处理保护措施

数据安全处理指的是通过加密技术、身份验证和访问控制等技术手段，确保数据在处理阶段的安全性、完整性和可用性，旨在防止数据被非法访问、篡改、泄露或滥用，保障数据的安全性和隐私性。下面从技术、管理和制度层面来阐述数据安全处理的保护措施。

1）技术层面

（1）加密技术：通过使用加密算法对敏感数据进行加密，确保即使数据被盗或泄露，黑客也无法读取其中的内容。常见的加密技术包括对称加密和非对称加密。在数据传输过程中，可以采用 SSL 协议、传输层安全（Transport Layer Security，TLS）协议来加密数据，确保数据在传输过程中的安全性。对于数据的存储，可以使用磁盘加密技术、数据库加密技术或文件加密技术等来保护数据不被非法访问。

（2）访问控制：限制对数据的访问权限，只有经过授权的用户才能够访问和修改数据。访问控制可以基于角色、身份验证和授权等方式进行，确保只有合法用户能够接触到数据。访问控制可以通过使用强密码、多因素身份验证、权限管理和审计日志等手段来实现。

（3）安全审计：安全审计是记录和监控数据访问与使用情况的技术措施。通过实时监测数据的访问、修改和传输情况，可以及时发现异常行为和安全漏洞，并采取相应的措施加以修复，从而提高数据的安全性。

（4）防火墙和入侵检测系统：防火墙和入侵检测系统是常见的网络安全技术，在保护数据安全方面也起到重要作用，可以阻断未授权访问和攻击，提高网络的安全性。

2）管理层面

（1）定期备份与恢复：定期备份数据是保护数据安全的重要手段。通过备份，即使数据发生意外丢失或损坏，也可以通过备份进行恢复。备份数据应存储在安全可靠的位置，并定期测试、验证备份数据的可恢复性。

（2）提升员工培训和意识：加强员工对数据安全的认识，增强其安全意识，通过培训和教育，使员工了解数据安全的重要性，掌握基本的数据安全知识和技能，提高员工对数据安全的重视程度和防范能力。

（3）制定安全策略和流程：制定明确的安全策略和流程，确保数据在收集、存储、传输和使用等各个环节都得到有效的保护。安全策略和流程应覆盖数据的全生命周期，并定期进行审查和更新。

3）制度层面

（1）制定建立严格的数据安全管理制度：制定和完善数据安全管理制度，明确数据安全管理的责任、义务和权利，规范数据的使用和管理行为。制度应覆盖数据的收集、存储、传输、使用和销毁等各个环节，确保数据在各个环节都得到有效的保护。

（2）制定数据泄露应急预案：制定数据泄露应急预案，明确数据泄露事件的应对流程和措施，确保在发生数据泄露事件时能够迅速、有效地应对，以减少损失和影响。

（3）加强法律法规遵从性：遵守相关的法律法规和行业标准，确保数据的收集、存储、传输和使用等各个环节都符合法律法规和行业标准的要求。同时，加强对违规行为的监督和处罚力度，提高数据安全的合规性。

4.7 数据交换安全

4.7.1 数据交换概述

数据交换是指在多个数据终端设备之间，为任意两个终端设备建立数据通信临时互连通路的过程，旨在确保不同信息系统之间能够安全、有效地交换数据。例如，内部对内部的数据交换/共享、政府对政府的数据交换/共享、企业对企业的数据交换/共享，以及政府对企业、政府或企业对服务提供商、政府或企业对个人等的数据交换、共享。

数据交换允许不同系统或设备之间的数据进行互通和交互，数据交换至少需要具备三个基本条件：两个端点和一个数据流动信道。数据流动信道可以是专用或租用线路，也可以使用虚拟专用网络。数据交换的常见方法包括：通过电子或数字文件传输进行数据交换、通过便携式存储设备进行数据交换、通过电子邮件进行数据交换、数据库共享或数据库事务信息交换，以及基于网络或云的服务进行数据交换。

1）通过电子或数字文件传输进行数据交换

数据可以通过电子或数字文件传输进行交换，通过文件传输（通信）协议在两个系统之间传输文件（数据）。各组织需要考虑与使用不同文件传输协议带来的安全风险。文件传输协议包括 FTPS（File Transfer Protocol over SSL/TLS）、HTTPS 和安全复制协议（Secure Copy Protocol，SCP）。

2）通过便携式存储设备进行数据交换

在某些情况下，可能需要使用便携式存储设备交换数据，如可移动磁盘［多用途数字光盘（Digital Versatile Disc，DVD）或 USB 等］。组织者需要考虑被传输数据的影响级别及数据将要传输到的系统的影响级别，以确定所交换的数据是否采取了足够的防范措施。

3）通过电子邮件进行数据交换

电子邮件系统允许用户通过网络发送和接收文本、图像、音频、视频等多媒体文件，从而实现了数据在不同用户之间的数据交换。电子邮件不仅简单易用，还支持跨平台、跨设备使用，用户可以通过计算机、手机、平板电脑等设备随时随地进行邮件的发送和接收。

4）数据库共享或数据库事务信息交换

数据交换是在多个数据终端设备之间，为任意两个数据终端设备建立数据通信临时互连通路的过程。在数据交换中，数据库共享和数据库事务信息交换是常见的实现方式。

数据库共享允许不同系统或平台之间通过共享数据库来实现数据的共享，能够确保数据的一致性和实时性，使得多个系统或平台能够访问和操作同一份数据。数据库事务信息交换则是指在不同数据库系统之间交换事务信息，以实现数据的同步和更新。

5）基于网络或云的服务进行数据交换

数据交换的过程常常通过网络或云服务进行，为数据传输和存储提供了高效、可靠且极具灵活性的解决方案。例如，通过网络传输文件、数据库同步、API 调用等方式，都可以实现数据在不同系统或平台之间的交换。

4.7.2 数据交换阶段潜在风险

数据根据业务需求需要建立跨域交换通道时，面临一系列的安全顾虑。在跨域数据交换中，数据需要在不同的网络域或系统之间进行传输和共享，增加了数据泄露、数据篡改或非法访问的风险，具体存在以下安全顾虑。

（1）不信任来自其他网络域的数据：其他网络域传入的数据，其来源是否合法、数据是否被伪造/篡改、内容是否安全、本网络域是否需要、是否存在非法隐蔽传输通道，都是输入数据不被信任的问题。

（2）担心本域敏感数据的非法外泄：业务系统及用户均对本网络域内独特敏感数据通

过跨域传输被不当导出感到忧虑，忧虑涵盖多个方面，包括数据输出源头是否可靠、数据输出是否经过授权、数据在传输途中是否遭篡改或夹带非法内容、数据本身是否属于敏感范畴，以及是否存在未经授权的隐蔽传输途径等。

随着互联网、大数据、云计算和人工智能等新技术的不断发展，钓鱼攻击和供应链攻击等新型攻击手段层出不穷，上述攻击手段具有攻击范围广、命中率高、潜伏周期长等特点，使得传统的安全检测、防御技术难以应对，数据交换方式正面临着巨大的挑战。在数据交换过程中，攻击者利用新型攻击手段，对数据进行窃取、篡改或破坏，从而威胁数据的完整性和安全性。数据交换阶段引入风险主要包括以下几个方面。

（1）数据泄露：在数据交换过程中，数据可能会受到未授权访问或窃取，导致数据有泄露的风险，会对组织的机密信息、客户数据等造成严重影响。

（2）数据篡改：在数据交换过程中，数据可能会遭到篡改，如被恶意修改、损坏或者植入虚假信息，从而导致数据的准确性和完整性受到损害。

（3）数据丢失：在数据交换过程中，由于网络问题、存储介质故障等原因，数据可能会丢失，导致交换的数据无法完整地到达目的地。

（4）数据传输安全性问题：数据在传输过程中可能会面临安全性问题，如被非法拦截、窃听和中间人攻击，导致数据有泄露或被篡改的风险。

（5）数据格式兼容性问题：在数据交换过程中，不同系统之间可能存在数据格式不兼容的问题，导致数据无法被正确解析和处理。

（6）数据一致性问题：在数据交换过程中，由于不同系统之间的时间延迟或并发操作，可能导致数据的一致性受到影响，出现数据不一致的情况。

（7）合规性和法律风险：对于涉及隐私、个人身份信息等敏感数据的交换，在未经授权或未经合规的情况下进行交换可能会违反相关法律法规，带来法律风险。

4.7.3 数据安全交换保护措施

数据安全交换保护措施旨在确保数据在交换过程中的安全性、完整性和可用性，避免数据泄露、数据篡改或数据丢失等风险。数据交换过程可以是"数据可用不可见"的。使用数据的双方，相互间都不将原始数据提供给对方，同时又能够使用双方的数据进行模型分析。简单来说，数据交换保护措施的最终目的是把数据留在本地，同时要发挥数据的价值，还要利用到别人数据的价值。目前，业界为了实现数据安全交换，普遍采用多方安全计算、可信计算和联邦学习等三种技术。

1）多方安全计算

多方安全计算主要利用底层密码学协议来进行，包括有秘密分享、混淆电路、遗忘传输等技术，主要特点是利用各种密码学协议来实现数据可用不可见。其最大的问题是数据交换效率不够高，难以支持大数据建模。

2）可信计算

可信计算通过构建可信的硬件计算环境来支持数据安全交换，使用芯片提供的独立安全环境,如英特尔公司的 SGX,ARM 公司的 TEE 等,将加密数据传递到芯片安全环境中进行解密计算,非安全环境的硬件、软件都无法访问。

3)联邦学习技术

联邦学习技术是一种更容易实现的联合建模方法,最大特点就是能够面向大数据进行联合建模,且效率较高,应用也最为广泛。联邦学习又可分为横向、纵向、迁移联邦学习,在实际应用中纵向联邦学习更为常见。

4.8 数据销毁安全

4.8.1 数据销毁概述

数据销毁安全是数据安全生命周期的最后一个阶段。数据销毁的定义为,在计算机或相关设备被废弃、转售或捐赠之前,必须确保其存储的所有数据得到彻底清除且无法恢复,以防止信息泄露风险,特别是国家机密数据。数据销毁涉及采用多种技术手段,旨在完全破坏存储媒介内数据的完整性,防止未经授权的用户利用可能存在的数据残留进行恶意恢复,从而达到保护数据安全的目的。

数据销毁作为涉密受限数据全生命周期的最后一个阶段,是避免数据泄露的关键步骤。数据销毁阶段主要会引入以下风险和威胁。

(1)数据残留风险:即使执行了数据销毁操作,部分数据可能仍然存在于存储介质中,如未完全覆盖或擦除的数据残留,有敏感信息泄露的风险。

(2)未经授权的数据恢复:黑客或者恶意攻击者可能尝试通过数据恢复软件等手段,恢复已经销毁的数据,从而获取敏感信息,对企业等造成损失。

(3)非法获取废弃设备:未经妥善处理的废弃设备可能被他人获取并进行数据恢复,有数据泄露的风险。

(4)违反合规性和法律法规:如果数据销毁过程不符合相关的合规性要求和隐私法律法规,组织可能面临法律责任和罚款。

(5)内部操作失误:人为操作失误导致数据销毁不彻底或者记录不完整,进而影响数据安全和合规性。

(6)数据销毁记录被篡改:数据销毁记录可能会被篡改,以掩盖数据销毁不彻底或者其他不当操作,给组织带来潜在的风险。

4.8.2 数据安全销毁常用方法

数据销毁作为数据安全的一个重要环节,主要目标是确保之前存储的数据不可恢复,从而降低网络安全风险和提高数字安全。随着数据量的不断增加和存储技术的快速发展,数据泄露和非法访问的风险也在不断上升,必须采取严密的安全措施来防范各种潜在威胁。

数据销毁方法主要包括两大类：通过软件方法进行的数据软销毁和采用专业设备进行的数据硬销毁。数据销毁方法如图 4-8 所示。

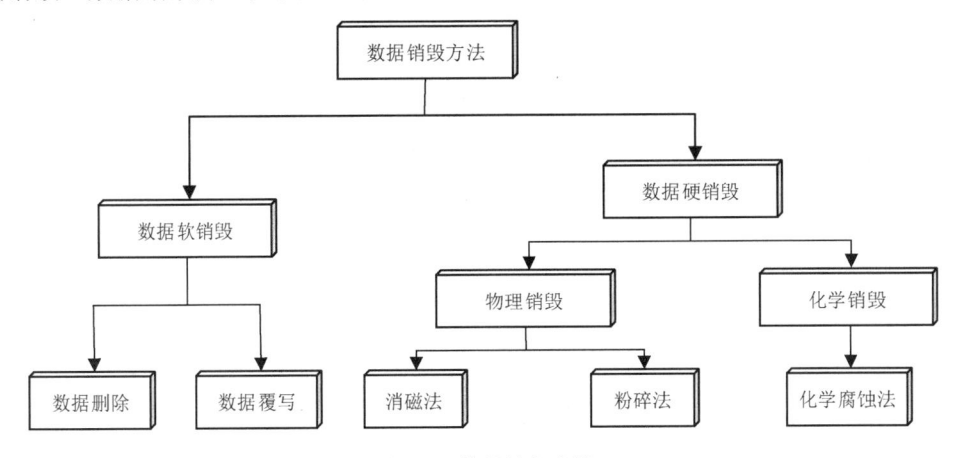

图 4-8　数据销毁方法

1) 数据软销毁

数据软销毁即通过软件方法进行数据销毁的方式，分为数据删除和数据覆写两种方法。

(1) 数据删除。

数据删除主要有两种方式：逻辑删除和物理删除。逻辑删除是指数据经过特定的变更后不能再被正常使用，但在物理层面，数据依然存在于存储介质中。物理删除则是指数据从存储介质中被完全移除，无法通过常规手段恢复。然而，无论是逻辑删除还是物理删除，都可能存在一定的风险，尤其是在面对高级的数据恢复技术时，数据可能会被恢复。

(2) 数据覆写。

数据覆盖技术的核心理念在于，以新数据覆盖磁盘上的旧数据，从而实现旧数据的物理擦除。作为一种广泛采用的数据销毁手段，数据覆写法特别适用于可重复写入的存储媒介，操作过程涉及使用无意义且随机的数据多次重复写入存储介质，以此覆盖原有数据。随着覆盖次数的累积增加，原有数据被成功恢复的可能性逐渐降低，直至趋近于零。

2) 数据硬销毁

数据硬销毁从根本上破坏存在涉密信息的物理载体，即非常彻底地解决信息泄露问题的销毁方法，数据硬销毁包括物理销毁和化学销毁两种方法。

(1) 物理销毁。

物理销毁通过彻底破坏存储介质的方式，确保数据无法被恢复。消磁法利用强力磁场破坏存储介质的磁性结构，使数据无法被读取，适用于大批量销毁磁盘或磁带等磁性存储介质；粉碎法则通过机械力量将存储介质破碎成碎片，从而确保数据无法恢复，粉碎后的存储介质可以被安全地回收或处理。

(2) 化学销毁。

化学销毁主要通过使用特定的化学药品来腐蚀、溶解、活化或剥离存储介质（如硬盘）表面的数据，能够彻底破坏存储介质中的数据，使其无法恢复。

从销毁的效果来看，焚烧、高温、物理破坏的销毁效果最好，能够让存储介质从物理上消失，数据销毁的保险系数最高，消磁法的效果次之，化学销毁的效果较弱，数据覆写法效果最弱。

多种数据销毁方法效果对比如表 4-4 所示。

表 4-4 多种数据销毁方法效果对比

销毁方法	销毁效果	工作效率	投入成本
焚烧（各种存储介质）	高（物理消失）	低（费时费力）	高（专业设备、场地、培训、环保处理）
高温（各种存储介质）	高（物理消失）	中（较费时）	高（专业设备、场地、培训、环保处理）
物理破坏（各种存储介质）	高（物理消失）	低（费时费力）	高（专业设备、场地、培训、环保处理）
消磁法（磁性存储介质）	中（数据不可恢复）	高（数秒内完成）	中（设备购买）
化学销毁（各种存储介质）	中（逐渐减弱）	低（费时费力）	高（专业设备、场地、培训、环保处理）
数据覆写（各种存储介质）	低（数据覆写）	低（完成时间最长）	中（设备购买）

上述销毁方法中，从工作效率角度考虑，消磁法以其极快的处理速度脱颖而出，能在数秒内完成数据销毁，极大节省了时间与人力成本。紧随其后的是高温销毁方法，而焚烧、物理破坏及化学销毁方法则相对耗时费力。数据覆写虽对人力需求最低，依赖机器自动完成，但其需要反复写入数据，整体耗时较长。就投入成本而言，数据覆写方法和消磁法仅需初期设备投资，对场地及人员要求不高。相比之下，焚烧、高温、物理破坏及化学销毁方法不仅需要专业设备，还需要特定销毁场地，并需制定严格的安全操作规程，对销毁人员实施专业培训，同时确保残渣处理符合环保标准。面对数据泄密风险，关键在于寻找数据销毁方法、成本与效果之间的最佳平衡点。结合科学的监督规则，一旦监督规则被违反，自动销毁机制就能够强化和完善数据安全防护体系，以确保数据安全。

4.9 全生命周期数据安全防护

数据资产的整个生命周期包括数据采集、数据传输、数据存储、数据处理、数据交换和数据销毁等阶段，为了保证全生命周期数据安全，需在各个阶段采取有针对性的安全可信防护措施，保障数据的安全性和可靠性。全生命周期安全防护措施如图 4-9 所示。

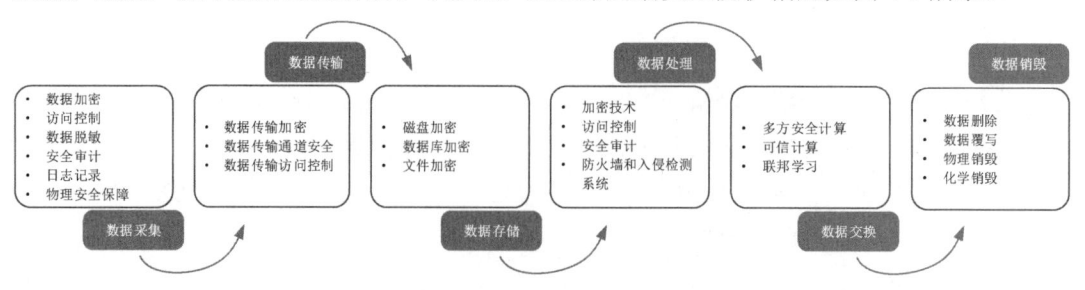

图 4-9 全生命周期安全防护措施

1）数据采集阶段

在数据采集前，应当明确数据采集的目的、用途、方式、范围、采集源和采集渠道等内容，并对数据来源进行源鉴别和记录；制定明确的数据采集策略，只采集经过授权的数据。常用的保护方法有数据加密、访问控制、数据脱敏、安全审计、日志记录及物理安全保障等。

2）数据传输阶段

在数据传输阶段先根据数据级别划分，再在数据传输过程中为防止数据泄露，采取数据传输加密、数据传输通道安全和数据传输访问控制等一系列数据加密保护策略和安全防护措施。

3）数据存储阶段

在数据存储阶段，为保障数据的高可用性，应采取磁盘加密、数据库加密和文件加密等一系列措施确保数据备份与恢复。

4）数据处理阶段

在数据处理阶段，通过加密技术、访问控制、安全审计等技术手段，确保数据在处理阶段的安全性、完整性和可用性，旨在防止数据被非法访问、篡改、泄露或滥用，保障数据的安全性和隐私性。

5）数据交换阶段

在数据交换阶段，使用数据的双方都不将原始数据提供给对方，同时又能够使用双方的数据进行模型分析，普遍采用多方安全计算、可信计算和联邦学习等技术实现数据安全交换。

6）数据销毁阶段

当需要清除系统及设备中的数据时，使其保持不可被检索和访问的状态，应在执行数据删除工作时，采用数据删除、数据覆写、物理销毁和化学销毁等方法实现数据销毁。

4.10 数据隐私保护技术

4.10.1 数据安全与去标识化技术

当前，个人信息塑造了个人的虚拟形象，更有着显著的财产和资源属性，在个人隐私、财产利益、信息安全、经济发展等诸多方面都产生了深刻的影响，因此保护个人信息至关重要。去标识化，有时也称为"去标识化过程"，是指去除一组识别属性与数据主体之间关联的过程。个人信息去标识化，是指通过对个人信息的技术处理，使其在不借助额外信息的情况下，无法识别个人信息主体的过程。数据去标识化是一种处理敏感数据的方法，旨在保护个体隐私并遵守隐私法规的要求。该过程涉及去除或减弱数据中可以用于识别个人身份的信息，同时保留数据的有用性和分析价值。数据去标识化的最终目标是使数据在匿名的状态下仍然具备可用性，以支持各种数据分析和共享活动，同时不会泄露敏感信息。

数据去标识化技术与数据生命周期的六个阶段之间存在紧密的关联性，通过在整个数据生命周期中合理应用去标识化技术，可以更有效地保护个人隐私和数据安全，提高数据管理的效率和准确性，促进数据的合规共享和开放利用。

1）数据采集阶段

在数据采集阶段，去标识化技术可以提前介入，确保在数据生成之初就对其进行匿名化处理，从而保护个人隐私和数据安全，有助于降低后续阶段中可能发生隐私泄露的风险。

2）数据传输阶段

在数据传输阶段，通过去除或替换数据中的个人身份信息和敏感数据，有效降低了数据在传输过程中被非法获取、滥用或泄露的风险，从而保护个人隐私和数据安全，确保数据在合规的前提下高效、安全地进行传输。

3）数据存储阶段

在数据存储阶段，去标识化技术通过减少或消除数据中的个人身份信息和敏感数据，有效提升了数据存储的安全性，降低了数据泄露和滥用的风险，为组织提供更为安全、可靠的数据存储解决方案。

4）数据处理阶段

在数据处理阶段，去标识化技术通过降低数据的可识别性，有效保护个人隐私，降低数据滥用的风险，允许在保护个人隐私的前提下，对数据进行分析、挖掘和处理，从而确保数据处理的合规性和安全性。

5）数据交换阶段

在数据交换阶段，去标识化技术的作用主要体现在保护个人隐私和数据安全上，通过去除或替换数据中的个人身份信息和敏感数据，有效降低了数据在交换过程中被泄露或滥用的风险，有助于确保数据在合规的前提下进行交换，促进了数据的合规共享和开放利用。

6）数据销毁阶段

在数据销毁阶段，去标识化技术确保了即使数据被删除或销毁，其残留信息也不会被用于识别个人隐私，通过彻底清除或替换数据中的敏感信息，降低了数据泄露的风险，确保数据在生命周期的最后阶段得到妥善处理。

4.10.2 去标识化技术的重要性

在数据生命周期之外，去标识化技术的重要性在于其能够有效地保护个人隐私和数据安全，通过删除或转换敏感数据标识符，确保数据在共享和使用过程中不再与个人身份直接相关，从而防止数据泄露和滥用。同时，该技术也有助于提升数据处理的合规性，使企业和组织在数据处理和存储行为上符合法规要求，避免潜在的法律风险。此外，去标识化技术还能促进数据的跨组织共享和开放利用，降低隐私泄露风险，鼓励更多的组织和个人参与数据共享，从而最大化实现数据价值。数据去标识化的动因如下。

1）合规性要求

随着隐私法规，如通用数据保护条例（General Data Protection Regulation，GDPR）、加州消费者隐私法案（California Consumer Privacy Act，CCPA）的出台，组织需要确保其数据处理活动符合法律法规。数据去标识化是实现合规性的关键步骤之一。

2）隐私保护

敏感数据的泄露可能会导致严重的隐私侵犯和身份盗窃事件，数据去标识化有助于降低风险，保护个体的隐私。

3）数据共享

在一些情况下，组织需要共享数据以支持研究、分析或合作项目。数据去标识化使得数据可以在不暴露个体身份的情况下实现共享，促进了组织合作和知识共享。

4）商业需求

一些组织需要处理大量的客户数据，又需要保护客户隐私，通过数据去标识化，可以在不放弃数据价值的情况下实现保护客户隐私的目标。

5）信任建立

通过采取主动的数据保护措施，组织可以增加客户和合作伙伴对其数据处理实践的信任。数据去标识化的原理涉及从原始数据中删除或替代与个体身份相关的信息，同时保留数据的完整性和实用性。

4.10.3 去标识化技术

去标识化技术的起源可以追溯到 20 世纪 70 年代，当时计算机科学家和数据分析师开始意识到在数据集中包含敏感信息可能会导致隐私泄露问题。去标识化技术采用变换数据集的方法，减少数据与特定数据主体的关联程度。常用的技术包括统计技术、密码技术、抑制技术、假名化技术、泛化技术和随机技术等，如图 4-10 所示。

（1）统计技术：利用统计学方法对数据进行脱敏，主要包括数据抽样和数据聚合两种技术。统计技术可以保持数据集的统计学特性。

（2）密码技术：通过密码学的加密算法对数据进行加密来完成数据变形脱敏，当需要还原数据时，采用相同的算法或对应算法输入秘钥，即可完成数据还原。密码技术可以细分为确定性加密和随机性加密两种。

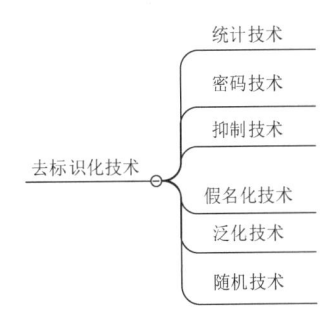

图 4-10 常用的去标识化技术

（3）抑制技术：抑制技术包括屏蔽、局部抑制和记录抑制等，通过隐藏或删除部分数据来减少数据中的敏感信息，以达到去标识化的目的。

（4）假名化技术：假名化技术是一种使用假名替换直接标识的去标识化技术。采用假名化技术脱敏的数据无法直接进行还原，可以通过建立原始数据到假名数据的映射表来实现还原。

（5）泛化技术：泛化技术是一种降低数据集中所选属性粒度的去标识化技术，其对数据进行更概括、更抽象的描述。泛化技术在做特征处理的时候也经常会用到，如对年龄进行区间化。

（6）随机技术：随机技术通过随机化修改属性的值，使得随机化处理后的值区别于原来的真实值，无法进行还原。

4.11 云存储数据安全

4.11.1 云数据存储方式

大数据时代产生的数据量基数大，数据格式繁杂，对数据处理所需的实时性、高效性等要求更高，传统的数据存储技术根本无法应对，云存储技术凭借其虚拟化、分布式存储和软件定义存储等特性，正逐步成为数据存储的领先选择。云存储技术具有高效、可靠、灵活和可扩展的存储优势。

（1）虚拟化技术使得云存储能够动态地分配和管理存储资源，提高了资源的利用率和灵活性，通过虚拟化技术，云存储可以将物理存储设备转化为逻辑资源池，从而实现对存储资源的集中管理和统一调度。

（2）分布式存储通过将数据分散存储在多个独立的节点上，实现了数据的冗余备份和负载均衡，提高了数据的可靠性和访问性能，使得云存储能够应对大规模并发访问和海量数据存储的需求。

（3）软件定义存储通过软件来定义和管理存储资源，使得存储系统更加灵活和可扩展。超融合存储则通过整合计算、网络和存储资源，实现存储系统的简化部署和高效管理。

云存储作为现代数据存储和管理的重要方式，用户可以随时随地访问和共享数据，无须担心硬件限制或存储空间不足。同时，云存储的按需付费模式降低了信息技术成本，让资源分配更加灵活高效。此外，云存储还具备高可靠性和强大的数据恢复能力，确保用户数据的安全与完整。云存储以其高效、灵活和成本优化的特性，为企业和个人提供了前所未有的便利。云存储服务可分为四种主要类型：公有云存储、私有云存储、混合云存储和多云存储。

（1）公有云存储：由第三方服务提供商提供和管理的云存储服务，允许数据存储在服务提供商的基础设施上，用户通过互联网来访问数据。公有云存储的例子有 Amazon S3、

Google Cloud Storage 和 Microsoft Azure Storage。

（2）私有云存储：在组织的内部网络或私有数据中心内部署的云存储解决方案。私有云存储提供了更高级别的安全性和控制，适用于对数据隐私和合规性有严格要求的组织。

（3）混合云存储：结合了公有云存储和私有云存储的特点，允许数据和应用程序在两者之间移动。混合云存储提供了灵活性和数据部署选项，帮助企业根据需要优化成本和性能。

（4）多云存储：指使用两个或多个云服务提供商来存储和管理数据的策略。多云存储可以增加数据冗余，减少对单一服务提供商的依赖，并可优化成本效益。

4.11.2 云数据存储安全风险

随着云服务的广泛普及，云安全面临的挑战也越来越大，其面临的安全威胁包括：配置错误、弱密码或密钥管理不善、软件漏洞和内部威胁，以及网络钓鱼、分布式拒绝服务攻击、凭据窃取、数据泄露和供应链攻击等。在云环境下，数据安全面临的威胁可以概括为外部攻击、内部威胁、数据泄露、数据丢失和供应链风险五个方面。

1）外部攻击

在云数据的安全环境中，外部攻击构成了重大的威胁，主要源自云服务外部的实体，如黑客、恶意用户、竞争对手或其他非法组织。攻击者可能会采取多种手段来攻击云服务，包括植入特洛伊木马以远程控制服务、利用系统漏洞进行旁路攻击、篡改或注入恶意数据以投毒攻击、通过网络钓鱼或分布式拒绝服务攻击等手段进行网络入侵，或者在数据传输过程中截获敏感数据。

2）内部威胁

内部威胁是指来自云服务提供商内部员工、合作伙伴或系统的潜在安全风险，源自员工的疏忽、恶意行为，以及系统漏洞或合作伙伴的不当行为。内部员工可能因为对系统的不当访问、滥用权限、泄露敏感信息或执行恶意代码而对云数据造成损害。此外，系统漏洞和合作伙伴的不当行为也可能为攻击者提供机会，使之利用漏洞或不当行为来攻击云服务，导致数据泄露、数据篡改或数据破坏。

3）数据泄露

数据泄露是指未授权访问、披露、丢失或窃取存储在云服务中的敏感数据。敏感数据包括个人信息、公司机密、财务数据、客户数据等，数据泄露可能对个人隐私、企业运营和国家安全造成严重影响。数据泄露通常是由安全漏洞、弱密码、内部人员疏忽、恶意软件感染、物理设备丢失或盗窃等原因造成的。

4）数据丢失

数据丢失是指用户、软件或应用程序在云环境中无法访问、读取或恢复数据的情况，可能是由多种原因造成的，如硬件故障、自然灾害、意外删除、数据损坏、安全漏洞、遭受攻击等。数据丢失可能导致重大的业务中断、经济损失和声誉损害。

5）供应链风险

供应链风险是指云服务提供商的供应链中可能存在的安全漏洞和威胁,影响云服务整体安全性。供应链风险来自供应链的各个环节,如硬件供应商、软件开发商、第三方服务提供商等。例如,硬件供应商提供的硬件可能存在生产过程中的质量问题或安全漏洞;软件开发商所开发的软件中可能存在安全缺陷或恶意代码;第三方服务提供商可能未能充分保护其管理的用户数据。供应链风险可能导致云服务提供商无法提供安全的云服务,进而影响到用户的数据安全。

4.11.3 云数据安全防护技术

数据安全是确保存储在云服务中的数据免受未授权访问、泄露、篡改和丢失的一系列策略、技术和措施。考虑到云计算环境的复杂性,云数据安全涉及物理层安全、链路层安全、网络层安全、传输层安全和应用层安全等层面。

1）物理层安全

物理层安全是指云服务提供商在硬件设备和基础设施上实施的安全保障措施,包括数据中心安全防护、物理访问控制、物理设备和环境安全等。

(1) 数据中心安全防护:数据中心是云计算平台的核心,因此需要采取严格的安全措施,包括实施24小时监控、限制人员进出、确保供电和制冷系统的稳定可靠等。

(2) 物理访问控制:确保只有授权人员能够访问云计算平台的物理设备,包括数据中心、服务器、存储设备等,常通过实施门禁系统、安装摄像头、身份验证等手段来实现。

(3) 物理设备和环境安全:保护物理设备免受盗窃、损坏、自然灾害等威胁,包括确保设备放置在安全的环境中,采取防火、防水、防雷电等措施,以及定期进行设备维护和检查。

2）链路层安全

链路层安全关注数据在物理链路上的传输安全,常用数据加密、数据完整性保护和链路层安全协议等保障措施,确保数据在传输过程中不被窃取或篡改。

(1) 数据加密:数据加密通过通信双方采用一致的加密算法对数据进行加密处理来实现。加密技术确保即使数据在传输过程中被截获,攻击者也无法轻易解读其中的内容。

(2) 数据完整性保护:使用校验算法来确保数据在传输过程中的完整性。如果数据在传输过程中被篡改,接收方可以通过校验算法检测出来。

(3) 链路层安全协议:在云环境中,采用特定的链路层安全协议(如IPsec)来确保数据在传输过程中的安全,包括数据机密性、完整性和身份认证等安全特性。

3）网络层安全

网络层安全是指在云计算网络层实施的安全措施,包括网络架构安全、边界防护、访问控制和身份认证等。

(1）网络架构安全：确保云计算平台的网络架构合理、稳定且安全，包括使用安全的网络协议、合理的网络拓扑结构、划分安全域等措施来防止未授权访问和数据泄露。

(2）边界防护：通过布置防火墙、入侵检测系统和入侵防御系统等安全设备，对网络边界进行有效的安全防护。安全设备可以检测和过滤来自外部网络的恶意流量和攻击，保护内部网络和数据的安全。

(3）访问控制和身份认证：实施严格的访问控制和身份认证机制，确保只有经过授权的用户和实体能够访问云计算平台的网络资源，包括使用强密码策略、多因素身份验证、基于角色的访问控制等手段。

4）传输层安全

传输层安全是确保数据在传输过程中不被篡改、窃取或伪造的安全措施，包括消息完整性校验、会话密钥协商、数据封装和多路径传输等。

(1）消息完整性校验：在数据传输过程中，发送方会计算一个 MAC 值并附加到数据中，接收方收到数据后会使用相同的密钥和算法重新计算 MAC 值，并与接收到的 MAC 值进行比对，以验证数据在传输过程中是否被篡改。

(2）会话密钥协商：使用公钥和私钥体系来协商会话密钥，确保通信双方使用相同的密钥进行加密和解密，防止密钥被未经授权的第三方获取，从而提高数据传输的安全性。

(3）数据封装：在数据传输过程中，数据可以被封装在一个安全的容器中，该容器使用加密技术进行保护，确保即使数据在传输过程中被截获，攻击者也无法轻易访问其中的内容。

(4）多路径传输：利用多个物理或逻辑通道来同时传输数据，将数据分割成多个部分，然后通过不同的路径传输这些部分，最终汇聚在接收端，以提高数据传输的性能和可靠性。

5）应用层安全

应用层安全注重保护云计算环境中应用程序和数据免受各种威胁和攻击，通过采取身份认证和访问控制、数据保护和加密、安全通信和传输、安全编程和漏洞管理等保障措施，确保云计算环境中应用程序和数据的安全性。

(1）身份认证和访问控制：确保只有经过授权的用户能够访问应用程序及其相关数据，包括实施强密码策略、多因素身份验证及基于角色的访问控制等机制。

(2）数据保护和加密：对应用程序中的敏感数据进行保护，防止未授权访问和篡改，涉及使用加密算法对数据进行加密，并确保在应用程序处理数据时使用安全的编程方法实践。

(3）安全通信和传输：保护应用程序在网络传输过程中的数据机密性和完整性。使用安全协议和加密技术来加密通信数据，并防止中间人攻击。

(4）安全编程和漏洞管理：通过遵循安全的编程规范和最佳实践，从源头减少应用程序漏洞的产生，同时建立完善的漏洞管理流程，包括漏洞的检测、评估、修复及跟踪等，以确保云计算环境中应用程序和数据的安全性，降低遭受攻击的风险。

第 5 章　网络空间安全治理

5.1　网络空间安全治理概念

随着信息技术的进步和互联网的广泛应用，网络空间正在以前所未有的广度、高度和深度影响人类的政治、经济、文化、军事等领域，逐渐成为人类生活的第五空间。网络空间的治理旨在保障其稳定、安全、有序地演进，这一过程涉及政府、企业、个人等多个参与方，依据各自的角色定位和职责划分，通过相互协作，依据普遍认可的原则、标准、规章、决策流程及策略，对网络空间的相关事务进行有效管理。网络空间治理的核心目标是维护国家安全、促进经济发展、保障社会稳定和保护个人隐私。通过有效的网络空间治理，可以防范和应对各种网络威胁，如网络攻击、数据泄露、网络犯罪等，确保网络空间的安全性和可靠性。

5.1.1　网络空间安全形势

随着全球信息化进程的加速，网络空间已经成为国家安全、经济发展和社会稳定的重要领域。然而，网络空间的开放性和匿名性带来了诸多安全隐患。近年来，网络攻击事件频发，数据泄露问题严重，国家级网络战日益激烈，物联网设备的安全隐患不断增加，人工智能技术的滥用也为网络安全带来了新的挑战。上述问题不仅威胁到个人隐私和企业机密，还对国家安全和社会稳定构成严重威胁。

1）网络攻击事件频发

近年来，网络攻击事件频繁发生，攻击手段日益复杂多样。无论是政府机构、企业还是个人用户，都面临着不同程度的网络威胁。勒索软件、钓鱼攻击、分布式拒绝服务攻击等成为常见的攻击手段。特别是勒索软件攻击，黑客通过加密受害者的数据，要求支付赎金才能解锁，给企业和个人带来了巨大的经济损失。分布式拒绝服务攻击通过大量的虚假流量使目标网站瘫痪，影响其正常运营，甚至导致服务中断。

2）数据泄露问题严重

数据作为数字经济时代的核心资产，其价值日益凸显。然而，数据泄露事件频繁发生，涉及范围广，从社交媒体到电商平台，从金融机构到医疗机构，给个人隐私和企业机密带来了巨大威胁。黑客通过入侵数据库、窃取敏感信息，甚至在暗网上进行非法交易，给社会造成了严重的经济损失和影响。对个人信息的非法收集、存储、传输和滥用，不仅侵犯了公民的隐私权，还可能引发社会信任危机，对经济发展和社会稳定造成深远的影响。企业数据泄露可能导致商业机密泄露、经济损失和品牌形象受损，进而影响其市场竞争力。

3）国家级网络战日益激烈

国家间的网络对抗日益激烈，网络战成为现代战争的重要组成部分。国家级黑客组织通过网络攻击对敌国进行情报窃取、关键基础设施破坏等活动，威胁全球安全。近年来，多个国家被指控参与网络间谍活动，窃取他国的军事、政治、经济情报，甚至干预他国选举。此外，网络战还可能对关键基础设施，如电力、交通、金融等造成严重破坏，影响国家安全和社会稳定。

4）物联网设备的安全隐患不断增加

物联网设备的普及使得网络安全问题更加复杂。物联网设备种类繁多，包括智能家居设备、工业控制系统、医疗设备等，这些设备在提高生活便利性和生产效率的同时，也带来新的安全隐患。例如，许多物联网设备在设计之初并未充分考虑安全性，攻击者可以通过攻陷设备，进行数据窃取、服务中断甚至物理破坏。

5）人工智能技术的滥用也为网络安全带来了新的挑战

人工智能技术的快速发展，为网络安全带来新的挑战。黑客利用人工智能技术开发更为复杂和隐蔽的攻击手段，如自动化攻击工具、深度伪造技术等。其中深度伪造技术能够生成逼真的虚假视频和音频，用于恶搞和诈骗，严重侵犯公民的名誉权和肖像权，影响个人的正常生活和交往，导致巨大的财产损失。深度伪造技术还可能被境外势力和不法分子利用，用于抹黑国家形象、诽谤公众人物、策划违法犯罪，甚至煽动暴力恐怖活动，对社会和谐稳定及国家安全造成严重影响。此外，人工智能还可能被用于大规模数据分析，帮助黑客更精准地定位攻击目标，提升攻击的成功率。

5.1.2　国外网络空间安全治理理论

随着互联网对社会经济生活的深刻影响，网络空间治理相关的法律与政策治理阶段逐渐形成，各国通过法律和政策手段来规范和管理网络行为，以提升网络安全和秩序。面对网络空间日益复杂的全球性挑战，多主体协同治理阶段强调政府、企业、社会组织和个人等多方主体的共同参与和协作，通过多方参与和共治模式，整合资源和力量，应对网络安全威胁和治理需求。在全球网络空间治理中，欧美国家和中国提出了各具特色的理论和实践，形成了不同的治理模式。

随着互联网的迅猛发展，欧美国家逐渐认识到网络空间治理不仅仅是技术问题，更是涉及法律、政策、经济和社会等多个层面的综合性挑战。为了应对这些复杂的挑战，欧美国家的网络空间治理理论主要包括多利益相关方治理、互联网自由和国际合作标准化。欧美国家网络空间安全治理理论如表 5-1 所示。

表 5-1 欧美国家网络空间安全治理理论

治理理论	核心观点	示 例
多利益相关方治理	政府、企业、学界和民间社会等多方利益相关者共同参与决策和管理,提升网络空间安全治理的公平性和有效性	ICANN 管理全球互联网域名系统的机制
互联网自由	强调保障网络空间的开放性和言论自由,反对过度的政府监管和信息控制	保护用户隐私权和言论自由权,反对网络审查和信息封锁
国际合作标准化	通过国际组织和多边机制,推动网络安全标准的制定和实施,提升全球网络空间安全水平	参与国际合作,共同制定和推广网络空间安全标准

1)多利益相关方治理

多利益相关方治理是指在网络空间安全治理中,政府、企业、学界和民间社会等多方利益相关者共同参与决策和管理。此理念源自欧美国家对互联网开放、透明和自由的追求,认为通过多方参与,可以更好地反映不同群体的利益和需求,提升网络空间安全治理的公平性和有效性。此治理模式强调通过公共咨询、开放会议和协商机制,来制定和实施网络空间的政策和规范。例如,互联网名称与数字地址分配机构(Internet Corporation for Assigned Names and Numbers,ICANN)就是多利益相关方治理模式的典型代表,其通过多方参与的机制,负责全球互联网域名系统的管理。

2)互联网自由

欧美国家强调互联网自由,主张保障网络空间的开放性和言论自由,反对过度的政府监管和信息控制。此理念受到民主自由价值观的影响,认为自由的信息流动是互联网发展的核心动力,有助于促进技术创新、经济发展和社会进步。因此,欧美国家在网络空间安全治理中,注重保护用户的隐私权和言论自由权,反对网络审查和信息封锁。

3)国际合作标准化

欧美国家积极参与国际合作,推动网络安全标准的制定和实施。通过国际组织和多边机制,欧美国家致力于应对跨国网络威胁,促进全球网络空间的安全与稳定。欧美国家认为,网络空间的安全问题具有全球性,单靠一国之力难以解决,因此,需要通过国际合作,共同制定和推广网络安全标准,提升全球的网络安全水平。

5.1.3 我国的网络空间安全治理理论

我国在网络空间治理方面提出了具有中国特色的网络空间治理理论,逐步形成了独特的治理模式。随着互联网的快速发展和网络安全威胁的不断增加,我国政府认识到网络空间治理不仅是国家安全的重要组成部分,也是推动经济社会发展的关键因素。为此,我国提出多主体协同治理、网络主权原则和网络空间命运共同体等治理理论。上述理论不仅反映了我国在网络空间治理方面的独特视角和实践经验,也为全球网络空间治理提供新的思路和方案。我国的网络空间安全治理理论如表 5-2 所示。

表 5-2 我国的网络空间安全治理理论

治理理论	核心观点	示例
多主体协同治理	政府、企业、社会组织和个人等多主体共同参与网络空间治理，共同应对网络安全挑战	政府制定网络安全法，企业提升网络安全水平，社会组织和个人提高安全意识
网络主权原则	各国有权在自己的网络空间内制定和实施相关政策、法律，维护国家的网络安全和利益	反对网络霸权和干涉，推动建立公平、公正的网络空间秩序
网络空间命运共同体	各国应加强合作，共同应对网络空间的风险和挑战，推动全球网络空间的和平与繁荣	促进国际社会在网络空间治理方面的合作与交流，共同制定和实施网络安全政策、标准

1）多主体协同治理

我国倡导多主体协同治理，强调政府、企业、社会组织和个人等多主体共同参与网络空间治理。通过协同合作，各方可以充分发挥各自的优势，共同应对网络安全挑战。我国政府通过制定网络安全法和相关政策，规范网络行为。企业则通过技术创新和安全防护措施，提升网络安全水平。社会组织和个人通过网络安全教育和宣传，提高公众的安全意识。多主体协同治理模式旨在形成合力，构建一个安全、稳定和可信的网络空间环境。

2）网络主权原则

我国在网络空间治理中强调网络主权原则，主张各国有权在自己的网络空间内制定和实施相关政策、法律，维护国家的网络安全和利益。这一原则着重强调国家在网络空间的主导地位，反对任何形式的网络霸权和干涉。我国认为，尊重各国的网络主权是实现全球网络空间和平与稳定的基础。通过网络主权原则，我国希望在国际网络治理中发挥更大的作用，推动建立公平、公正的网络空间秩序。

3）网络空间命运共同体

我国提出构建网络空间命运共同体的理念，主张各国应加强合作，共同应对网络空间的风险和挑战。网络空间命运共同体强调全球网络空间的互联互通和共同发展，倡导各国在平等互利的基础上，携手应对网络安全威胁，推动全球网络空间的和平与繁荣。网络空间命运共同体理念还体现了我国对全球互联网治理的责任感和使命感，我国希望促进国际社会在网络空间治理方面的合作与交流，共同制定和实施网络安全政策、标准，构建一个和平、开放、安全的网络空间。

5.1.4 网络空间安全治理的重要意义

随着信息技术和互联网的迅猛发展，网络空间已成为人类社会的重要组成部分。然而，网络空间的开放性、匿名性和复杂性也带来了如网络犯罪、信息泄露、网络攻击等一系列安全问题。因此，网络空间治理显得尤为重要，通过有效的治理，可以维护国家安全、保障社会稳定、促进经济发展和保护个人隐私。

1）维护国家安全

网络空间作为继陆、海、空、天之后的第五维空间，已成为国家主权的重要组成部分。随着信息技术的飞速发展，网络攻击、网络窃密、网络恐怖主义等安全威胁日益严峻，对国家政治、经济、军事安全构成重大威胁。通过有效的网络空间治理，可以建立健全的网络空间安全防护体系，能够有效防范和抵御外部网络威胁，保护国家关键信息基础设施安全，确保国家机密和敏感信息不被泄露，维护国家网络主权不受侵犯。

2）保障社会稳定

网络空间的开放性和匿名性使得虚假信息、网络暴力等问题层出不穷，严重影响社会的和谐稳定。网络空间中虚假信息的传播不仅会误导公众，还可能引发社会恐慌和不安，通过加强对网络信息的监管，打击虚假信息的传播，可以维护社会的稳定和公众的信任。网络暴力不仅会对受害者造成心理伤害，还可能引发社会矛盾和冲突。通过制定和实施网络暴力防治措施，可以有效遏制网络暴力行为，维护社会的和谐稳定。

3）促进经济发展

网络空间是现代经济的重要组成部分，电子商务、金融交易和信息服务等都依赖于安全稳定的网络环境。有效的网络空间治理可以营造良好的网络环境，促进经济的可持续发展。首先，网络空间治理可以保障电子商务的安全，提升消费者和企业的信任度，促进其健康发展；其次，网络空间治理可以推动信息服务业的发展，为其提供安全稳定的环境，助力经济转型升级。

4）保护个人隐私

随着互联网和信息技术的普及，个人隐私保护面临着前所未有的挑战。在海量数据的收集、存储和处理过程中，个人信息容易被滥用、泄露甚至盗取。首先，网络空间治理可以规范个人信息的收集和使用，通过制定和实施个人信息保护法律法规，明确个人信息的收集、使用和存储的规范，可以有效保护个人隐私，防止个人信息被滥用；其次，网络空间治理可以打击侵犯个人隐私的行为，通过加强对网络犯罪的打击力度，严厉惩处侵犯个人隐私的行为，可以维护公民的合法权益，提升公众对网络空间的信任度。

5.2 网络空间安全治理主体

网络空间安全治理是一项复杂且艰巨的任务，涉及技术、法律、社会、经济等多方面的因素。随着互联网的快速发展和广泛普及，网络安全问题日益凸显，网络攻击、数据泄露、隐私侵害等事件频发，给个人、企业、政府乃至国家安全带来了巨大挑战。网络空间的开放性和全球性特征，使得传统自上而下的单向治理方式已不能满足当前的治理需求，必须依靠政府、企业、社会组织和个人多主体的协同合作，才能构建一个安全、稳定、可信的网络环境。

1）政府

政府在网络空间安全治理中发挥着核心作用，主要体现在制定政策法规、建立标准规范、推动国际合作等方面。

（1）政府应制定和完善网络安全法律法规，明确各主体的权责，为网络安全提供法律保障。

（2）政府应推动网络安全标准的制定和实施，确保技术和管理措施的规范化和标准化。

（3）面对全球性网络安全威胁，政府之间的国际合作尤为重要，通过签订双边或多边协议，共享信息和技术，共同应对跨国网络犯罪和网络恐怖主义。

2）企业

企业作为网络空间的重要组成部分，承担着保护自身信息系统和用户数据的责任。

（1）企业应完善网络安全管理体系，组建专业的安全团队，定期进行风险评估和漏洞扫描，及时修补系统漏洞，以防止黑客攻击和数据泄露。

（2）企业应加强员工的安全意识培训，普及网络安全知识，提升全员的安全意识和防范技能。

（3）在产品和服务设计过程中，企业应将安全考虑贯穿始终，遵循"安全设计"原则，确保产品和服务的安全性。

3）社会组织

社会组织，包括行业协会、科研机构、非政府组织等，在网络空间安全治理中具有独特的优势和作用。

（1）行业协会可以发挥桥梁和纽带作用，推动行业自律，制定行业标准和规范，促进信息共享和协同防御。

（2）科研机构则可以通过技术研究和创新，为网络安全提供新技术、新方法和新工具，提升整体防护能力。

（3）非政府组织则可以发挥监督和倡导作用，推动政府和企业履行网络安全责任，同时也可以通过开展宣传教育活动，提高公众的网络安全意识和防范能力。

4）个人

个人作为网络空间的最终用户，是网络安全的直接受益者和参与者。每个人都应树立网络安全意识，掌握基本的网络安全知识和技能，保护个人信息和隐私，防范网络诈骗和恶意软件。

（1）个人在使用网络时，应遵守法律法规和道德规范，不传播不良信息，不参与非法活动，共同维护健康的网络环境。

（2）个人还应积极举报网络违法行为，配合有关部门开展网络安全工作，成为网络空间安全的积极参与者和维护者。

5.3 网络空间安全治理的主要模式

随着网络技术的快速发展和应用的广泛普及，网络空间的安全问题和治理挑战也日益凸显，对国家治理体系和治理能力提出了新的、更高的要求，以系统观、整体观和全局观为指导，以网络设施、网络平台、网络应用、网络市场、社交网络、网络犯罪和网络舆情为重点，构建一个全面、系统的国家网络空间治理新体系。

5.3.1 网络设施治理

网络设施作为互联网发展的根基，其稳定性直接关系到互联网服务的可用性。良好的网络设施治理能够确保网络基础设施的稳定运行，为互联网应用提供坚实的基础。因此网络设施治理作为互联网治理的重要组成部分，其能够确保互联网基础设施的稳定运行，减少因设施故障或管理不善导致的服务中断或安全问题。通过加强网络设施治理，能够更好地防范网络攻击和威胁，确保国家关键信息基础设施的安全，从而维护国家的稳定和安全。通过加强关键信息基础设施、网络接入设施及网络传输服务的治理，可以有效地提升整个互联网系统的稳定性和安全性，对于维护网络空间的稳定、安全和高效运行具有至关重要的作用。

网络设施治理是一项全面性的管理任务，其涵盖对网络基础设施的各个关键组成部分的监督和控制，包括对网络核心路由器、关键云计算平台、域名解析服务等的监管。同时，对云服务、IP 地址分配、域名注册及带宽分配等接入资源实施细致的管理，确保了技术层面和管理层面上的网络安全，维持网络系统的稳定和安全运行。此外，加强网络设施治理可以提高网络基础服务的质量，包括提升网络传输带宽、加强网络间服务质量检测、促进基础电信服务的互联互通等，也有助于提升网络服务的速度和稳定性，改善用户体验，推动互联网应用的普及和发展。

通过建立健全的网络安全保障体系，加强网络安全技术研发和应用，提升网络设施的安全防护能力，加强对网络设施建设的监督和管理，确保网络设施建设质量和进度。目前我国通过制定和完善与网络设施治理相关的法律法规来加强法律法规建设，已经制定修改了《关键信息基础设施安全保护条例》《网络信息内容生态治理规定》等法规和管理规定，基本形成以宪法为根本，以法律、行政法规、部门规章和地方性法规规章为依托，以传统立法为基础，以网络内容建设与管理、信息化发展和网络安全等网络专门立法为主干的网络法律体系。应明确治理的责任主体、权力范围和管理流程，为网络设施治理提供坚实的法律保障。此外，通过建立全面的网络设施治理监管体系，加强对网络设施运营者的监管和管理，以及加强与国际社会的合作与交流能够更好应对网络安全挑战。

5.3.2 网络平台治理

网络平台的快速发展，不仅改变了信息传播的方式，也对经济、社会和文化产生了深远的影响。

（1）网络平台是基于互联网技术构建的，不仅支持多种网络服务系统，还是网络服务活动的集合体。网络平台具有连接广泛、服务多样、技术驱动等特点。

（2）网络平台的类型多样，包括媒体网络平台、教育网络平台等，可以服务于不同的领域。

（3）网络平台的不规范运营可能对经济、信息及政治安全构成威胁。

（4）网络平台需要遵守法律法规，建立起有效的不良信息甄别防范机制，确保内容的合法合规性，一旦出现违规行为，平台可能需要承担相应的法律责任和社会责任。

在国家安全的视角下，网络平台治理是确保国家长治久安的关键环节，其治理涉及关键信息基础设施的保护、数据安全管理、个人信息保护，以及对抗网络犯罪和网络恐怖主义等多个方面。为了应对这些挑战，国家于2020年3月和2021年10月相继出台《网络信息内容生态治理规定》和《互联网平台落实主体责任指南（征求意见稿）》等法律法规来加强网络安全法律法规的建设，提升全民网络安全意识，培养专业网络安全人才，并积极参与国际网络安全合作，共同构建和平、安全、开放、合作的网络空间。

网络平台治理涉及技术防护、法规制定、政策引导和国际合作等层面。

（1）技术防护层面：要不断提升网络安全技术的研发和应用，加强网络安全态势感知和应急响应能力。

（2）法规制定层面：要制定和完善网络安全相关法律法规，明确网络平台运营者的责任和义务，保障网络空间的法治秩序。

（3）政策引导层面：要推动网络安全教育和培训，提高公众的网络安全防范意识和能力。

（4）国际合作层面：要加强与其他国家和国际组织的交流与合作，共同应对网络安全挑战，维护网络空间的和平与稳定。

上述措施可以有效地维护网络平台的安全，促进网络空间的健康发展，保障国家的安全和利益。

5.3.3 网络应用治理

网络应用治理方面的危害是多维度的，不仅威胁到网络环境的安全与稳定，也对个人权益、社会秩序乃至国家安全构成挑战。例如，网络违法违规信息，如色情、赌博内容的传播，网络谣言和虚假新闻的泛滥，扰乱了公众的判断，影响了社会稳定。网络暴力和欺凌行为对受害者的心理健康造成了严重伤害。网络应用治理通过制定和执行相关规则，规范了网络应用平台及其用户的行为，有效防止违法、不良或有害信息的传播，维护了网络环境的秩序与稳定。网络内容治理致力于过滤和监管网络信息，确保其健康合法，防止违法和不良内容的传播，同时保护知识产权，需要从内容治理、数据治理、算法治理和平责任等多个层面进行综合施策。

1）内容治理

网络应用平台是信息传播的重要渠道，因此加强内容监管至关重要。平台需构建全面的内容审核机制，覆盖文字、图片、视频等信息载体，确保内容的合法性、健康性和适宜性。利用人工智能、大数据等技术手段，平台能够高效识别和过滤色情、暴力、谣言等违法或不良信息，防止其扩散，保护用户免受有害信息的侵扰。同时，平台应积极响应用户举报，及时处理反馈，与执法机构合作，对违规内容和行为采取严厉措施，共同营造清朗的网络空间。

2）数据治理

网络应用平台在运营过程中，会积累和处理海量的用户数据，为了保障用户隐私和数据安全，平台必须恪守国家关于数据保护的法律法规。平台应当实施包括数据加密和访问权限控制在内的多项安全策略，防止未授权访问、信息泄露或数据的不当使用，以保障信息的安全。同时，平台应向用户明确数据收集的目的、范围和使用方式，尊重用户的知情权和选择权，让用户对自己的数据拥有更多的控制权。

3）算法治理

网络应用平台作为互联网信息服务的提供者，扮演着守护网络环境和用户权益的关键角色，必须依法依规，建立一套全面的内部管理制度，以确保平台运营的合法性、安全性和健康性。这不仅涉及遵守网络安全法和数据保护法规，更包括建立严格的内容审核机制，确保信息的真实性和适宜性。在数据安全方面，平台应采取先进的技术手段，如加密存储和安全传输，保护用户个人信息不被泄露或滥用。通过上述措施，网络应用平台可为用户打造一个安全、有序、富有正能量的网络空间。

4）平台责任

网络应用平台作为互联网信息服务的提供者，承担着维护网络空间秩序、保护用户权益、促进信息健康流动的重要责任。平台必须依法建立和完善内部管理制度，确保其运营符合国家相关法律法规的要求，明确网络应用平台的责任和义务，建立健全内部管理制度和自律机制，加强对平台内用户和商家的监管和管理，共同维护网络空间的良好生态。

5.3.4 网络市场治理

网络市场治理是指一系列监管措施和活动的集合，旨在规范网络交易行为，确保电子商务的合法性、安全性和透明度，涵盖了对网络市场的全方位监管，包括市场主体的资质审核、交易行为的监控、消费者权益的保护、网络安全的维护，以及不正当竞争行为的打击。网络市场治理可以保护网络交易中产生的消费者数据和商业数据，防止数据泄露和滥用，维护网络空间的安全，有效打击网络市场中的违法、违规行为，如虚假宣传、侵犯知识产权、销售假冒伪劣商品等，维护市场诚信。

网络市场治理对于维护健康、有序的数字经济环境至关重要，通过法律法规的制定与执行，以及专项行动的开展，旨在构建一个更加健康、有序的网络市场环境。《2019 网络市场监管专项行动（网剑行动）方案》旨在规范网络经营行为，净化网络市场交易环境，维护良好的网络市场秩序。该方案中提出了重点任务，包括规范电子商务主体资格、打击网上销售假冒伪劣产品等违法行为。中国政府网在 2021 年 3 月发布了《网络交易监督管理办法》，其核心目标在于规范网络交易行为，维护交易市场的正常秩序。该办法旨在保护消费者和经营者的合法权益，同时推动数字经济的稳定与持续发展。国务院于 2022 年 1 月印发了《"十四五"市场监管现代化规划》，其中明确了线上市场各类主体责任，特别是平台企业对平台内经营者的审核把关和监督责任。国务院新闻办公室于 2023 年 3 月 16 日发布了《新时代的中国网络法治建设》白皮书，其中建议利用大数据、人工智能等现代信息技术，提升网络市场监管的智能化、精准化水平。

网络市场治理方式是指一系列用于维护网络市场秩序、保护消费者权益、促进公平竞争和保障数据安全的措施和方法。首先，可以通过制定和实施相关法律法规，如《中华人民共和国网络安全法》《中华人民共和国电子商务法》等，为网络市场治理提供明确的法律依据，政府部门通过监督、检查和执法等手段，对网络市场的不正当竞争、侵犯知识产权、虚假广告等行为进行监管。其次，利用大数据、人工智能等技术手段进行网络监控，加强对个人数据的保护，防止数据泄露和滥用，自动识别和处理违规内容，提高监管效率，确保用户隐私安全。政府、企业、社会组织和消费者等多方参与网络市场治理，形成合作网络，共同维护网络市场秩序。

5.3.5 社交网络治理

社交网络在维基百科中的定义是"由许多节点构成的一种社会结构，节点通常是指个人或组织，而社交网络代表着各种社会关系。"社交网络作为信息传播的主要平台，承载大量用户生成的内容。这些内容可能涉及虚假信息、仇恨言论、暴力内容等，需要进行有效的管理和监控，以保护用户免受有害信息的侵害，同时遵守相关的法律法规。社交网络治理涵盖了从网络犯罪、侵权、黑客攻击到色情内容、信息污染、网络沉溺、暴力、抗争、霸权及资源垄断和数字鸿沟等多种问题，其核心作用在于保护网络安全、个人隐私，净化网络环境，促进信息公平，引导健康网络行为，处理网络争议，以及推动技术和社会的和谐发展。

网络社交治理是一个全面而深入的领域，包含网络信息传播治理，要求有效监管网络信息发布，防控虚假信息和谣言的传播。

（1）用户隐私保护，确保社交媒体平台收集的个人信息安全，防止数据泄露。

（2）网络安全管理，通过技术与法律手段防范网络攻击和黑客入侵。

（3）内容监管与控制，预防违法违规内容（如色情、暴力等）的传播。

（4）网络行为规范，促进用户形成良好的网络行为习惯。

（5）政治参与与舆论引导，合理引导网络政治表达，避免极端言论。

（6）关注数字鸿沟与信息公平，推动网络技术的普及和信息资源的公平分配。

（7）跨部门合作与国际协调，形成网络社交治理的合力。

（8）法律法规建设，提供治理的法律支撑。社交网络治理的措施共同构成网络社交治理的核心内容，旨在营造一个健康、安全、公平的网络环境。

随着网络服务的提升和网民数量的增长，特别是在全球化和信息化时代背景下，国家地位的提升和改革开放的深化迫切要求我们转变网络治理模式。从传统的"封、堵、压"策略，逐步过渡到一种更为开放、沟通、协作的方式。社交网络治理通过多种技术实现对社交网络的管控治理，如内容识别与过滤技术，旨在让社交平台使用关键词过滤、URL屏蔽、截图审核、数据库过滤等技术进行内容的自动审核，以识别和拦截不良信息；内容指纹技术，主要基于版权信息数据库的内容过滤技术，如 Audible Magic、YouTube 的 Content ID 系统、Facebook 的 Rights Manager 系统等，通过编码确立数字身份，拦截配对成功的版权内容。社交网络作为全球网民汇聚的新边疆，其重要性不容忽视，我们应积极利用其优势，推动信息化进程，增强国际竞争力和话语权。同时，通过"改堵为控"的战略，加强市场准入管理，实行国家安全审查制度，确保数据安全和网络空间的清朗。

5.3.6 网络犯罪治理

随着互联网应用的普及，传统犯罪，如诈骗、赌博、盗窃等加速向网络空间扩散，利用网络的匿名性和跨地域性实施犯罪，给司法办案带来新挑战。网络犯罪通常是指个人或团体利用计算机技术，通过互联网对计算机系统或数据进行攻击、破坏，或者利用网络进行其他非法活动的行为。随着网络技术的迅猛发展，网络犯罪日益猖獗，给个人、企业乃至国家带来了严重的威胁。网络犯罪呈现公司化运作趋势，形成规模庞大的黑灰产业链，需要加强前端打击和分段惩治，斩断犯罪利益链条。互联网的虚拟性和非接触性打破了地域界限，犯罪行为跨域跨国，增加了办案成本和难度，需要加强国际司法协助和跨境电子证据收集。

网络犯罪治理的重要性在于其对于维护网络安全、保护个人隐私、打击经济犯罪、保障国家安全及维护社会稳定具有不可或缺的作用。网络犯罪治理能够及时发现和应对网络威胁，保护个人信息安全，维护市场秩序，防止泄露国家机密，维护社会的和谐稳定。因此，网络犯罪治理对于保障网络空间的安全、促进网络经济的健康发展及维护社会的整体利益具有至关重要的意义。

网络犯罪的治理策略要求一个综合性的方法，涵盖法律、技术、教育和国际合作等多个关键领域。首先，加强立法和执法，这是网络犯罪治理的基础，确保有明确的法律框架来界定和惩治网络犯罪。其次，加强技术监管和防护措施，如网络安全系统和数据加密，这对预防犯罪至关重要。此外，提升公众尤其是青少年的网络意识和媒介素养，可以帮助他们识别网络风险并采取防护措施。企业也需承担起社会责任，加强平台内容的监管。同时，数据保护法规的实施对于防止个人信息泄露和滥用至关重要。网络恐怖主义和网络舆情的监控也是网络犯罪治理的一部分，以防止不良信息的传播和社会秩序的破坏。最后，多部门协作和专业化队伍建设是提高治理效能的关键。通过网络犯罪治理策略的实施，可以构建一个更安全、更有序的网络环境。

5.3.7 网络舆情治理

随着互联网技术的快速发展，特别是移动互联网的普及，我们已经进入全民新媒体时代，网络热点事件从萌芽到爆发的时间大幅缩短。互联网企业的自律性不足也为网络舆情危机的滋生提供了土壤。尤其是短视频平台的兴起，用户生产和传播的内容呈现出爆发式增长，增加了政府对舆情监管的难度。此外，网民的受教育水平和辨别能力参差不齐，部分网民对互联网相关法律不够了解，对网络信息的判断和筛选能力有待提高。网络舆情的传播载体也从传统的图片和文字发展到短视频，这使得信息更加直观，但增加了网络监管的难度。

网络舆情治理是一个涵盖政府、公共组织、私营部门及技术社群等多元主体的复合型概念，以网络为载体，通过一系列策略和措施，对网络环境中的舆论动态进行引导、监管和调控。与传统的舆论监督相比，网络舆情治理具有突破时空限制的能力，能够实现全球范围内的实时监控和响应。这种治理方式面临着信息传播速度快、影响范围广、参与主体多样等带来的复杂性问题。同时，网络舆情的时效性要求治理者必须具备快速反应和处理的能力，以应对突发的舆情事件。

网络舆情具有匿名性、传播性和突发性的特点，对网络舆论的传播和管理产生了深远的影响。首先，网络舆情的场域开放性使得互联网成为一个自由表达和信息获取的场所，人们可以匿名、公开地发表意见，这会带来监管和信息真伪难辨的困难。其次，网络舆情的交互性允许用户在任何时间、地点进行交流，这种即时和广泛的互动促进了多元化和全球化观点的形成，增加了舆论的参与度和影响力。最后，网络舆情的突发性意味着对重大新闻和热点事件的迅速反应，舆情可在短时间内迅速形成并随事件进展而演变，自媒体的参与可能因追求流量而扭曲事实，增加了舆情管理的难度。

网络舆情治理是确保社会稳定和政府公信力的重要策略，涉及多方面的措施和方法。

（1）提高网络舆情监测预警能力是关键，应利用大数据分析技术，研发监测预警系统，以便在舆情萌芽期和成长期及时发现并引导。

（2）加强法律法规建设，明确网络行为的法律界限，坚决打压谣言，同时积极调查和解决民众的合理诉求，维护公平正义。

（3）充分运用新媒体平台，加强政府与民众的沟通，培养意见领袖，通过他们引导网络舆论走向，化解矛盾。

（4）提高网民素质，教育网民提高信息分辨能力，做到不信谣、不传谣，客观理性地参与网络活动。

5.4 网络空间安全治理演变历程

网络空间治理起源于技术层面，随着互联网与现实世界的融合日益紧密，其治理范围逐步扩展至经济、社会乃至军事等多个领域。信息技术的迅猛发展和与其他技术的融合使得网络空间治理的进程持续处于动态演进之中，其发展历程可以划分为互联网治理、网络空间治理与数字治理这三个主要阶段，三个阶段的治理重点有所区别，如表5-3所示。

表5-3 网络空间安全治理演变的三个阶段重点对比

时间	阶段名称	治理的重点内容
1980—2000年	互联网治理阶段	关注互联网基础设施的稳定和安全，推动互联网协议和技术标准的发展
2001—2010年	网络空间治理阶段	关注网络安全威胁和防护，处理网络空间中的社会问题
2011年至今	数字治理阶段	关注数字经济的发展和治理，数据安全与利用成为关键议题

1）互联网治理阶段

互联网最初作为服务于美国科研与军事需求的网络，后逐步逐渐从军事用途转向民事用途和商业用途，并在全球范围内得到推广。为确保这个全球性网络的稳定和安全，一批非营利性的国际组织相继成立，其中包括1985年成立的因特网工程任务组（Internet Engineering Task Force，IETF）、1992年成立的国际因特网协会（Internet SOCiety，ISOC）、1998年成立的互联网名称与数字地址分配机构及区域互联网注册机构（Regional Internet Registries，RIRs），它们都是互联网治理阶段中的关键角色。这些组织致力于维护网络的稳定和安全，促进互联网的健康发展。在互联网治理阶段，我们面临着多样化的网络安全威胁，这些威胁覆盖了个人数据保护、数据安全标准的制定、隐私政策的执行、数据泄露和滥用的防范等多个方面。这些措施的目的是保护用户在互联网上的个人信息安全和隐私权利。同时，互联网内容的监管也是一个重要议题，需要在保障言论自由和有效信息传播之间找到恰当的平衡点。在技术层面，我们必须加强对网络攻击和网络犯罪的防护措施，并制定一系列信息安全技术标准。这包括对网络基础设施的加固，以确保网络的安全和稳定运行。为了应对这些挑战，政府、企业、技术社群及公民需要共同努力，通过技术创新、法律规范、国际合作等多方面措施，共同构建一个安全、稳定、开放的网络环境。

2）网络空间治理阶段

21世纪初，随着网络空间对国家安全的重要性日益增加，网络空间成为战略上不可忽视的领域。2003—2005年，联合国大会发起的信息社会世界峰会（The World Summit on Information Society，WSIS）标志着国际互联网治理的转型，在从"互联网管理"向"网络空间管理"的演进中，国家行为体正式确立了其在全球网络治理中的合法参与地位。网络空间治理阶段在技术层面上具体涵盖多项内容：（1）在对防范新型网络攻击、确保网络安全方面，积极发展零信任、机密计算、隐私计算等前沿技术，并融入弹性安全与量子计算安全保障体系；（2）在应对新型威胁方面，利用人工智能技术加强网络攻防，关注人工智能生成内容的安全性,并将人工智能技术应用于漏洞自动发现与修复;(3)强化数据安全治理的具体措施包括分布式学习、网络身份行为协同分析、网络空间内生安全机制与评估,以及大数据平台安全监管,确保网络空间的安全与稳定。

3)数字治理阶段

自 21 世纪以来,基于互联网的创新技术,包括大数据、人工智能、物联网和卫星互联网等,经历了迅猛发展,并逐渐成为驱动经济进步的核心动力,但同时带来了数据安全、平台经济和人工智能伦理等问题。数字治理涉及网络基础设施、数据要素、数字平台和新兴技术应用这四个层面。

(1)网络基础设施治理,主要指对通信和算力基础设施建设,也包括互联网基础资源的分配、技术标准协调等。

(2)数据要素治理,是跨国数字经济的关键,其在保障个人信息和公共安全的同时,需确保数据的安全与自由流动,这是全球共同面临的课题。

(3)数字平台治理在提高资源匹配效率的同时,加剧了信息内容、数据资源和产业结构的集中,同时带来虚假信息经济垄断等问题,需有效化解平台权力集中风险,妥善分配数字红利。

(4)新兴技术应用治理,人工智能、大数据、区块链、量子计算等新兴技术应用范围日趋广泛,需积极合作,确保数字技术应用符合伦理,以增进人类福祉。

5.5 网络空间安全治理现状

5.5.1 网络空间安全形势严峻

当今世界,数字经济风起云涌,云计算、人工智能和大数据等新兴技术深刻改变着人类生产生活方式,它们一方面满足了人们对于美好生活的需求,另一方面为国家安全和社会稳定带来了前所未有的严峻挑战,网络空间的安全形势变得日益复杂且紧迫。网络安全面临的主要风险如下。

1)关键信息基础设施安全风险加剧

关键信息基础设施是关系到国家安全、国计民生和公共利益的重要基础设施,安全风险极高。当前,各国关键信息基础设施面临的网络安全形势严峻,高等级网络攻击威胁频发,大型黑客组织频繁对我国关键信息基础设施进行攻击,攻击手段多样,包括分布式拒绝服务攻击、系统漏洞利用、钓鱼欺诈、勒索软件及恶意代码注入等。上述行为不仅严重损害了关键信息基础设施的功能,还导致敏感数据被盗取,数据完整性被破坏,甚至造成拒绝服务等严重后果,从而对关键信息基础设施的正常运行和数据安全构成了重大威胁。

2）新技术、新应用带来新风险

随着大数据、云计算等信息技术的广泛应用及我国网络信息技术自主创新能力不断提升，新技术新应用不断涌现。在海量数据汇集的场景下，新技术、新应用给隐私保护、数据安全等方面带来了新风险。例如，利用人工智能技术能够生成高度逼真的欺骗性邮件、短信等，使受害者难以辨别真伪；利用人工智能技术进行网络钓鱼攻击，造成用户信息泄露；使用安全分析工具较少的小众编程语言开发恶意软件，造成勒索软件飞速传播。

3）对经济、社会造成危害愈发严重

勒索软件攻击频发，使政府、国防及关键信息基础设施成为主要目标，数据泄露与系统瘫痪不仅带来了经济损失，更威胁到国家安全。同时，网络谣言与虚假信息借助新技术迅速扩散，形成病毒式传播，严重扰乱社会稳定，误导公众舆论，甚至干扰政府决策。网络空间已成为恐怖主义和各类违法犯罪的温床，网络恐怖活动威胁人民生命财产安全，网络诈骗、赌博等犯罪活动猖獗，严重破坏了网络空间的正常秩序与健康发展。

4）国家间竞争及网络战争威胁加剧

国家间网络攻击频发，直接威胁到各国政府、军事机构及关键信息基础设施的安全，对国家安全与稳定构成重大挑战。网络空间军事化趋势明显，各国竞相提升网络军事实力，网络对抗已进入新阶段，国家级网络大战的风险日益紧迫。同时，网络战争作为新兴冲突形态，其威胁性与破坏力日益显著，网络钓鱼、病毒传播、分布式拒绝服务攻击、跨站脚本攻击及勒索软件等多样化攻击手段频现，尤其是政府背景黑客组织对关键信息基础设施的针对性攻击，更是对国际和平稳定与全球经济健康发展构成了严峻挑战。

5.5.2 网络空间安全治理面临的挑战

全球网络空间环境因技术与政治双重因素的交织而日益错综复杂，网络空间安全挑战不仅涉及传统安全领域的深度融合，还加剧了跨国犯罪活动。同时，数字地缘政治的兴起促使国家治网策略趋向保守，加剧了国际治理的碎片化。网络空间国际治理体系逐渐显现出阵营化和碎片化的趋势，大国博弈导致议题难以达成一致，而临时性议题联盟的兴起则进一步加剧了治理体系的"碎片化"，为全球网络空间安全治理带来了更多挑战与难题。

1）全球网络空间安全环境日益错综复杂

当前，网络空间安全领域正经历着深刻变革，其挑战日益凸显。

（1）网络犯罪已成为全球增长速度惊人的经济体，预计到2025年底，全球经济因网络攻击而遭受的损失将高达12万亿美元。同时，勒索软件攻击已成为数字世界中的最大威胁之一，其潜在影响可能是毁灭性的。组织不仅要面临支付高额赎金的直接经济损失，还需承担由攻击导致的停机时间所带来的间接损失，以及声誉损害和法律后果。

（2）新兴网络威胁快速增长，如二维码网络钓鱼攻击、无恶意软件攻击、"小语种"恶意软件、工业物联网边缘设备成为高级持续性威胁攻击目标等，这些新兴威胁给防御者带来了前所未有的挑战。同时，人工智能在网络攻击中的集成，使得威胁变得更加复杂、高效且难以捉摸。人工智能系统能够自动寻找和利用软件及系统漏洞，并实时更改恶意软件代码以逃避检测。

2）多边与多方治理机制并存且加剧博弈

当前，网络空间安全治理正处于一个复杂而多变的时期，多边与多方治理机制并存且相互博弈的态势愈发明显。

（1）多边治理机制通过政府间的合作与国际组织平台，致力于构建尊重国家主权和网络空间主权的全球规则体系，如联合国信息安全政府专家组（United Nations Group of Governmental Experts，UNGGE）重启及中俄等国联合倡议，旨在促进网络空间的和平、安全与繁荣。然而，多方治理机制以其广泛参与性，汇聚政府、企业、技术社群等多方力量，通过自下而上的方式解决网络安全问题，如《网络空间信任与安全巴黎倡议》及稳定委员会规范，增强了网络空间的稳定性和信任度。

（2）国家利益与地缘政治的冲突、技术议题的政治化，以及规则制定与实施的难度，共同加剧了网络空间治理的博弈。面对这一现状，国际社会需采取综合策略；加强国际合作，打破网络霸权，共享安全信息与技术；严格遵循法律法规，明确网络行为规范，推动国际规则的制定等。

3）治理体系逐渐显现出阵营化和碎片化趋势

网络空间已成为大国间竞争的重要领域，地缘政治因素在网络空间中产生了深远的影响。

（1）"阵营化"的对抗模式使得各方在探讨合作议题时难以跨越分歧，不仅将既有的争议带入了治理讨论的范畴，还加剧了彼此间的矛盾与冲突，削弱了国际合作的有效性。

（2）"碎片化"议题联盟开始广泛涌现，涵盖了技术研发合作、反勒索国际协作、多边半导体出口管控及数据流通小圈子等多个领域，以针对性强、反应迅速为特点，能够在较短时间内以较低成本满足特定国家的利益需求。

5.6 全球网络空间安全治理理论及分歧

5.6.1 网络空间安全治理主要理论

人类已进入互联网时代，网络空间是人类生存和国家发展的新空间，网络空间安全治理成为国家治理和全球治理新的组成部分，以国际机制为主体的治理理论与以国家为中心的多元治理模式共同构成了网络空间安全治理的两大支柱。

1）以国际机制为主体的治理理论

国际机制理论作为网络空间安全治理的核心支柱，自20世纪70年代起便在国际关系理论中占据重要地位。该理论强调通过构建国际合作机制（如国际协议、国际标准、法律框架及组织安排等），来规范网络空间行为，促进网络稳定、安全和可持续发展。在网络空间安全治理领域，以国际机制为主体的治理理论不仅奠定了国际合作的理论基础，还参与指导实际操作的各个环节，通过明确原则、规范、规则和决策程序，该理论确保了网络空间安全治理的透明、公正与高效。全球范围内的实践案例，如互联网名称与数字地址分配机构和世界互联网大会等，均展示了以国际机制为主体的治理理论在推动网络空间合作与治理方面的显著成效。

2）以国家为中心的多元治理模式

以国家为中心的多元治理模式强调通过多维度、多层次的合作与协调，为网络空间的稳定、安全和可持续发展提供了有力保障，突出政府的主导作用与引导责任，同时积极吸纳企业、社会组织及公民等多方参与。政府通过制定和完善法律法规，如《中华人民共和国网络安全法》等，为网络空间安全治理奠定法律基础，并设立专门机构进行监管与执法，确保网络环境的健康有序。企业则在自律管理与技术创新方面发挥关键作用，与政府合作提升公众的网络安全意识。社会组织与公民作为重要的监督力量，通过举报、参与网络监督等方式，促进网络空间的透明与公正。此外，该模式还注重构建协作与制衡机制，确保各方利益得到平衡，形成有效互动。在国际层面，政府积极参与国际网络空间安全治理机制，加强跨国合作，共同应对全球性网络挑战，维护国际网络空间的安全与稳定。

在国际网络空间安全治理的广阔舞台上，以国际机制为主体的治理理论与以国家为中心的多元治理模式各具特色，适用场景与优劣势亦有所不同。

（1）以国际机制为主体的治理理论侧重于构建全球性的合作框架与规则体系，其优势在于能够跨越国界，促进各国在网络空间安全治理上的共识与协作，确保治理活动的透明与公正，适用于解决跨国性的网络安全威胁、数据流动规则等全球性议题，通过国际协议和标准统一行动，降低治理成本，提高治理效率。

（2）以国家为中心的多元治理模式更加灵活多变，能够迅速响应国内网络空间安全治理的紧迫需求。该模式强调政府的主导作用，同时融入多方参与，形成治理合力，有效应对网络犯罪、信息安全等国内挑战。其优势在于能够快速制定和执行法律法规，保障国内网络环境的健康有序。

5.6.2 网络空间安全治理主要分歧

在全球化深入发展的今天，网络空间已成为国际竞争与合作的新高地，其治理问题也日益成为全球关注的焦点。各国在网络技术发展、网络空间利用和网络安全保障等方面的历史、文化和现实条件不同导致对网络空间属性的认知存在显著差异，这种认知差异直接影响了各国在网络空间安全治理中的立场和策略。网络空间国际治理的主要分歧伴随互联网的产生与发展过程，在不断分化发展后主要聚焦在治理机制、治理对象与治理目标上。网络空间安全治理的主要分歧如表5-4所示。

表 5-4 网络空间安全治理的主要分歧

分 歧 方	分歧根源	治理机制	治理对象	治理目标
美国等西方网络强国的观点	利益诉求与价值观差异	多利益攸关方	网络空间为"全球公域",推行多利益相关方共同治理模式,反对国家及政府间组织主导	网络自由:开放、无限制的信息流动与用户权利保护;将网络空间视为创新和发展的基石,是民主和人权的重要体现
中国、俄罗斯等网络新兴国家的观点		多边主义	网络空间是国家主权延伸,国家有权保护国家安全与公民权益,强调联合国在制定国际规范中的核心作用	网络安全:维护网络空间的稳定与秩序;强调国家主权与网络安全的重要性

1) 治理机制分歧

在网络空间安全治理的复杂图景中,治理机制的分歧尤为显著,核心聚焦于"多利益攸关方"与"多边主义"两大模式。

(1) 多利益攸关方:倡导政府、私营部门和民间团体等多方共同参与,自下而上推动治理,强调灵活性与创新性,以美国为首的西方网络强国视其为维护网络开放与自由的关键。

(2) 多边主义:主张主权国家主导,通过政府间协议和国际组织自上而下制定规则,确保治理的稳定性和权威性,获得中国、俄罗斯等网络新兴国家的青睐,被视为保障国家主权与网络安全的重要途径。这两种机制的分歧源于各国在网络空间中的利益诉求与价值观差异,不仅影响治理效果,还深刻影响着国际合作的进程与成效,加剧国际竞争与对抗。

2) 治理对象分歧

西方网络强国主张网络空间作为"全球公域",应推行多利益相关方共同治理模式,反对国家及政府间组织主导,以维护网络的开放性和自由性;网络新兴国家则坚持"网络主权"原则,认为网络空间是国家主权在网络领域的自然延伸,国家有权采取措施保护其国家安全与公民权益,并强调联合国在制定国际规范中的核心作用。这一分歧源于各国在网络空间中的利益诉求与价值观差异,对国际合作与机制建设构成挑战,加剧了网络空间内的竞争、对抗、技术壁垒与规则冲突。为克服这一分歧,各国需在相互尊重的基础上加强对话与合作,共同探索网络空间安全治理的新路径,以维护网络空间的和平、安全与可持续发展。

3) 治理目标分歧

网络空间安全治理的核心分歧之一在于治理目标的设定,特别是"网络自由"与"网络安全"之间的张力。"网络自由"强调开放、无限制的信息流动与用户权利保护,视其为创新和发展的基石,以美国为首的西方网络强国尤为推崇"网络自由",视其为民主和人权的重要体现。"网络安全"则聚焦于维护网络空间的稳定与秩序,强调国家主权与网络安全的重要性,以中国、俄罗斯为代表的网络新兴国家因面临日益严峻的网络安全挑战,更侧重于此。这一分歧源于不同国家的利益诉求与价值观差异,直接影响了各国的治理策略与国际合作。为平衡两者,各国需加强对话协商,寻求在确保网络自由的同时强化网络安全的路径。同时,面对网络技术的飞速发展与治理的复杂性增加,各国需持续探索创新治理理念、机制和方法,以适应网络空间发展的新趋势,共同促进网络空间的和平、安全与繁荣。

5.7 国内外网络空间安全治理实践

5.7.1 国外网络空间安全治理实践

在国外网络空间安全治理的实践中,各个国家和地区通过不断探索和创新,取得了显著的治理成效,这些成效不仅促进了本国或本地区网络环境的健康有序发展,也对国际社会产生了积极影响。各主要国家和地区竞争性出台具有显著特色的网络空间安全治理措施与网络安全战略,成为 2023 年全球网络空间安全治理总体态势发展中值得高度关注的领域。各个国家和地区网络空间安全治理实践对比如表 5-5 所示。

表 5-5 各个国家和地区网络空间安全治理实践对比

国家或地区	治理特点与重点	主要措施与成效
美国	复兴"互联网自由"国家网络战略	发布《国家网络安全战略》,确立五大支柱,推动公私合营,与盟友强化网络空间合作,但面临国内政治和执行能力挑战
欧盟	发挥规范性权力优势	推出并实施《数字市场法》和《数字服务法》,加强用户数据保护,提高平台透明度,但科技企业面临合规成本挑战
俄罗斯	政府主导型治理模式	加强制度建设与立法,完善互联网治理法律体系,谋求建立"国际信息安全新秩序",提高网络安全应急响应能力
英国	积极探索,立法与行政并重	制定并执行相关法律法规,调动社会力量参与,重视网络经济安全与国家安全,引导网民自律
日本	构建全面细致的治理体系	设立多个官方职能机构,发挥民间机构作用,制定细致全面的法律法规,注重立法与自律结合
韩国	高度重视网络空间健康发展	成立多个互联网内容管理机构,互联网安全委员会发挥重要作用,加强国内互联网内容管理,为全球治理提供借鉴

1)美国力图复兴并强化国家网络战略

美国政府长期以来对互联网空间给予高度重视,并视其为推动国家利益、传播美式价值观的重要阵地。近年来,随着信息技术的飞速发展和全球互联网治理格局的深刻变化,美国政府更加认识到加强网络战略的重要性,试图通过复兴和强化带有显著"互联网自由"价值色彩的国家网络战略,来维护其在网络空间的领导地位和影响力。

2)欧盟坚持发挥在网络空间安全治理领域的规范性权力优势

欧盟作为全球网络空间安全治理中的"国际规范倡导者",陆续推出了《数字市场法》和《数字服务法》,聚焦于规范市场竞争和数字企业提供的服务。欧盟的核心目标是更好地保护消费者及其在线基本权利,并为在线平台建立强有力的透明度和明确的问责框架,以促进创新力和增强竞争力。

3）俄罗斯采用政府主导型治理模式

俄罗斯政府通过精心制定的顶层设计、完善的管理体系、明确的法律法规、强化的技术研发平台及优化的市场环境等多方面措施，建立了一个全面的互联网治理体系。近年来，俄罗斯在制度建设和立法方面持续推进，陆续发布了更新版的《国家安全战略》和《信息安全学说》等国家战略和规划，以整体性的规划引领国家互联网治理工作。

4）英国展现积极的探索精神

英国从立法和行政两个层面双管齐下，不仅制定了相关的法律法规，还通过行政手段加以执行，确保了网络治理的有效性。同时，英国政府深刻认识到社会力量在网络治理中的重要性，积极调动社会各界参与，形成了一套较为完备的网络治理体系，将网络经济安全与国家安全并重，高度重视网络安全对于国家整体安全的重要性。

5）日本构建全面而细致的互联网治理体系

日本的互联网监管机构体系展现出其精简而高效的特点，既有明确的分工，又注重部门间的协作，实现了官方与民间机构的并存与互补。在网络安全与治理方面，日本政府设立了多个职能机构，包括总务省、经济产业省、警察厅、法务公正贸易委员会、法务省、内阁官房及官办的"网络防卫队"等，这些机构各司其职，共同维护日本的网络安全。领域的立法更为突出。

6）韩国高度重视网络空间健康发展

韩国先后成立了多个管理机构，其中包括互联网信息通信道德委员会、信息通信部以及互联网安全委员会等，旨在有效阻止有害信息在互联网和移动网络上的流通，积极促进健康的网络文化发展，切实保护信息用户的合法权益，并致力于开展国际合作，共同应对网络安全挑战。

5.7.2 国内网络空间安全治理实践

国内网络空间安全治理实践通过顶层设计与法律保障，强化技术支撑与行业监管，同时提升公众意识与参与度，形成多方共治格局，有效维护网络空间安全与健康，涵盖了国家战略、法律法规、技术规范、行业管理及民众参与等多个层面。

1）国家战略

近年来，我国高度重视网络空间安全治理，将其纳入国家安全战略的重要组成部分。通过制定一系列战略规划，如《网络强国战略实施纲要》等，明确网络空间安全治理的目标、任务和路径。强调网络空间主权和国家安全，推动构建网络空间命运共同体，积极参与国际网络空间安全治理合作。同时，成立中央网络安全和信息化委员会，负责统筹协调涉及政治、经济、文化、社会、军事等各个领域的网络安全和信息化重大问题，建立跨部门协调机制，加强网信、公安、工信、市场监管等部门之间的协作配合，形成网络空间安全治理的合力。

2）法律法规

我国出台了一系列网络空间安全治理相关的法律法规，如《中华人民共和国网络安全法》《中华人民共和国数据安全法》《中华人民共和国个人信息保护法》等，构建了网络空间安全治理的法律基础，明确了网络空间中各主体的权利、义务和责任，为网络空间安全治理提供了法律保障。同时，加大对网络违法行为的打击力度，依法查处散布网络谣言、网络诈骗、网络侵权等违法行为，建立健全网络举报和投诉机制，鼓励网民积极参与网络空间安全治理，维护自身合法权益。

3）技术规范

我国制定并发布了一系列网络空间安全治理相关的技术标准和规范，如GB/T 35273—2020《信息安全技术 个人信息安全规范》和GB/T 41479—2022《信息安全技术 网络数据处理安全要求》等，这些标准和规范为网络空间安全治理提供了技术指导和支撑，推动了网络空间安全治理的规范化和标准化。同时，加大在网络空间安全治理领域的技术研发投入，推动人工智能、大数据、区块链等先进技术在网络空间安全治理中的应用，利用技术手段加强网络监测、预警和应急处置能力，提高网络空间安全治理的效率和精准度。

4）行业管理

互联网行业组织根据行业特点和发展需求，制定并发布行业自律规范、技术标准和服务准则等，以指导企业合规经营，促进行业健康发展，通过建立行业自律机制，互联网企业加强自我管理和自我约束，确保业务活动符合法律法规要求，维护行业形象和利益。网信、工信等部门加强对互联网企业的监管，明确企业在网络空间安全治理中的主体责任，包括信息内容管理、用户权益保护、数据安全等方面的责任；政府部门通过监督检查、指导服务等方式，督促企业落实主体责任，建立健全内部管理制度，提升网络空间安全治理能力。

5）民众参与

通过开展网络安全宣传教育、举办网络安全知识竞赛等活动，提升网民的网络安全意识和防护技能。鼓励网民积极参与网络空间安全治理，举报违法和不良信息，共同维护网络空间清朗。建立健全网民参与网络空间安全治理的渠道和机制，如网络举报平台、在线投诉系统等。鼓励网民通过合法途径表达自己的意见和诉求，为网络空间安全治理贡献智慧和力量。

5.8 国内外网络空间安全法律与政策

5.8.1 国外网络空间安全立法现状

法规、政策是网络空间安全治理的重要手段之一，其可以约束人们的行为，明确网络犯罪的违法性，并对网络犯罪分子进行惩罚，同时促进网络安全技术的发展与应用，加强网络安全体系建设。各个国家和地区通过制定和执行相关法规、政策，可以规范网络行为，提供法律保障，维护网络空间的安全和秩序。

1）美国

美国在网络空间安全立法方面采取了多层次、多方位的措施，以应对不断演变的网络威胁。2015 年美国通过了《网络安全法》，该法设立了网络安全和基础设施安全局（Cybersecurity and Infrastructure Security Agency，CISA），并对网络犯罪和恐怖主义行为规定了严厉处罚。2002 年通过并在 2014 年修订的《联邦信息安全管理法案》，要求联邦机构制定和执行信息安全计划。2014 年颁布的《国家网络安全保护法》，强化了国土安全部的网络安全职能，以及 2018 年颁布的《关键基础设施网络安全改进法》，旨在保护国家关键基础设施的网络安全。通过上述法律法规，美国不断完善其网络安全立法框架，增强国家的网络安全防御能力。

2）欧盟

欧盟在网络空间安全立法方面采取了全面的措施，提升整体网络安全水平，保护公民、企业和公共部门免受网络威胁。《通用数据保护条例》于 2018 年生效，规定了严格的数据隐私保护标准。2016 年通过的《网络与信息系统安全指令》（NIS 指令）及其 2021 年更新版 NIS2 指令，要求关键基础设施运营者和数字服务提供商采取适当的安全措施。2019 年颁布的《网络安全法》，用于加强欧洲网络与信息安全局（European Network and Information Security Agency，ENISA）的角色，并建立了网络安全认证框架。通过上述法规，欧盟不断完善其网络安全立法框架，以应对复杂的网络威胁，促进安全的数字经济发展。

3）俄罗斯

俄罗斯在网络空间安全立法方面采取了系统性的措施，以应对日益严峻的网络威胁。2016 年，俄罗斯通过了《国家信息安全学说》，明确了信息安全的战略目标和基本原则，规定了国家在网络空间安全方面的基本职责。2016 年，俄罗斯通过了《信息传播法》，该法对网络内容的管理进行了详细规定，并对违法行为规定了处罚措施，特别是针对恐怖主义和极端主义内容。此外，2017 年俄罗斯颁布了《主权互联网法》，旨在确保在全球互联网断网情况下俄罗斯能够保持本国互联网的独立运作。该法要求互联网服务提供商在俄罗斯境内建立必要的技术设施，以确保国家互联网的自主可控。以上立法措施反映了俄罗斯在加强网络空间安全治理和保护国家信息安全方面的决心。

4）英国

英国在网络空间安全立法方面采取了几项关键措施，旨在保护国家、企业和公民免受网络威胁。2016 年，英国实施了《网络与信息系统安全指令》（NIS 指令），旨在提高关键基础设施运营者和数字服务提供商的网络安全水平。同年，英国制定了《数据保护法》，以实施欧盟的《通用数据保护条例》，确保企业在处理个人数据时遵守严格标准，并保障数据主体的权利。2016 年成立的国家网络安全中心负责提供网络安全指导和支持，协调应对网络安全事件，保护关键基础设施和企业的网络安全。

5)日本

日本在网络空间安全方面的立法主要集中在确保信息安全和保护个人数据，关键法规包括《信息安全基本法》和《个人信息保护法》。《信息安全基本法》旨在增强政府、企业和个人的网络安全意识与能力，通过制定基本政策和标准指导各政府部门与企业采取适当的安全措施。《个人信息保护法》要求企业在处理个人数据时采取适当的技术和组织措施，保护个人数据的安全，并规定了数据处理的基本原则和流程。日本还成立了内阁网络安全中心，以协调和推动国家的网络安全战略与政策。

6)韩国

韩国在网络空间安全方面的立法非常全面，重点是保护个人信息和防止网络犯罪，主要法规包括《信息通信网法》和《个人信息保护法》。《信息通信网法》提出了严厉的处罚措施，要求企业和政府机构采取适当的安全措施防止信息泄露和网络攻击。《个人信息保护法》详细规定了个人数据的收集、处理和使用的标准和流程，要求企业采取适当的技术和组织措施确保个人数据的安全。韩国还设立了网络安全应急响应小组和网络安全政策局，以加强对网络威胁的应对和国家网络安全的保护。

5.8.2 国内在网络空间安全方面的法律建设

国内在网络空间安全领域的法律建设已取得了全面而显著的进展，形成了一套涵盖核心法律、配套法规与政策、法律实施与监督及国际合作与交流的综合体系，法律法规包括《中华人民共和国网络安全法》、《中华人民共和国数据安全法》和《中华人民共和国个人信息保护法》等，同时涉及各类配套法规和标准，确保网络安全治理的细化和落实。

《中华人民共和国网络安全法》于 2017 年 6 月 1 日施行，该法律规定了网络基础设施安全保护的原则，明确了网络运营者的责任和义务，要求网络运营者采取合理的措施防止网络安全事件的发生。此外，该法律还规定了网络安全监管措施和网络安全事件的处置程序，保障了国家网络安全的稳定和有序。

我国与多个国家和国际组织开展了广泛的交流与合作，参与全球网络治理，推动网络安全领域的多边合作机制。此外，我国也倡导建立公正合理的国际网络治理规则，积极参与网络安全标准的制定，推动网络空间的和平与安全发展。通过这些努力，我国力求在全球网络安全治理中发挥更为重要的作用，促进数字经济的健康发展，维护国家和社会的整体安全。

5.9 我国网络空间安全治理面临的挑战与机遇

5.9.1 网络空间安全治理面临的挑战

近年来，网络空间技术革命风起云涌，我国在网络空间方面的发展取得一些成就，但也面临网络安全法律体系不够完善、网络技术犯罪持续高发、网络战形势错综复杂及核心信息技术受制于人等一系列难题和挑战。

1）网络安全法律体系不够完善

尽管网络安全法律体系已逐步建立，《中华人民共和国数据安全法》及其他相关法律法规的具体实施和细化仍需进一步完善，特别是在分级分类制度的要求和标准方面。此外，现有法律配套仍需加强，因涉及部门众多且协调困难，法律法规的制定和落实面临挑战。新技术的迅速发展也带来了新的网络安全风险。互联网应用的普及使得网络安全风险激增，如黑客、电信网络诈骗等犯罪问题频发，特别是电信网络诈骗案件不断上升，且诈骗手法不断翻新。虚拟货币也存在网络安全风险，包括网络漏洞和在线交易平台的安全问题，可能导致用户信息泄露和资产盗取。上述新场景和新风险对网络安全法律法规的适应性和配套措施提出了更高的要求。

2）网络技术犯罪持续高发

网络技术的迅速发展伴随着网络犯罪的高发，导致重大经济损失和数据安全风险。近年来，勒索软件攻击不断升级，2022年此类攻击事件较2021年同比增加了13%，手法日益复杂和多样化。例如，Lapsus$黑客组织通过多重勒索攻击了微软等知名企业。与此同时，软件供应链的数据泄露事件也频繁发生。根据《2023年数据泄露成本报告》，供应链问题占据了数据泄露事件的五分之一，且这类事件的解决时间比其他类型的泄露事件平均长26天。供应链攻击的平均成本达445万美元，比全球数据泄露事件的平均成本高出2.3%。2022年，针对软件供应商的网络攻击增加了146%，其中，62%的数据泄露事件与供应链安全漏洞相关。

3）网络战形势错综复杂

我国当前正面临日益严峻的网络战、信息封锁和舆论博弈形势。首先，网络代码已被赋予武器化功能，网络攻击的方式和主体特征愈加显著。敌对势力利用先进的网络技术，有组织地对我国展开攻击，境外机构长期入侵我国重要机构网络，窃取关键敏感数据，对国家安全构成严重威胁。其次，社交媒体逐渐成为政治化与"武器化"的工具，敌对势力通过传播虚假信息，操控网络舆论，扰乱公众判断，危及社会稳定。最后，网络空间的军事化趋势日趋明显，其带来的威胁持续上升。面对这一局势，数字外交和网络外交已成为维护国家数字利益的重要策略。为应对上述网络风险与挑战，加强网络安全与国家安全建设已刻不容缓。

4）核心信息技术受制于人

核心信息技术是网络安全的重要保障。目前我国在网络与信息领域，特别是芯片和基础软件方面仍存在一定短板。在芯片技术上，制造工艺、设备、材料及设计工具等环节相对薄弱。以人工智能芯片为例，由于我国起步较晚，在算法方面缺少原始创新，且对进口依赖较大。在基础软件方面，操作系统多以Windows操作系统为主，国产系统占比较低；在大型工业软件领域，特别是集成电路相关软件，进口依赖度较高，自主研发比例较小。因此，我国需针对优势领域进一步拓展，同时补足短板，集中力量突破"卡脖子"技术难关,全面提升自主可控能力,有效维护网络安全。

5.9.2 网络空间安全治理面临的机遇

当前网络空间安全治理面临着前所未有的复杂性和挑战性,但同时也孕育着诸多新的机遇,主要体现为跨界协同合作创新网络治理机制、新兴技术应用赋能网络治理手段及完善法律法规提升法治化水平等方面。

1) 跨界协同合作创新网络治理机制

在新的传播格局下,政府主导的网络空间安全治理体系中,各方主体,如企业、技术平台、媒体、用户和行业组织都扮演着重要角色。凭借互联网的开放性、平等性及互动性特征,不同主体在认知模式、思维框架及创新体系层面实现了跨界的深度融合,进而催生了强大的创新动力与活力。在此基础上,网络空间安全治理将通过跨界协同与合作,在观念和方法上实现突破性与前瞻性的革新,促使治理机制更加贴合新的发展态势,显著增强网络空间安全治理在具体实施环节中的洞察力和执行力。

2) 新兴技术应用赋能网络治理手段

结合我国在新兴技术研发和应用方面的突出优势,将这些新兴技术有效融入并应用于网络空间安全治理,对治理手段的创新和治理效能的优化具有重要的推动作用。例如,新兴技术的应用正在为网络治理手段提供支持,利用我国在新兴技术领域的优势,将这些技术有机地嵌入网络空间安全治理,将显著促进治理手段的创新和效能的提升。

3) 完善法律法规提升法治化水平

《中华人民共和国网络安全法》《中华人民共和国数据安全法》《中华人民共和国密码法》等核心法律的出台与实施,表明我国已构建起较为完备的网络空间安全法律体系。法律明确了网络空间的主权原则及网络运营者、数据处理者等主体的安全责任,为网络空间安全治理提供了坚实的法律基础。此外,政府制定了一系列配套法规和政策,涵盖数据出境安全评估、个人信息保护和关键信息基础设施保护等领域,共同推动网络安全技术的研发与应用。

5.10 网络空间安全治理的大国博弈

网络空间大变局对全球经济、政治和社会产生了深远影响,导致网络空间安全治理各方博弈全面加剧了不同国家、企业、社会组织及个体在网络治理理念、规则制定、权益保护、数据安全、隐私保障等方面的存在深刻分歧与激烈竞争。

1) 全球网络空间安全治理阵营化加剧

在网络空间安全治理中,全球网络空间安全治理阵营化加剧表现为国家间基于意识形态、经济利益和安全考量形成了不同的治理阵营。网络空间规则制定权的争夺日益激烈，各国围绕数据隐私、网络安全和技术标准等方面展开竞争。技术先进的国家希望通过主导规则的制定，增强自身在全球数字经济中的竞争力，确保其技术和标准被广泛采纳。与此同时，发展中国家则呼吁在规则制定中获得更多发言权，以推动更加公平、包容的网络治理体系，减少数字鸿沟，促进经济增长。

2）网络空间安全治理技术竞赛白热化

网络空间安全治理技术竞赛的白热化主要表现为国家间在网络安全、人工智能、数据处理和区块链等领域的激烈竞争。各国意识到核心技术不仅是推动经济发展的关键因素，还是国家安全和国际竞争力的核心。因此，网络空间安全治理与技术创新相互交织，形成了复杂的博弈关系。技术先进国家通过加大研发投入、培养人才和制定政策，力求在关键技术领域取得领先优势，强化网络安全防御和攻击能力。与此同时，发展中国家面临技术追赶压力，努力在技术获取和自主创新方面取得突破，以提升国际竞争力。

3）数字经济领域主导权争夺激烈

随着数字经济的迅猛发展，各国已认识到数字技术和平台的掌控直接影响经济增长、创新能力和全球竞争力。数字经济领域的主导权争夺愈发激烈，目前已经成为大国博弈的重要焦点。技术先进国家通过政策引导和市场布局，巩固在数字经济中的领导地位，推动本国企业在全球市场的扩张。同时，发展中国家努力提升自身在数字经济中的参与度和话语权，借助数字技术实现经济结构转型，缩小与发达国家的差距。

4）网络空间加剧重塑地缘政治

网络空间的兴起加剧了地缘政治的重塑，已经成为各国战略竞争的新舞台。随着信息技术的快速发展，网络空间不仅影响了国家间的经济互动，还重新定义了国家安全和外交关系。各国意识到，控制网络空间的能力与信息流通、网络安全和数字主权息息相关，因此在这一领域展开激烈竞争。大国通过网络技术、信息传播和网络安全政策，努力塑造有利于自身利益的国际环境，此过程不仅体现在技术优势的争夺上，还涉及网络治理规则的制定和标准的推广。网络攻击、信息战和舆论操控等手段被越来越多地运用在地缘政治博弈中。

5）军事安全领域竞争加剧

军事安全领域的竞争加剧，已经成为大国博弈的重要组成部分。随着网络技术的发展，网络安全被视为国家安全的核心，国家间的军事竞争逐渐向网络空间延伸。各国意识到，网络攻击和信息战等新型军事手段可能直接威胁国家的关键基础设施和安全，因此纷纷加强网络军事能力的投入，发展网络攻击、防御技术和信息战策略。这种技术竞赛不仅涉及国家安全策略，还影响国际关系的稳定，形成了新的威胁与挑战。与此同时，网络军事安全的复杂性使得传统军事威慑理论面临挑战，冲突可能在不知不觉中发生，增加了局势的不可预测性。

5.11 我国网络空间主权主张

5.11.1 网络主权的基本含义

主权（Sovereignty）是一个国家对其管辖区域所拥有的至高无上的、排他性的政治权力，语言、文字及文明的独立都是主权的体现，简言之，主权为"自主自决"的最高权威，也是对内依法施政的权力来源，对外保持独立自主的一种力量和意志。主权的核心包括两个重要理念：首先，国家作为一个独立政治实体，能够在其领土内自主决策和行使权力；其次，主权确立了国家在国际关系中的平等地位和自主性，使其能够开展独立的外交和国际事务。随着全球化和互联网时代的到来，传统主权观面临新的挑战。网络空间的特性使得传统的地理界限变得模糊，传统的主权概念需要进行扩展和调整。

网络主权是指国家主权原则在网络空间中的延伸和拓展，国家可以在网络空间中行使领土主权、政治主权、经济主权和文化主权所赋予的主权方面的权力，从而保护本国网络空间的安全和稳定，保护本国公民、法人和其他组织在网络空间中所享有的权益。其中主权国家权力主要涉及独立权、平等权、管辖权及防卫权等。主权国家权力简述如表5-6所示。

表 5-6 主权国家权力简述

主权国家权力	分支	描述
独立权	无	主权国家自主选择网络发展道路、治理模式和公共政策，不受外来国家干涉
平等权	无	主权国家平等参与网络空间国际治理，共同制定国际规则
管辖权	立法规制权	国家定规，保护安全、公共利益、公民权益，管理网络设施、主体、行为、数据和信息
管辖权	行政管理权	国家管理，维护网络秩序，依法管理网络设施、主体、行为、数据和信息
管辖权	司法管辖权	国家司法，依法管辖网络设施、主体、行为、数据和信息
防卫权	无	主权国家开展网络安全能力建设，依法维护本国网络空间权益

5.11.2 网络主权的体现形式

国家主权作为国家至高无上的权威，其行为和影响力正逐渐扩展至网络空间这一新兴领域。在这个数字化时代，网络空间已成为国家治理和国际互动的新舞台，国家主权行为也逐渐延伸至网络空间，并通过网络设施与运行、网络数据与信息、社会与人三个层面的国家活动得以体现。

1）网络设施与运行层面

国家管理和利用境内的网络基础设施，以支持信息传播的系统应用、数据和协议。国家维护境内网络基础设施和系统安全，以避免非法干扰或入侵。国家参与网络基础设施与系统治理、发展和利用的国际合作。

2）网络数据与信息层面

国家对境内网络信息传播实施保护、管理与指导，限制侵犯合法权利或损害社会利益的信息传播。国家遏制境外组织在本国境内捏造、歪曲或散播威胁社会安全的网络信息内容。国家参与数据跨境流动、信息治理和网络信息产业发展的国际协调与合作。国家保护合法网络数据与信息不被侵害，保护涉及国家秘密的网络数据与信息不被窃取或破坏。

3）社会与人层面

社会与人是指与网络空间相互影响的社会环境与社会主体。国家自主管理本国社会变迁与网络空间的互动，培育与网络发展相适应的网络主体与社会环境。国家维护本国独立自主的互联网治理体制，平等参与完善互联网治理模式的国际合作。国家维护和发展网络空间国际法治精神，防范民粹主义与孤立主义等妨碍和破坏网络空间国际法治发展的行径。

5.11.3 网络主权体的行使原则

网络主权是指国家主权在网络空间的延伸，是现代国家对网络空间活动进行管理和控制的一种权利表现。网络主权在行使过程中遵循平等原则、公正原则、合作原则、和平原则、法治原则五大原则。

1）平等原则

《联合国宪章》提出的主权平等原则，是各国行使网络主权时应遵循的首要原则。主权国家无论大小、强弱、贫富，在法律上都是平等的，都有权平等参与网络空间国际事务，也有权受到他国的平等对待，更有义务平等对待他国。

2）公正原则

各国应坚持网络空间的公平正义，推动互联网治理体系向公正合理的方向发展，使其反映世界上大多数国家的意愿和利益，尤其是要维护好广大发展中国家的正当权益，确保网络空间的发展由各国人民共同掌握。各国不应滥用自身在网络领域的设施、技术、系统、数据优势地位，对他国行使网络主权进行干涉，或推行网络霸权、网络孤立等不公正行为。

3）合作原则

网络空间具有全球性，任何国家都难以仅凭一己之力实现对网络空间的有效治理。基于《联合国宪章》所提倡的"善意合作"原则，各国应尊重他国的国际法主体地位，秉持共商、共建、共享的理念，坚持多边参与、多方参与，打造多领域、多层次、全方位的治理体系，致力于维护网络空间的安全与发展。

4）和平原则

网络空间互联互通，各国利益深度交融。各国应当遵循《联合国宪章》所确立的宗旨和基本原则，确保互联网的和平利用，并通过和平途径解决网络空间内产生的争端。为此，各国需采取切实有效的措施，防范利用信息通信技术进行的破坏和平行为，遏制网络空间中的军备竞赛趋势，同时积极预防并严厉打击网络犯罪与网络恐怖主义活动，以维护网络空间的和平与安全环境。

5）法治原则

各国应致力于推动网络空间国际治理的法治化进程，携手维护国际法的权威地位，坚决抵制双重标准的适用。为此，各国需完善各自国内的法律法规体系，依据法律赋予的网络主权，对内保障本国公民、法人及其他组织在网络空间中的合法权益，对外则需尊重他国的网络主权，严格遵守国际规则和国际法原则，不得利用网络手段干涉他国内政，也不得从事、纵容或支持任何损害他国国家安全及利益的网络行为。

5.11.4 构建网络空间命运共同体

构建网络空间命运共同体是一个全球性的目标，旨在促进一个和平、安全、开放、合作、有序的网络环境，确保所有国家都能在网络空间中实现共同发展和安全。就构建网络空间命运共同体这个重要议题，习近平主席提出"四项原则"、"五点主张"及"四大目标"，明确构建网络空间命运共同体的基本原则及实践路径。

1）四项原则

构建网络空间命运共同体理念的四项原则是尊重网络主权、维护和平安全、促进开放合作及构建良好秩序。

2）五点主张

网络空间国际治理的五点主张是促进互联互通、交流互鉴、共同繁荣、有序发展、公平正义。

（1）加快全球网络基础设施建设，促进互联互通。

（2）打造网上文化交流共享平台，促进交流互鉴。

（3）推动网络经济创新发展，促进共同繁荣。

（4）保障网络安全，促进有序发展。

（5）构建互联网治理体系，促进公平正义。

3）四大目标

四大目标具体包括平等尊重、创新发展、开放共享、安全有序，是国际社会在网络空间安全治理和发展上的共识，体现了国际社会在网络空间安全治理和发展上的共同愿景和行动指南。

（1）平等尊重：强调各国在网络空间中应享有平等的权利和地位，尊重各国自主选择网络发展道路、管理模式和公共政策的权利，不干涉他国内政，不搞网络霸权。

（2）创新发展：鼓励技术创新和应用，推动网络空间的科技进步，通过创新解决网络空间面临的问题，提升网络服务的质量和效率。

（3）开放共享：倡导网络空间的开放性，促进信息、知识、技术和文化的自由流动与交流，实现资源共享，让更多国家和人民享受到网络带来的红利。

（4）安全有序：建立和完善网络安全机制，预防和打击网络犯罪和网络恐怖主义，维护网络空间的稳定和秩序，为经济社会发展提供安全保障。

5.11.5 我国倡导的网络主权主张

我国在网络主权的倡导中，主要强调四个方面：
（1）实施网络主权原则，以确保各国对网络空间的自主权和安全。
（2）奉行多边主义原则，推动国际合作和对话，共同制定网络空间的规则。
（3）引领网络安全治理能力创新，通过技术进步和法规建设提升网络防御能力。
（4）构建网络空间命运共同体，促进全球网络治理的公平性和共享性。以上四个主张体现了我国对网络空间安全治理的全面考量，旨在推动构建一个和平、安全、开放、合作的网络环境，实现全球网络空间的共同繁荣。

1）坚持实施网络主权原则

网络主权是国际社会在信息技术迅猛发展背景下对国家主权原则的延伸和应用。我国作为网络大国，一直倡导并积极推进实施网络主权原则，旨在维护国家安全、社会稳定和公民权益。网络主权主张的核心是尊重各国对网络空间的主权权利，主张各国应根据自身国情制定网络政策和法规，保障网络空间的秩序和安全。我国坚持网络主权原则，强调网络空间不应成为国家间对抗和冲突的场所，而应成为促进国际交流与合作的平台。通过加强网络空间的国际治理，推动构建一个和平、安全、开放、合作的网络环境，实现网络空间的共享与共赢。

2）坚持奉行多边主义原则

在全球化的今天，网络空间已成为国家间互动与合作的重要平台。我国倡导的网络主权主张强调奉行多边主义原则，主张通过国际合作和对话来解决网络空间的全球性问题。我国认为，网络空间不应成为某些国家的私有领地，而应成为各国共同参与、共同治理的公共空间。通过多边主义，各国可以在平等和相互尊重的基础上，共同制定网络空间的规则和标准，维护网络空间的秩序和安全。同时，我国也呼吁加强国际技术交流与合作，促进网络技术的创新与发展，提升全球网络空间的整体安全水平。

3）引领网络安全治理能力创新

我国在倡导网络主权的过程中，特别强调网络安全治理能力的重要性，并致力于引领网络安全治理能力的创新。在这一过程中，我国不仅注重自身网络环境的稳固和提升，也积极推动国际社会共同参与网络安全治理体系的构建。通过加强网络基础设施的防护、提升网络数据的安全保护，以及构建网络应急响应机制等措施，促进网络安全治理能力的创新。在国际层面，我国倡导建立开放、平等的网络安全对话机制，通过多边合作和信息共享，共同提高全球网络安全治理水平。

4)构建网络空间命运共同体

在我国倡导的网络主权主张中,构建网络空间命运共同体是一个核心理念。这一理念强调全球各国在网络空间的相互依存与共同利益,呼吁各国超越传统的地缘政治思维,共同应对网络安全、数据保护、网络犯罪等全球性挑战。我国积极推动国际社会加强网络安全合作,倡导通过多边机制和国际法律来规范网络行为,保护网络空间的公共利益。通过构建网络空间命运共同体,我国希望推动建立一个公平、公正、开放、合作的国际网络秩序。同时,我国也致力于通过技术交流、教育合作等方式,提升各国的网络安全治理能力,共同促进网络空间的和平、安全与繁荣。

5.12 网络空间安全治理的相关国际组织

在当今全球化和信息化的背景下,网络空间安全治理已成为国际社会关注的重要议题。网络空间的全球性和互联性特点使得任何单一国家和地区难以独立应对网络安全挑战和促进数字经济的公平发展,为了应对跨国网络威胁和挑战,各个国家和地区之间展开了广泛而复杂的合作与协调,因此国际组织在网络空间安全治理中起到关键作用。国际合作包括协调制定全球性的规则和标准,促进国际对话与合作,维护网络主权和安全,共同打击网络犯罪和恐怖主义,推动技术创新和数字经济的国际合作,保护人权和数据安全,缩小数字鸿沟,以及应对新兴技术带来的挑战。

通过国际组织的努力有助于构建一个更加稳定、安全、开放和合作的网络环境,确保网络空间的和平与繁荣。在网络空间安全治理中发挥重要作用的国际组织简述如表 5-7 所示。

表 5-7 在网络空间安全治理中发挥重要作用的国际组织简述

组织名称	简要介绍	主要职责
联合国	全球最大的政府间国际组织	制定网络空间国际规则、推动信息共享
国际电信联盟	联合国中一个专门负责信息通信技术的机构	负责分配和管理全球轨道资源和无线电频谱资源,制定全球电信标准
国际标准化组织与国际电工委员会	国际标准化组织是一个全球性的非政府组织。国际电工委员会是负责电工、电子和相关技术领域标准化的国际组织	制定信息安全相关的国际标准
经济合作与发展组织	由 38 个市场经济国家组成的政府间国际经济组织	研究数字经济和网络空间安全治理方面和政策制定
欧洲网络与信息安全局	欧盟负责网络和信息安全的独立机构	促进欧洲范围内的网络和信息安全合作与协调

1)联合国(United Nations,UN)

联合国作为全球最大的政府间国际组织,在网络空间安全治理中扮演着促进多边合作和协调的重要角色。通过其下属的多个机构和工作组,如联合国信息安全政府专家组和联合国信息安全开放式工作组,致力于制定网络空间国际规则、推动信息共享和建立全球网络安全的行动框架并积极促进各国间的对话与合作。

2）国际电信联盟（International Telecommunications Union，ITU）

国际电信联盟是联合国的一个专门负责信息通信技术的机构，主要负责制定国际电信规则和标准。国际电信联盟负责分配和管理全球轨道资源及无线电频谱资源，制定全球电信标准，并对发展中国家提供电信援助，促进全球电信发展。在网络空间安全治理方面，国际电信联盟致力于促进成员国之间的合作，确保全球互联网和通信设施的安全性和可靠性。

3）国际标准化组织（International Organization for Standardization，ISO）与国际电工委员会（International Eletrotechnical Commission，IEC）

国际标准化组织与国际电工委员会联合起来，制定了一系列与信息安全相关的国际标准，如 ISO/IEC 27001《信息安全管理体系标准》。这些标准为全球各国在网络空间安全治理中提供了共同的技术和管理框架，促进了国际互操作和合作。

4）经济合作与发展组织（Organization for Economic Cooperation and Development，OECD）

经济合作与发展组织是由 38 个市场经济国家组成的政府间国际经济组织。经济合作与发展组织在数字经济和网络空间安全治理方面进行研究和政策制定，旨在提升成员国的网络安全能力和应对策略。其发表的《数字安全政策建议》和其他相关报告为国际社会制定了应对网络威胁的指导原则。

5）欧洲网络与信息安全局

作为欧洲联盟主要负责网络与信息安全的独立机构，欧洲网络与信息安全局专注于促进欧洲范围内的网络和信息安全合作与协调。欧洲网络与信息安全局的职责是促进欧盟内部网络与信息安全高水平的提升、提高公众意识、发展和推广安全意识文化，以造福公民、消费者、企业和公共部门组织，支持欧盟政策和法规的制定，提供预防、检测和分析信息安全问题的能力建设，以及促进研究、开发和标准化。

5.13 全球网络空间安全治理发展趋势

当前，世界之变、时代之变、历史之变正以前所未有的方式展开，以大数据和人工智能为主导的新型行业领域正深刻重塑国际力量的格局。网络空间作为国家主权、安全和发展利益的新领域正面临前所未有的挑战。随着数字技术的广泛应用和数字经济的迅猛发展，全球正加速进入数字化转型的新阶段，在网络安全的基础上，网络空间秩序的构建开始逐渐从安全拓展到发展等领域，治理理念从差异性转向多元并存的兼容性，治理机制从单一功能性向全面性覆盖转变。同时，双边和多边的国际合作治理机制不断强化，呈现出网络空间安全治理正朝着更加均衡和全面的体系发展。

1）议题从安全主导转向安全与发展并重

全球网络空间安全治理正在经历一个重要的转变，其中议题逐渐从以安全为主导转向平衡安全与发展的并重。这一转变体现在对新兴技术如人工智能的治理上，既关注其带来的安全风险，也着眼于其对全球体系的积极贡献。同时，地缘政治的影响导致网络空间安全治理出现阵营化，国际合作与竞争加剧，科技领域成为网络对抗的焦点，网络攻防对抗日益实战化。中国在这一进程中提出构建网络空间命运共同体的理念，强调发展、安全、责任和利益共同体的构建，并主张尊重网络主权，维护网络空间和平与安全，加强国际合作、打击网络犯罪和恐怖主义。

2）理念从差异转向差异与兼容并存

在过去数年中，网络发达国家和地区，如美国和欧盟倾向于"多利益攸关方"模式，强调非国家行为体的作用，而发展中国家则认为国家和联合国应主导网络空间安全治理。随着技术进步和数字经济的发展，国际社会逐渐认识到网络空间安全治理需要调整原则和理念，以适应形势。不同国家开始基于网络空间的属性和规律，寻求不同观点的融合，减少治理理念上的差异。发达国家和发展中国家在"多利益攸关方"模式上达成共识，认为政府、私营部门和非政府组织都应参与治理。全球网络空间安全治理理念正逐步形成共识，竞争与合作成为新常态，各国将根据网络空间安全治理的不同议题，务实地制定政策，划分政府与其他行为体的职责。

3）机制从单一功能性转向全面覆盖

网络空间全球治理正在从少数几个专业性很强的治理平台扩散到越来越多的综合性治理平台。以往的治理方式主要依赖于联合国信息安全政府专家组、互联网名称与数字地址分配机构等专业机构，其在网络安全、技术标准等方面有明显的功能性，但存在理念和手段上的差异，缺乏整合。随着数字化转型的推进，新的治理平台和机构开始涌现，涵盖国际贸易、数字经济等领域，推动治理从技术层面扩展到社会、经济、政治等多维度，越来越多的机构开始参与到网络空间国际规则制定中，并由此形成了涵盖军控、技术标准制定、国际贸易、数字经济、地区安全合作等几乎全部治理领域的各类治理机制。

4）双边主义和国际合作的治理机制不断增强

全球网络空间安全治理发展新趋势显示，双边主义和国际合作的治理机制正在不断增强，双边和区域层面的治理机制创新也在不断地为网络空间秩序的生成提供新的活力。随着网络空间的重要性日益增强，各国意识到单边行动难以有效应对跨国网络问题，因此更加倾向于通过双边协议和多边合作来加强网络空间的安全与稳定。通过建立和加强双边及多边合作机制，各国能够更有效地共享信息、协调政策，并共同应对网络空间的挑战。

第6章 数据治理

数据不仅在社会经济和民众生活领域扮演着关键角色，还成为继土地、劳动力、资本和技术之后的第五大生产要素。现阶段，海量数据存在数据泄露、隐私侵犯、管理困难、合规与安全难以保证等问题，对于经济社会发展和数据市场的培育及发展造成了严重阻碍。应通过数据加密、访问控制、数据脱敏、数据审计、数据备份、数据建模、元数据管理、合规化自动化等相关技术对数据进行治理，降低数据泄露和滥用的风险，促使企业不断挖掘数据潜在价值、实现数据资产最大化，推动企业业务模式创新、保障业务长期可持续发展。

6.1 数据的相关属性

6.1.1 数据的价值属性

生产要素是生产过程中用于创造经济价值的资源的集中体现。如果经济增长的速率超过了已知生产要素投入的增长速率，就可以通过识别新的生产要素来解释那些未被现有要素解释的额外产出。因此，生产要素是随着生产力的发展而不断扩充的。数据作为第五大要素与土地、劳动、资本、技术等传统生产要素相比有明显的独特性，原因在于其对推动生产力发展已显现出突出价值。数据作为独特的技术产物，具有虚拟性、低成本复制性和主体多元性。这些技术特性影响着数据在经济活动中的性质，使数据具备非竞争性、潜在的非排他性和异质性。数据显著推动生产需要相应的技术和产业基础，随着数据相关技术和产业的发展，数据逐渐具备规模大、价值高等特征，演变为推动生产效率提升的重要因素。

数据相比于土地、劳动、资本、技术等传统生产要素，在技术和经济层面具有独特性。

1）技术层面

数据在技术层面具有虚拟性、低成本复制性和主体多元性等特性。

（1）虚拟性。

数据是一种存在于数字空间中的虚拟资源。土地、劳动力等传统生产要素都是看得见、摸得着的物理存在，与数据形成鲜明对比。

（2）低成本复制性。

数据作为数字空间中的存在，表现为数据库中的一条条记录，而数据库技术和互联网技术又能使数据在数字空间中发生实实在在的转移,以相对较低的成本无限复制自身。

(3) 主体多元性。

数字空间中的每条数据可能记录了不同用户的信息,数据集的采集和汇聚规则又是由数据收集者设定的,用户、收集者等主体间存在复杂的关系。同时,每个企业、每个项目都可能对所用的数据资源进行一定程度的加工,每一次增删改的操作都是对数据集的改变,因而这些加工者也是数据构建的参与主体。

2) 经济层面

数据在经济层面具有非竞争性、非排他性和异质性等特性

(1) 非竞争性。

作为经济对象,数据具有非竞争性。得益于数据能够被低成本复制,同一组数据可以同时被多个主体使用,一个额外的使用者不会影响其他现存数据使用者的使用,也不会产生数据数量和质量的损耗。例如,在各类数据分析、机器学习竞赛中,同一份数据可以被大量参赛者使用。非竞争性为数据带来更普遍的使用效益与更大的潜在经济价值。

(2) 非排他性。

数据持有者为保护自己的数字劳动成果,会付出较高代价使用专门的人为手段或技术手段控制自己的数据,因此在实践中,数据具有部分的排他性。然而,一旦数据持有者主动放弃控制或控制数据的手段被攻破,数据就将完全具有非排他性。排他性是界定产品权利的重要基础,土地、劳动、资本都有明显的竞争性和排他性,可以在市场上充分实现权利流转。

(3) 异质性。

相同数据对不同使用者和不同应用场景的价值不同,一个领域的高价值数据对另一领域的企业来说可能一文不值。

6.1.2 数据资产定义及管理

随着信息技术的飞速发展,企业和社会各个领域产生的数据量呈爆炸性增长,这些数据不仅是企业运营和决策的重要依据,也是推动业务创新、提升竞争力的关键资源。因此,科学、系统地进行数据资产管理,对于实现数据价值的最大化、保障数据安全与合规、促进业务可持续发展具有不可或缺的作用。随着数据的重要性日益显著,数据资产管理成为激发组织数据要素活力、加速数据价值释放的关键。良好的数据资产管理是释放数据要素价值、推动数据要素市场发展的前提与基础。

1) 数据资产

数据资产系指由各类组织(如政府机构、企业及事业单位等)依法所拥有或管控的数据资源,以电子形式或其他媒介记录存储,涵盖文本、图像、音频、视频、网页内容、数据库记录、传感器信号等多种结构化及非结构化数据类型。数据资产具备可量化或交易的特性,并能直接或间接地促进组织实现经济效益与社会效益的增长。在组织内部环境中,并

非所有数据均可被认定为数据资产,仅当数据能够有效促进组织创造价值时,方构成数据资产的一部分。此外,数据资产的形成有赖于组织对数据实施的积极管理策略与有效控制措施。

2)数据资产管理

数据资产管理涵盖对数据资产进行全面规划、严谨控制及高效供给的一系列综合性活动,包括制定、实施及监督一系列与数据密切相关的战略规划、政策导向、实施方案、项目执行、流程优化、技术手段及操作程序,旨在确保数据资产的价值得到妥善管理、有效保护、精准交付及持续提升。数据资产管理要求政策制定、管理体系、业务运营、技术支持与服务保障等多维度的深度融合与协同作用,以实现数据资产价值的最大化与长期保值增值目标。

数据资产管理通过建立全面而有效的管理体系,紧密结合实际情况,实现以下目标:一是规范化数据资产的采集、处理和使用流程,从而提升数据质量,确保数据安全;二是拓展数据资产的应用场景,构建数据资产生态系统,并持续进行数据资产管理运营,不仅为政府机构和企事业单位提供了优质的数据条件和能力支撑,以便进行资产计量和确认,还促进了数据要素的流通,加快了要素市场化的步伐。数据资产管理涉及数据资源化和数据资产化两个关键阶段,通过将原始数据转化为数据资源和数据资产,逐步增加数据的价值密度,为数据要素化打下坚实的基础。数据资产管理架构如图 6-1 所示。

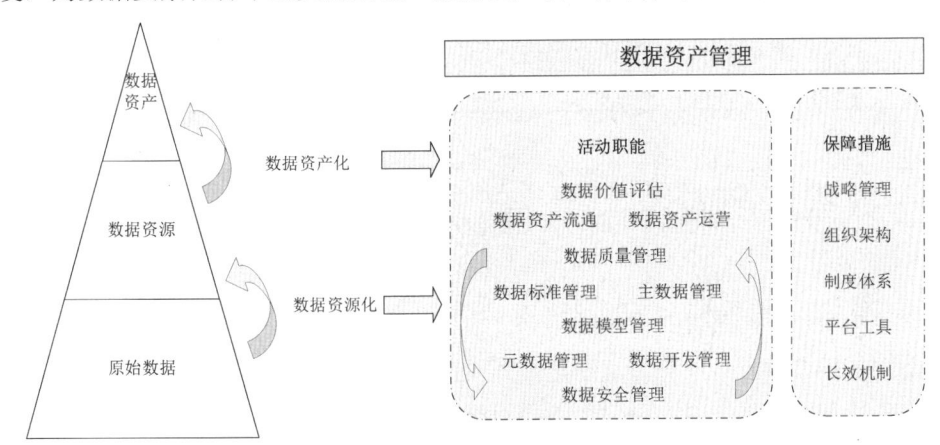

图 6-1 数据资产框架

(1)数据资源化。

数据资源化是将原始数据转化为具有潜在价值的数据资源的过程,旨在提升数据质量、保障数据安全,并确保数据的准确性、一致性、时效性和完整性,涉及数据模型管理、数据标准管理、数据质量管理、主数据管理、数据安全管理、元数据管理及数据开发管理等多项活动职能,为数据资产化的进一步推进奠定了坚实基础,促进了数据的内外部流通与价值实现。

(2)数据资产化。

数据资产化旨在将数据资源转化为数据资产,从而深度释放数据资源的潜在价值,并聚焦于拓展数据资产的应用范畴，精准厘清数据资产的成本与效益，进而推动数据供给端与数据消费端构建良性反馈闭环。数据资产化主要涵盖数据资产流通、数据资产运营、数据价值评估等关键职能活动，这些活动相互协同，共同构成数据资产化的有机整体，为数据资产在各领域的高效配置与价值挖掘奠定基础。

6.1.3 数据资产评估和核算方法

数据资产评估是指资产评估机构及资产评估专业人员在遵守法律、行政法规和资产评估准则的前提下，根据委托对评估基准的特定目的下的数据资产价值进行评定和估算，并出具资产评估报告的专业服务行为。资产评估是促进资产交易公平合理进行的市场中介行为。数据资产评估是通过评估数据资产的价值，对数据资源配置进行优化的重要工具，是维护数据市场交易秩序、促进数据市场公平竞争不可或缺的环节。

数据资产价值的评估方法包括收益法、成本法和市场法三种基本方法及其衍生方法。在选择评估方法时，应根据评估目的、评估对象、价值类型、资料收集等情况，对上述三种基本方法的适用性进行分析确定，如表6-1所示。

表6-1 数据资产评估方法

方法名称	核心思路	适用场景
收益法	基于预期收益评估数据资产价值	数据资产已经实现商业化
成本法	以形成数据资产的成本为基础计量数据资产价值	未来预期收益暂不确定，仍处于开发阶段的数据资产
市场法	选取可比案例对数据资产进行修正	具有公开且活跃的交易市场的数据资产

6.2 数据资产入表

数据是数字经济的关键要素。近年来，中国产业的数字化程度显著提高，数据资源对于企业特别是相关数据企业的价值创造发挥着重要作用。数据资产入表是数字经济时代下企业资产管理和财务报告中的重要步骤，对国家而言，能够推动数据要素市场化配置，促进数字经济与实体经济的深度融合，同时加强数据安全管理，确保数据资源的合法合规利用；对企业来说，有助于提升企业估值，释放数据研发和购买需求，加快数据资产的金融化进程，从而增强企业的市场竞争力和创新能力。

6.2.1 数据资产入表的理论基础与法律依据

数据资源已成为企业乃至整个社会不可或缺的核心生产要素，科学高效地管理并利用这些海量数据资源，对于推动企业的持续成长、增强竞争力及促进社会经济进步具有极其重要的意义。数据资源合规入表是企业凭借数据资产参与社会经济分配的基础和依据。数据资产入表是对数据资源进行价值评估，记入财务报表的行为。数据资产入表后，将在财务报表中直接反映企业数据资产状况，数据资源变为数据资产，数据资产是所有者权益的体现，将扩大企业的资产总额，同时为企业在数字经济时代的价值发现提供新思路。

2023年8月21日，财政部对外发布《企业数据资源相关会计处理暂行规定》（以下简称《暂行规定》），明确数据资源的确认范围和会计处理适用准则等，于2024年1月1日起施行。《暂行规定》的适用范畴主要聚焦于两类数据资源的会计处理事务：其一为企业依据企业会计准则已认定为无形资产或存货等资产类别的数据资源；其二为企业合法持有或予以控制，且具备预期经济利益流入潜力，但尚未契合企业会计准则资产确认条件的数据资源。该规定的制定初衷在于积极推动并有效规范数据关联企业对会计准则的遵循与执行，为监管部门于数字经济治理架构及宏观管理进程中提供精准的会计信息支撑，亦为投资者等财务报表使用者构筑深入洞悉企业数据资源价值的有效途径，并以此助力其提升决策的科学性与精准性，进而优化资源配置并促进数字经济生态的稳健发展。

数据资产入表具有多维度重要意义与显著价值。一方面，其可以精准量化呈现数据资产价值，显著提升企业层面对数据资产的战略关注度与资源投入优先级，有效激活数据市场中供需双边主体的参与热忱，强化数据流通的内在驱动力，削减数据资源池中无效或低质数据的沉淀与囤积，为企业开展数据深度挖掘、分析及应用创新构筑坚实基础与强劲动力源。另一方面，构建数据资产入表机制能够有力推动数据采集、清洗、标注、评价及资产评估等数据服务领域全产业链条的蓬勃发展，形成相互促进、协同增效的良性生态循环，进而为数字经济整体活力的释放与持续增长注入强大的助推力，在宏观经济数字化转型进程中扮演关键角色并发挥核心支撑功能。

6.2.2 数据资产入表的重要意义

在数字化浪潮中，数据已超越了传统记录的范畴，转化为一种动态的、可增值的资产，数据资产入表不再局限于其在数据管理领域中的基础性支撑，核心体现在对整个组织数据价值链的深远影响。数据资产入表，作为一种将数据资源确认为企业资产并进行财务报表记录的方式，正逐渐受到越来越多的关注和重视。数据资产入表为企业带来了财务透明度的提升、资产评估的准确性及融资渠道的拓宽，从而增强了企业的市场竞争力和持续发展能力。

1）提升公司资产金额

通过数据资产入表，企业可以将其数据资产纳入财务报表，不仅有助于全面反映企业的资产状况，也能更准确地衡量企业的资产价值。对以数据为核心资产的企业来说，数据资产入表将显著提升其总资产规模，增强企业的经济实力。

2）反映企业资产价值

数据资产入表后，企业可以更加准确地反映其资产状况和价值。通过数据资产入表，企业可以将其数据资产纳入财务报表，使企业的资产状况和资产价值得到更加准确的反映，有助于投资者更好地理解和评估企业的内在价值，提升企业的市场价值。

3）助力企业获得融资

数据资产入表后，企业可以将数据资产作为抵押品，获得银行贷款或其他形式的融资，不仅有助于缓解企业的资金压力，还能进一步促进数据资产的开发利用，为企业的发展注入新的动力。

6.2.3 数据资产入表的技术手段

在当今数字化转型的浪潮中，数据已成为企业最宝贵的核心资产之一，其战略意义远远超越了传统意义上的财务或实物资产。为了更精准地反映企业的市场竞争力和未来的增长潜力，数据资产入表成为企业不可忽视的重要议题。这一过程不仅关乎企业如何合法合规地在财务报表中体现数据资产的价值，更是企业优化资源配置、提升决策效率、增强市场竞争力的关键所在。通过深入探讨数据资产入表的策略、资产价值的明确与提升，以及实操步骤的细化与执行，以期为企业的数字化转型之路提供有力支撑。

1）深入探讨数据资产入表策略

企业在数据资产入表过程中应严格遵循会计准则和税收政策，结合自身数据资产管理现状，制定并执行一套符合实际的实施方案，包括准确分类和计量资产，合理规划税务处理，识别并解决管理短板，以及建立持续优化机制。

2）资产价值的明确与提升

在数据资产入表前，企业需详尽梳理数据资源，采用合适的方法评估资产价值，规范入账流程，确保计量的精确性。同时，建立严格的管理制度，保障数据资产安全，并持续优化管理策略，以提升资产的综合价值。

3）实操步骤的细化与执行

为确保数据资产入表工作的顺利进行，企业应成立专项工作组，明确成员职责，制定详尽的实施方案。开展资产清查，规范资产入账流程，建立管理体系，加强对数据资产的保护。通过持续的评估和优化，实现资产价值的最大化，并适时披露相关信息，提高透明度，为企业的长期发展注入新动力。

数据资产入表，是数字经济发展的必然，它既能提升资产质量评估，又有利于数据资产开发，能够完善财务管理、增强信息透明度，为长远发展注入新动力。通过不断优化数据资产入表的过程，充分地挖掘和利用数据资产，实现其价值的最大化。

6.2.4 数据资产入表的合规与授权

2022 年 12 月《中共中央 国务院关于构建数据基础制度 更好发挥数据要素作用的意见》提出建立保障权益、合规使用的数据产权制度，探索数据产权结构性分置制度，建立数据资源持有权、数据加工使用权、数据产品经营权的"三权分置"的数据产权制度框架。暂行规定的适用范围强调"合法拥有或控制"的数据资源，与我国陆续出台的一系列数据产权制度相协调。由此可见，数据资源的合规与确权是数据资产入表的首要步骤。企业应从数据合规梳理及数据授权梳理两个方面进行准备工作。

1）数据合规梳理

企业在管理数据资源时，应全面遵守《中华人民共和国数据安全法》、《中华人民共和国个人信息保护法》和《中华人民共和国网络安全法》及其他相关法律法规，从数据来源、数据内容、数据处理、数据管理到数据经营五个维度进行严格梳理，确保数据的合法合规性。同时，建立和完善数据合规管理机制，包括明确责任人、分类保护体系和安全技术措施，定期进行合规审计，以保障数据安全和个人隐私权益，促进数据的合理利用和流通。

（1）数据来源合规。

企业获取数据行为不得违反任何法律法规、国家政策和社会公共道德，也不能侵犯任何第三方的合法权利。常见的不合规行为包括自行采集非企业主营业务范畴的相关数据，数据采买时未检查供应商是否拥有数据的合法授权等。

（2）数据内容合规。

企业存储数据的内容需真实、合法、合规，不得存储法律法规不允许采集或存储的违法数据。常见的不合规行为包括企业私自存储未依法获取授权的国家机密数据、敏感数据、重要数据、商业秘密、个人信息等。

（3）数据处理合规。

企业处理数据行为不得违反法律相关规定，符合合法、正当、必要原则。常见的不合规行为包括企业超出个人授权同意的范围处理个人信息。

（4）数据管理合规。

企业需按照法律、法规、规章和国家标准等要求，建立数据合规相关管理制度，开展包括合规管理体系搭建、风险识别、风险评估与处置等管理活动，对数据分类分级管理、数据跨境、个人信息保护等领域建立相应的全链条监督管理机制。

（5）数据经营合规。

企业需依法开展数据经营业务，获得相应的资质、行政许可及充分授权，建立完善的内控体系，保障数据经营业务不危害国家安全、公共利益及侵犯个人、组织合法权益。

2）数据授权梳理

数据权属是数据资源入表绕不开的重点，完善的数据资源授权链条是企业进行数据资源入表的前提。在进行数据入表前，企业应基于数据资源的来源，梳理其完整授权链条。例如，企业自行采集个人数据时，应获得数据主体的恰当授权；企业采买个人数据时，应获得数据供应商及数据主体的恰当授权。同时，企业应建立和维护数据权属监督管理机制，以跟踪和管理数据资源的权属变更情况，包括对数据授权期限的监控，并在数据资源的使用寿命估计中合理反映和披露这些期限。

因此，企业需要根据自身特点，制定和完善一套数据合规及产权管理制度，确保数据来源的合法性、隐私保护的充分性、数据流通和交易的规范性及数据授权的合理性。通过理顺数据资源的产权关系，企业能够清除数据资源会计入表前的法律障碍，从而促进数据资源的有效管理和利用。

6.3 数据治理概述

6.3.1 数据治理概念及意义

数据治理是组织中涉及数据使用的一整套管理行为，涉及制定和实施一系列的政策和流程，以确保数据的质量、可用性、一致性、安全性和合规性。数据治理大多是由企业数据治理部门发起并推行的，关于如何制定和实施针对整个企业内部数据的商业应用与技术管理的一系列政策、流程，以提升数据的价值、助力企业实现数字战略为最终目标。

数据治理的发展由来已久，伴随着大数据技术和数字经济的不断发展，政府和企业拥有的数据资产规模持续扩大，数据治理得到了各方越来越多的关注，被赋予了更多使命和内涵，并不断取得长足发展。数据治理不仅受到政策、法规的有力支撑，还是组织内部精细化管理的必要举措。作为一个多维度、跨学科的综合性领域，数据治理致力于确保数据资源的安全存储、高效处理和合法使用，为决策支持、风险控制及业务创新提供坚实的数据基础，并推动国际合作与全球数据治理体系的不断完善。

GB/T 35295—2017《信息技术 大数据 术语》将数据治理定义为对数据进行处置、格式化和规范化的过程，数据治理是数据和数据系统管理的基本要素，数据治理涉及数据全生存周期管理，无论数据是处于静态、动态、未完成状态，还是交易状态。GB/T 34960.5—2018《信息技术服务 治理 第 5 部分：数据治理规范》中将数据治理定义为数据资源及其应用过程中相关管控活动、绩效和风险管理的集合。国际数据治理研究所（Data Governance Institute，DGI）和国际数据管理协会（Data Management Association，DAMA）都强调了数据治理在数据管理中的核心地位。国际数据治理研究所将数据治理定义为对数据相关事务行使决策权和职权的过程，而国际数据管理协会则认为数据治理是基于数据管理的高阶管理活动，指导所有其他数据管理功能的执行。

数据治理是提升数据质量、破除管理困境、释放数据价值的关键，在组织的不同层面都扮演着至关重要的角色，并具有重要意义。

1）国家层面

数字治理创新提供了全方位、多领域、跨层级的解决方案，可以大大提高国家治理的整体效能，从而进一步提升国家的综合竞争力。当前，在城市治理、风险防控、环境治理等方面，数字化赋能的价值正在逐步显现。例如，大数据分析能够助力精准识别城市治理热点问题并快速做出应对，综合运用多项数字技术的智能化手段能够为精准防控现代社会中的风险提供可行方案，物联传感的数据采集可以大幅提升环境治理的监测水平，等等。

在提升效率、效能的基础上，数字化应用也能进一步优化完善政府行政体系、治理体系、数据开放体系及公共服务体系，为国家治理现代化提供组织保障。数字化手段的广泛运用，必将为推进国家治理现代化注入强大的动力。

2）产业层面

数据治理帮助企业实现数据资产化，通过数据资产管理平台，推动数据资产开发利用、赋能企业全链路精细化的有效应用，并通过建立数据共享机制，帮助企业打破数据孤岛，实现数据的互联互通，提升数据共享和应用的能力。例如，深铁集团通过数据管理办法和数据管理规范推进数据治理蓝图的实施，实现了数据资产的可视化管理，统一了数据标准，并优化了大数据平台技术能力，为跨单位、跨平台的数据共享及多元化数据分析应用奠定了基础。又如，浙江移动公司通过实施"5141"数据治理工作框架，构建了企业级数据治理体系，实现了数据从产生、处理到消费的端到端高效率和高质量运转，赋能了47项跨域数据创新应用，并使大数据收入提升超过60%。

3）组织层面

数据治理是政府、企业等机构进行数据资产管理的关键突破口和务实手段。数据治理为组织提供了一套全面的管理和优化数据资产的框架，确保数据的质量和安全，促进数据的合规共享与协作，支持业务创新和数字化转型，同时满足监管要求，降低管理成本，并最大化数据资产的价值，从而使组织能够在数据驱动的商业环境中保持竞争力和实现持续增长。

6.3.2 数据治理范围

现阶段，依据国际标准化组织信息技术服务管理与信息技术治理分技术委员会、国际数据治理研究所及数据治理委员会所给出的定义，数据治理可阐释为构建于数据存储、数据访问、数据验证、数据保护及数据使用等基础环节之上的一系列综合性程序体系、规范化标准框架、职能角色设定与量化指标体系。在开展数据治理的同时，借助持续性的数据评估流程、精准化的业务指导策略及常态化的监督管控机制，确保数据得到有效且高效的应用，进而驱动企业在运营管理与战略决策等多层面实现价值创造的最优化，助力企业在复杂多变的市场竞争环境中凭借卓越的数据资产管理与运用能力获取持续竞争优势并达成长期可持续发展愿景。因此，企业应依据这些权威机构的观点，构建一个全面的数据治理框架，以确保数据管理的合规性和有效性。数据治理的范围如图6-2所示。

1）综合数据治理与管理架构

在当今复杂的信息时代，元数据管理、文件记录与内容管理及数据架构分析与设计共同构成了企业数据治理的核心框架。元数据管理从用户需求出发，构建适应性架构，整合数据资源，构建知识库以支持决策，优化查询与报告机制，实现数据精准分配。文件、记录与内容管理确保信息资产的安全、高效利用，通过电子化、数字化手段及数据仓库策略，深化信息内容管理，促进数据挖掘与分析，提升团队洞察力。数据架构作为基石，通过建模与价值链分析,构建灵活强大的数据基础设施,为数字化转型与智能化决策奠定坚实基础。三者协同作用,最大化信息资产价值,推动业务创新与可持续发展。

2)全面数据运维与保障体系

数据库管理、数据安全管理与数据质量管理构成了企业数据治理的三大支柱。数据库管理涉及设计、执行、支持和恢复、绩效和优化、归档和消除,以及技术管理,确保数据的高效运作与可用性。数据安全管理则围绕数据隐私标准、保密分类、密码管理、用户权限控制及安全审计,保障数据免受威胁。数据质量管理通过设定要求规范、质量评估、提升措施及认证审计,确保数据的准确性、完整性与可靠性。三者相辅相成,共同构建了一个安全、高效、高质量的数据环境,为企业决策提供坚实支撑。

3)集成数据洞察与管理体系

数据仓库和企业情报管理聚焦于构建高效的数据架构与执行策略,通过数据仓库/集市的建设及企业情报的深入实施,辅以培训与支持体系,实现数据价值的最大化。同时,持续监测与优化确保数据策略紧跟业务需求。参考数据管理与主数据管理则致力于数据的整合与统一,通过构建整合架构、管理参考数据与用户及产品数据,以及实施维度管理,确保数据的准确性、一致性与可访问性,为决策制定提供坚实的基础。

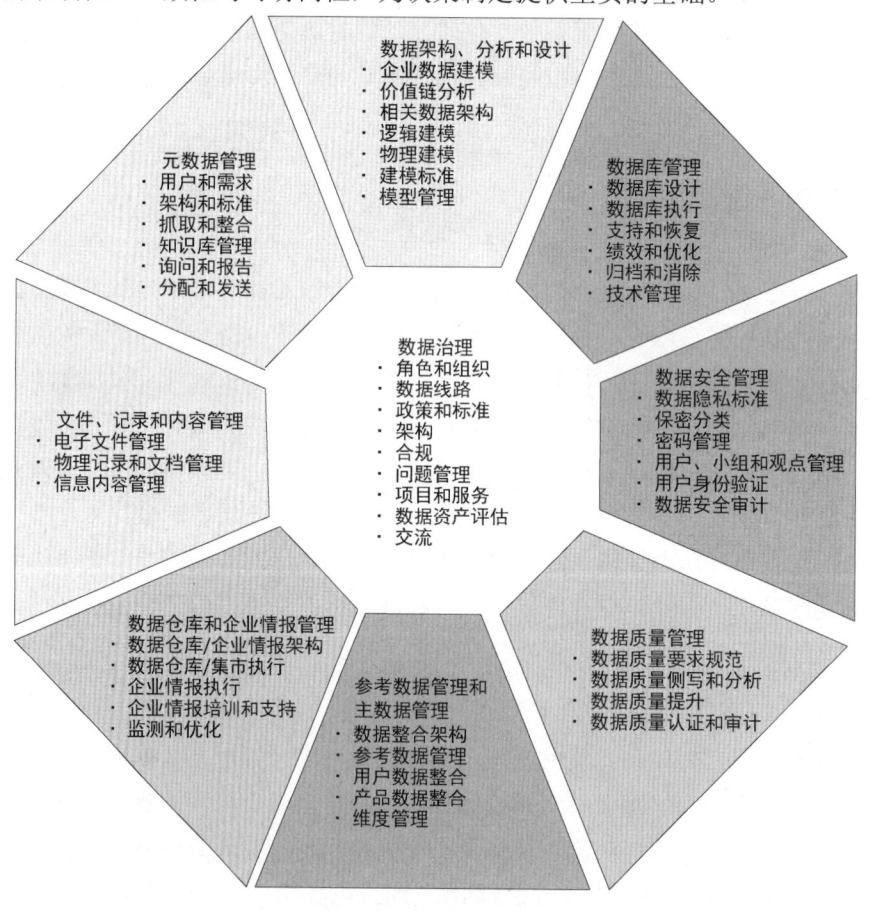

图 6-2 数据治理的范围

6.3.3 数据治理必要性

数据治理通过提高数据质量、促进数据流通、建立管理机制、保障数据安全，以及支撑数字化转型确保组织数据资源的有效管理和利用，支持精准决策和业务效率，同时保障数据的安全性和合规性。数据治理不仅是确保数据质量、驱动精准决策的关键，更是促进数据流通、打破信息孤岛、建立高效管理机制、保障数据安全并降低风险隐患的重要基石。通过数据治理，企业能够顺利推进数字化转型，充分释放数据的潜在价值，为业务创新与发展提供不竭动力，从而在激烈的市场竞争中脱颖而出，最终实现可持续发展。

1）提高数据质量，驱动精准决策

在数据驱动的时代，数据质量直接关系到企业决策的准确性和效果。数据治理通过制定统一的数据标准、质量控制流程和验证机制，确保数据的准确性、完整性和一致性，为企业提供高质量的数据支持，助力精准决策。

2）促进数据流通，打破信息孤岛

数据治理有助于打破企业内部的数据孤岛，通过制定数据交换和共享的标准和流程，促进数据在不同部门、不同系统之间的流通和共享。这不仅能够提高工作效率，还能促进跨部门协作，推动业务创新。

3）建立管理机制，明确责任与权限

数据治理通过建立完善的数据管理机制，明确数据所有权、管理责任和使用权限，确保数据在组织中得到有序、高效的管理和使用。这有助于减少数据管理和使用的混乱，降低风险，并提升企业的整体运营效率。

4）保障数据安全，降低风险隐患

数据安全是企业不可忽视的重要问题。数据治理通过制定严格的数据安全政策和措施，确保数据在存储、传输和使用过程中的安全性，降低数据泄露和滥用的风险。同时，数据治理还关注数据合规性，确保企业数据管理和使用符合相关法律法规和行业标准。

5）支撑数字化转型，推动创新发展

在数字化转型的背景下，数据治理成为企业转型的重要支撑。通过数据治理，企业能够实现对数据的全面掌控和优化利用，推动业务创新和发展。数据治理不仅有助于提升企业的数据能力，还能为企业创造更多的商业价值和竞争优势。

综上所述，数据治理有利于提高数据质量、促进数据流通、建立管理机制、保障数据安全，以及支撑数字化转型。通过实施数据治理，企业能够更好地利用数据资源，提升决策效率及其准确性，为企业的持续发展和创新提供有力支持。

6.4 数据主权及意义

6.4.1 数据主权内涵

数据主权是一个国家对其领土范围内产生的数据所拥有的控制、管理和保护的权力，是国家主权在数字化时代的延伸和拓展。数据主权是数字化时代的必然产物。数据主权不仅涵盖了数据的生成、收集、存储、处理、使用和传输等环节，也囊括了确保数据安全、促进数据合理利用及保护个人隐私等重要方面。

数据主权的实质是确保国家对本国数据资源拥有最高管理和控制权，涉及以下三个方面。

（1）数据所有权：指对数据拥有完全的控制权和支配权，可以自由地使用、加工和分享数据。

（2）数据控制权：指对数据的监管权和管理权，可以对数据进行访问、修改、删除和共享等操作。

（3）数据安全权：指对数据的安全保护权，可以保护数据的隐私和安全，防止数据被窃取、泄露或滥用等。

数据主权是一个涵盖数据全球流动与本地化、确保跨境数据传输符合法律规范、个人数据使用权的自决与控制、国家对公民利益的保护及推动国际合作构建公平数据治理体系的多维度概念。首先，数据主权关注数据的全球流动和数据本地化的问题，确保数据在跨境传输时符合本国法律和国际规则。其次，数据主权与个人数据主权紧密相连。个人数据主权体现了公民在履行数据采集义务后所享有的数据使用权，包括用户对数据的自主决策权和自我控制权。再次，数据主权还强调在全球化背景下，国家对公民利益的深切关怀，确保公民的个人权利能在国际社会中得到有效互动和保护。最后，数据主权的延伸也表现在国际合作上，国家在维护自身数据主权的同时，积极参与国际数据治理，推动构建公平合理的全球数据治理体系。

6.4.2 数据主权事关国家主权

数据主权作为国家的一项核心权益，赋予了国家对国内数据实施法律管辖与监管的权威，确保数据的存储、处理及传输严格遵循国内的法律框架。数据主权在维护国家安全方面占据着举足轻重的地位，通过构建坚实的防护体系，有效抵御数据泄露、网络攻击及数据滥用的风险，从而稳固国家安全的基础。同时，数据主权也是国家在数字经济领域保持竞争力和自主性的关键要素，通过精准调控数据的流动与使用，为本土的科技创新与经济发展提供强有力的支撑。

侵害数据主权不仅会削弱国家对关键数据资源的控制力，威胁经济安全和可持续发展，还可能导致敏感信息和个人隐私泄露，增加社会不稳定和政治安全风险，同时损害国家治理的现代化和效能，引发国际法律争议和外交冲突，对全球数字治理体系构成挑战。

数据主权、网络主权和国家主权相互关联，又存在差异。

（1）数据主权是国家主权在网络空间中的核心表现，而网络主权则是国家主权在网络空间这一特定领域的延伸和体现。国家主权是指一个国家在其领土范围内对内政、外交、经济、军事等所有事务拥有的最高权力和独立自主的权利，以确保国家能够不受外部干扰地管理自己的事务。

（2）网络主权是国家主权在网络空间的延伸，指的是国家对其网络空间内的活动、资源和信息流动的控制权和监管权，包括制定网络安全法律、管理互联网基础设施、保护国家网络安全等。

（3）数字主权更广泛地涵盖了国家对数字技术、数据和相关产业的控制和自主权，包括数据主权、技术自主、数字基础设施管理等，强调了国家在数字经济和技术发展中的独立性和安全性。

国家主权是最广泛的概念，涵盖了国家在其领土内的所有最高权力。网络主权和数字主权是国家主权在特定领域的具体体现，分别关注网络空间和数字领域的独立自主与控制权。网络主权主要涉及互联网和网络空间的管理与安全，而数字主权则更广泛地包括数据控制、技术自主和数字经济的发展。国家主权、网络主权和数字主权的区别如表6-2所示。

表6-2 国家主权、网络主权和数字主权的区别

	定义	范围	目标	挑战	法律框架	关键要素
国家主权	国家在其领土内的最高权力和独立自主权	内政、外交、经济、军事	维护国家独立、国内秩序稳定	外部干涉、全球化影响	国家宪法、国际法	主权独立、国家安全
网络主权	国家在网络空间内的控制权和监管权	互联网活动、网络资源、信息流	保障网络安全、管理网络资源、控制信息流动	网络攻击、跨国网络犯罪、信息操控	网络安全法、数据保护法、国际网络公约	网络安全、信息控制、互联网治理
数字主权	国家对数字技术、数据和产业的控制权	数据主权、技术自主、数字基础设施	保护数据安全、推动数字经济发展、实现技术自主	技术依赖、数据跨境流动、数字霸权	数据保护法、技术自主政策、国际协定	数据控制、技术创新、数字基础设施管理

6.4.3 数据主权保护

随着人类进入数字化时代，数据已成为国家基础性战略资源，全球各国对数据的依赖程度逐渐加深，在全球竞争格局的演进历程中，国家间竞争的核心焦点已然逐步实现了从传统范畴内资本、土地、人口及资源等要素的争夺，向数据资源这一新兴关键领域的高强度竞争态势转移。展望未来，国家层面综合竞争力的彰显将在相当程度上突出表现于其所掌控的数据资源规模体量、数据所蕴含的活性特质，以及针对数据进行深度解读诠释与全方位应用转化的能力维度之上。在此背景下，"数字主权"业已跃升为继传统边防、海防、空防等物理空间战略要域之后，在大国相互博弈的战略棋盘上占据重要地位且极具拓展纵深与战略潜力的全新关键领域及核心博弈空间，深刻影响着各国在全球政治、经济、科技

等多维度格局中的地位与影响力走向。为确保数据主权安全,应从技术、立法、组织建设三个维度出发,发展先进的技术保护手段,强化数据资源保护立法,构建完善的数据安全管理组织体系,共同构筑起数据安全的坚固防线。

1) 发展先进的技术保护手段

数据安全技术手段是保护数据安全的"枪炮",将提供数据收集、使用过程中的安全工具,为落实数据安全制度规程、实现数据安全防护的总体目标提供技术支持,形成数据安全防护的闭环管理链条。目前,数据主权保护主要依赖于区块链技术,其去中心化、防篡改和可追溯的特性有助于构建多方互信的数据共享规则,确定数据权属。同时,算法治理通过建立数据交易管制规则和违法数据禁止交易规则,明确数据权责边界。此外,特征提取与数据生成技术及信息语义伪装保护技术的应用,进一步提升了数据隐私保护的能力,确保数据在共享和使用过程中的安全性和隐私性。

2) 强化数据资源保护立法

加强数据资源保护立法是确保数据主权安全和推动数字经济发展的基石,涉及确立数据资产的法律地位、规范数据资产管理、完善相关标准、加强使用管理、推动数据资产开发利用、规范数据销毁处置、强化过程监测、建立应急管理机制、完善信息披露和报告及严防数据价值应用风险等多个方面,旨在构建一个权责清晰、过程透明、风险可控的数据资产保护和利用体系。

3) 构建完善的数据安全管理组织体系

数据安全组织管理组织体系是数据安全实践得以切实、有效施行的核心环节与关键举措。政府部门、各类企业及商业组织机构均应设立专业化的数据安全管理专项团队,并构建起一套层级分明、自高层领导至基层执行单位自上而下全面覆盖的一体化管理架构体系,以此保障数据安全管理相关政策方针、战略规划及制度规范得以统筹规划制定,并在组织内部各层级与各业务单元中实现精准、高效的贯彻执行,从而为数据资产的全生命周期安全防护与合规利用奠定坚实、稳固的组织保障基础,有效抵御内外部潜在的数据安全威胁与风险挑战,维护组织核心数据资产的机密性、完整性与可用性。此外,应制定严格的数据安全政策和操作流程,培养专业的数据安全人才,并定期开展数据安全培训,提高全员的数据安全意识,以及进行持续的数据安全风险评估和审计,来确保组织在数据安全管理方面的专业性和有效性,从而更好地保护数据资产,防范数据安全风险。

6.5 数据跨境流动及其治理

6.5.1 数据跨境流动

数据跨境流动是指数据处理者向境外提供个人信息等数据,通常被定义为"数据从一个司法管辖区转移到另一个司法管辖区的行为"或者"跨国界对存储在计算机中的机器可读数据进行处理的活动"。本质上，数据流动是信息和知识的传播与共享，而扩展其在全球的影响力和覆盖范围，已经成为全球创新的关键驱动力。数据跨境流动主要包括两种情形：（1）数据跨境的传输、转移行为；（2）尽管数据尚未跨境，但能够被境外的主体进行访问处理。跨境数据成为经济全球化的重要驱动与载体。

之所以数据跨境流动在新经济时代中不可避免，主要是因为全球化商业活动的扩展、云服务和数据中心的集中化、全球供应链的紧密联系、数据驱动决策的普及、互联网和社交媒体的无国界特性、技术创新和研发合作的需要、法规和合规要求的跨国性、远程工作模式的兴起及电子商务的全球性发展，这些都推动了数据在不同国家和地区间的自由流动，并且带来了隐私保护和数据安全的新挑战。

数据跨境流动涉及多种形式，包括电子邮件和通信、云服务、社交媒体和互联网平台、跨国公司内部数据传输、电子商务、国际合作和研究、物联网设备的数据传输、数据备份和恢复、在线广告和追踪及金融交易和服务。跨境数据流动极大提升跨国协作效率，但也面临着数据主权、国家安全、利益冲突、隐私保护、数据监管等问题。数据跨境流动在保障数字贸易安全、增强跨国信任度和优化全球供应链方面具有显著影响。

1）保障数字贸易安全

数据跨境流动能够防止敏感数据在数字贸易中被未经授权的实体访问或泄露，保证数字贸易的高效开展。数据跨境流动过程确保数据在传输过程中不被篡改或拦截；实施严格的访问控制策略，确保只有经过授权的用户才能访问特定的数据；定期对系统进行安全评估和漏洞扫描，及时发现并修复潜在的安全风险。

2）提升跨国信任度

数据跨境流动可以提升跨国企业和数字平台之间的信任度，有利于达成数字贸易合作。在数字贸易中，跨国企业和数字平台需要依赖数据的跨境流动开展业务和交流，如果数据的跨境流动存在安全隐患，就可能导致企业和平台之间的信任受损。当跨境流动的数据具有安全性、可靠性和真实性时，开展数字贸易的贸易主体间的信任度就会提升，从而有利于数字贸易的高质量开展。

3）优化全球供应链

数据跨境流动可以优化全球供应链，实现资源在全球的最优配置，最终促进数字贸易的高质量发展。在全球供应链中，数据跨境流动不仅可以提高供应链的透明度和效率，还可以使企业更好地了解全球市场的需求和供应状况，实现产能在全球的优化配置，提升数字贸易的效率，推动数字贸易高质量发展。

6.5.2 数据跨境流动治理分析

数据全球化是不可逆的，由此带来数据的流动不可避免，绝对严格的数据流动管控既不现实,又不利于经济增长和技术进步。当前数据跨境流动日益频繁,在确保数据安全、维护数据主权、提升法律法规效力及强化企业合规意识等方面存在挑战,诸多问题相互交织,对全球数据治理体系提出了更高要求。

1) 数据安全风险

跨境个人数据流动,导致数据泄露的风险急剧上升,个人信息的安全防线岌岌可危。跨境数据流动的复杂性削弱了传统监管模式的有效性,使得数据保护措施的执行面临重重困难。跨境个人数据流动带来的数据安全风险不仅突破了传统数据安全的界限,还催生了众多新型的数据安全隐患。

2) 数据主权弱化

随着数据跨境流动成为常态,传统属地管辖原则在网络空间遭遇挑战,数据来源与存储地割裂、控制者与所有者分离,导致数据管辖权与治理权界限模糊,导致相关国家难以准确确认目标数据所在地,进而无法有效行使管辖权,且不同国家间在数据管辖权上的扩张性主张极易引发冲突。

3) 法律法规差异显著

目前,跨境数据流动的保护与规制系统分散,各个国家和地区的利益诉求、监管方法、数据理念各不相同,对数据如何使用和流动规定的措施差异很大。欧盟的《通用数据保护条例》允许通过多种机制进行个人数据跨境转移。美国的《外国投资风险审查现代化法案》则审查涉及美国公民敏感数据的外国投资。中国建立了较完善的数据跨境流动法律框架,强调数据分级分类管理,并对数据出境活动进行严格监管。

4) 企业合规意识较弱

随着企业跨境数据流动的规模和类型的不断增加,跨境数据的采集、传输、处理和应用等环节变得更加复杂,企业在运营中遇到的跨境数据流动问题也随之增多。在进行跨境数据流动合规审查时,由于不同国家的法律规定存在差异,以及对适用情形的理解不一,企业可能会感到无所适从,引发违规风险。为了适应向不同国家或地区传输数据时的多样化合规义务,企业需要建立一个灵活且高效的数据跨境传输合规管理体系,以应对不同法域的法律要求,保障数据安全,促进数据的合法有序流动。

6.5.3 数据跨境流动治理手段

加强数据跨境安全管理刻不容缓,为了确保数据在跨境流动中的安全性和合规性,需要采用强大的数据加密技术保障数据传输的安全,实施严格的访问控制机制确保数据访问的合法性,以及通过数据脱敏处理保护个人隐私和敏感信息,共筑数据安全防线。

1) 数据加密技术

通过采用先进的加密算法和安全协议,可以确保数据在传输和存储过程中不被非法访问和篡改。数据加密不仅可以保护数据的机密性,还能确保数据的完整性和可用性。加密技术的应用可以防止数据在跨境传输过程中被窃取或篡改，从而维护数据的安全性和隐私性。

2）访问控制机制

通过实施严格的访问控制策略，可以确保只有授权用户才能访问敏感数据。访问控制机制包括用户身份验证、权限分配和访问审计等环节。通过多因素认证和生物识别技术，可以提高身份验证的准确性和安全性。此外，访问控制机制还应包括对用户访问行为的监控和记录，以便在发生安全事件时进行溯源和调查。

3）数据脱敏处理

通过对数据进行脱敏处理，可以去除或替换数据中的敏感信息，降低数据泄露的风险。数据脱敏技术包括数据匿名化、数据泛化和数据扰动等方法。通过这些技术，可以在不泄露个人隐私的情况下，进行数据分析和处理。数据脱敏处理在数据跨境流动中尤为重要，可以确保在数据共享和传输过程中，个人隐私得到有效保护。

伴随企业跨境数据流动在规模维度的持续扩张，以及类型范畴的日益多元化拓展，跨境数据在采集、传输、处理及应用等关键环节的复杂性显著提升，企业在运营进程中所遭遇的跨境数据流动相关难题亦呈递增态势。各国政府鉴于数据跨境流动对本国产生的多方面影响考量，逐步采取更为积极的主动应对策略，如实施数据出境禁令，强制要求企业在本国境内开展数据存储与处理作业等措施。与此同时，网络空间所面临的安全威胁亦处于持续迭代升级状态，传统攻击手段的演进与深化对数据安全构成严峻挑战，为维护数据主权及限制数据跨境流动的相关理念主张与政策举措提供了一定的逻辑合理性支撑基础。然而，过度严苛的管控政策体系，以及缺乏合理性的执法限制手段极有可能对全球数字经济的稳健发展进程及前沿信息技术的创新突破与推广应用构成显著阻碍、制约因素，进而对全球数字化进程的协同性与可持续性产生负面影响。

6.6 数据的分类分级

6.6.1 数据分类分级定义及原则

数据已与土地、劳动力、资本、技术并列为先进生产力五大要素，是国家重要的基础性、战略性资源。如何开放数据共享，在提升数据价值的同时保障数据生命周期安全与合规，是企业需要解决的重要问题。数据分类分级是根据数据的敏感性、重要性等特征，将数据划分为不同级别，并为每个级别设定相应的安全措施，以确保数据安全和合规性，因而对数据进行数据分类分级安全管理，是数据安全保护的重要措施之一。

根据 GB/T 38667—2020《信息技术 大数据 数据分类指南》的定义，数据分类是根据数据的属性或特征，按照一定的原则和方法进行区分和归类，以便更好地管理和使用数据。数据分类不存在唯一的分类方式，会依据企业的管理目标、保护措施、分类维度等形成多种不同的分类体系。

数据分类是数据资产管理的核心起点，对于数据资产的编目、标准化、确权、管理及服务提供至关重要。有效的数据分类不仅为数据资产的组织和保护奠定了基础，而且确保数据资产能够被正确地使用和维护。数据分级则是按数据资产的重要性和影响程度区分等级，确保数据得到与其重要性和影响程度相适应的级别保护，数据分级本质上就是数据敏感维度的数据分类。任何时候，数据的定级都离不开数据的分类。

在数据安全治理或数据资产管理领域，人们将数据的分类和分级放在一起，统称为数据分类分级。数据分类分级遵循国家数据分类分级保护要求，按照数据所属行业领域进行分类分级管理，数据分类分级原则如表 6-3 所示。

表 6-3　数据分类分级原则

原则	描述
科学实用原则	选择常见、稳定的属性或特征作为数据分类的依据，并结合实际需要对数据进行细化分类
边界清晰原则	各级别应边界清晰，对不同级别的数据采取相应的保护措施
就高从严原则	当多个因素可能影响数据分级时，按照可能造成的各个影响对象的最高影响程度确定数据级别
点面结合原则	考虑多个领域、群体或区域的数据汇聚融合后的安全影响，综合确定数据级别
动态更新原则	根据数据的业务属性、重要性和可能造成的危害程度的变化，对数据分类分级、重要数据目录等进行定期审核更新

6.6.2　数据分类框架

数据分类框架作为信息资产管理的核心策略，通过科学合理的分类方法，将数据划分为不同的级别和类型，从而确保数据在各个生命周期阶段得到适当的保护、有效利用和精准管理。该框架不仅提高了数据治理的效率，还为实现数据安全、确保合规性及最大化业务价值奠定了坚实基础。数据分类的目的在于确保信息资产的安全、合规和高效利用，而如何进行分类则依赖于对数据特性的深入理解。分类依据通常包括数据的敏感性、重要性及使用频率等维度，通过对这些要素的综合考量，将数据划分为不同的类别，从而实现精准管理和有效保护。

1）数据分类的目的

数据分类的目的是提升数据管理效率、加强数据安全性、满足合规要求、优化资源分配及支持决策制定。通过系统化的数据分类，企业和组织可以使数据管理更加有序和高效，确保数据的可用性、完整性和准确性。此外，分类有助于识别和保护敏感数据，防止数据泄露、未授权访问或数据损坏，从而确保数据安全。合理分配资源，根据数据的重要性和敏感性进行分类，能够提升数据处理和存储的经济效益，同时提供清晰、准确的数据支持，帮助企业做出更加明智的决策。

2）数据分类的步骤

数据分类通常遵循明确数据范围、细化业务分类、敏感性评估、数据分级及制定分类规则等步骤。首先需要识别和界定需要分类的数据范围，确保所有相关数据都在分类范围内。接着,根据业务属性、部门职责和业务流程,对数据进行初步分类,然后评估数据的敏感性和重要性,确定其对企业或组织的重要程度,并根据评估结果,将数据分为不同的级别,如极高敏感级别、高敏感级别、中敏感级别和低敏感级别。最后,根据分类结果,制定数据管理和使用的具体规则,确保数据分类的有效实施。

3)数据分类的依据

数据分类依据包括业务属性、数据类型、数据来源、敏感性和重要性,以及法律法规和行业标准。根据数据在业务活动中的角色和功能不同,可以将其分为交易数据、客户数据、产品数据等。根据数据的结构和形式不同,可以将其分为结构化数据、半结构化数据和非结构化数据。根据数据的来源不同,可以将其分为内部生成数据、外部获取数据和合作伙伴数据。此外,还可以根据数据的敏感性和重要性不同,将数据分为不同级别,以确保敏感数据得到更高的保护。最后,可以根据相关法律法规和行业标准的要求,对数据进行分类,以确保数据合规性。

数据分类主要是根据数据管理和使用需求,结合已有数据分类基础,灵活选择业务属性将数据细化分类。数据维度分类标准如表 6-4 所示。

表 6-4 数据维度分类标准

数据维度	具体分类
个人信息分类	个人基本资料:个人基本情况信息,如个人姓名、生日、年龄、性别、民族、国籍和籍贯等
	个人身份信息:个人身份标识和证明信息,如身份证、军官证、护照、驾驶证、工作证、出入证和社保卡等证件信息
	个人生物识别信息:包括个人生物特征识别原始信息和比对信息,如人脸、指纹、步态、声纹、基因和虹膜等生物识别信息
	网络身份标识信息:包括网络身份标识和账户相关资料信息,如用户账号、用户 ID、即时通信账号、头像、昵称和 IP 地址等
	个人健康生理信息:个人医疗就诊和健康状况信息,包括病症、住院记录等个人医疗信息,身高、体温等个人健康状况信息
公共数据分类	政务数据的分类,优先按照国家或当地的电子政务信息目录进行分类,也可参考 GB/T21063.4—2007《政务信息资源目录体系 第 4 部分:政务信息资源分类》等相关电子政务国家标准执行
	若存在公共数据目录,则按照公共数据目录规则进行分类
	若不存在公共数据目录,则可按照主题、部门或行业对公共数据进行分类,也可从数据共享、开放角度等进行分类
公共传播信息分类	公开发布信息
	可转发信息
	无明确接受人信息

6.6.3 数据分类方法

可以根据数据管理和使用需求,结合已有数据分类基础,灵活选择业务属性对数据进行细化分类。具体步骤如下。

1)明确数据范围

根据行业领域主管（监管）部门的职责，明确本行业或领域管理的数据范围。这一阶段需要全面梳理涉及的数据类型和来源，以确保分类范围的完整性。

2)细化业务分类

对本行业或领域的业务进行细化分类。

（1）结合部门职责分工：根据不同部门的职责，明确行业领域或业务条线的分类。例如，工业领域数据可以分为原材料数据、装备制造数据、消费品数据、电子信息制造数据、软件和信息技术服务数据等类别。

（2）按照业务范围、运营模式和业务流程进行细化分类：进一步明确各业务条线的关键业务分类。例如，原材料数据可以细分为钢铁数据、有色金属数据、石油化工数据等；装备制造数据可以细分为汽车数据、船舶数据、航空数据、航天数据、工业母机数据、工程机械数据等。

3)业务属性分类

在明确了关键业务后，选择合适的业务属性，对关键业务的数据进行细化分类。这一步骤需要根据具体业务属性，如交易数据、客户数据、产品数据等，进一步细化数据类别。

4)确定分类规则

梳理分析各关键业务的数据分类结果，根据行业领域的数据管理和使用需求，确定具体的行业领域数据分类规则。这包括明确各类别数据的处理方式、存储要求、安全措施等，确保分类规则的可操作性和有效性。

通过上述步骤，企业或组织可以系统化地对数据进行分类和分级，从而更有效地管理和保护数据，确保数据安全和合规。数据分类过程如图 6-3 所示。

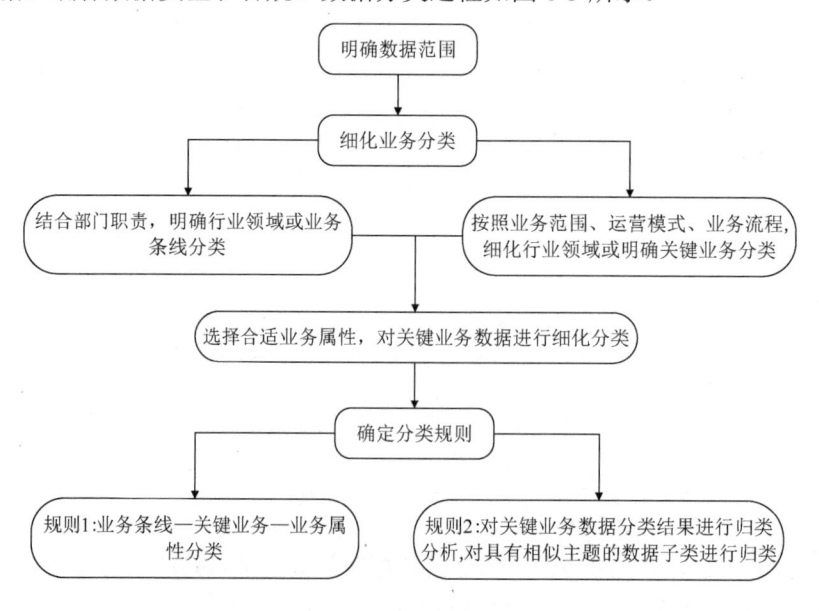

图 6-3　数据分类过程

6.6.4 数据分级框架

数据分级的核心宗旨在于优化数据安全防护体系,依据数据在经济社会整体发展进程中所彰显的重要性层级及其所潜藏的风险要素进行划分。通过考量数据在遭遇泄露、篡改、损毁或者被非法获取、非法使用、非法共享等安全事件情境下,对国家安全体系的稳固性、经济运行的平稳性、社会秩序的有序性、公共利益的完整性、各类组织合法权益的保障性,以及个人权益的安全性等多方面可能造成的危害程度差异,将数据精准归类为核心数据、重要数据及一般数据三个等级,为后续差异化的数据安全管理策略制定与实施奠定科学、严谨的基础,实现数据安全资源的合理配置与高效利用,最大程度降低数据安全风险对各层面主体的潜在负面影响并维护数据生态系统的良性稳定运行。

1)核心数据

核心数据是在特定领域、群体或区域内具有高覆盖度、高精度、大规模及一定深度的数据,非法使用或共享核心数据将直接且显著影响政治安全。此类数据主要包括涉及国家安全关键领域的信息、关乎国民经济命脉、重要民生保障、重大公共利益的数据,以及经国家权威部门评估认定的其他高度敏感数据。

2)重要数据

重要数据是在特定情境下(特定领域、特定群体、特定区域),达到一定精度和规模的数据,其泄露、篡改或销毁可能对国家安全、经济运行、社会稳定、公共健康与安全构成直接威胁。此外,仅影响单一组织或个别公民的数据通常不被归类为重要数据。

3)一般数据

一般数据是指除核心数据、重要数据外的其他数据。

6.6.5 数据分级方法

数据分级是根据数据的敏感程度和数据遭到篡改、破坏、泄露或非法利用后对受害者的影响程度,按照一定原则和方法进行定义的,本质上是基于数据敏感维度的数据分类。数据分级更多地要从安全合规性和数据保护的角度出发,根据确定分级对象、分级要素识别、数据影响分析三个要素进行分级。

(1)确定分级对象:确定待分级的数据,如数据项、数据集、衍生数据、跨行业领域数据等。

(2)分级要素识别:结合自身数据特点,按照领域、群体、区域、重要性、精度、规模、覆盖度、深度等涉及的分级要素进行识别。

(3)数据影响分析:结合数据分级要素识别情况,分析数据一旦遭到泄露、篡改、损毁或者非法获取、非法使用、非法共享,可能影响的对象和影响程度。

数据分级流程如图 6-4 所示。

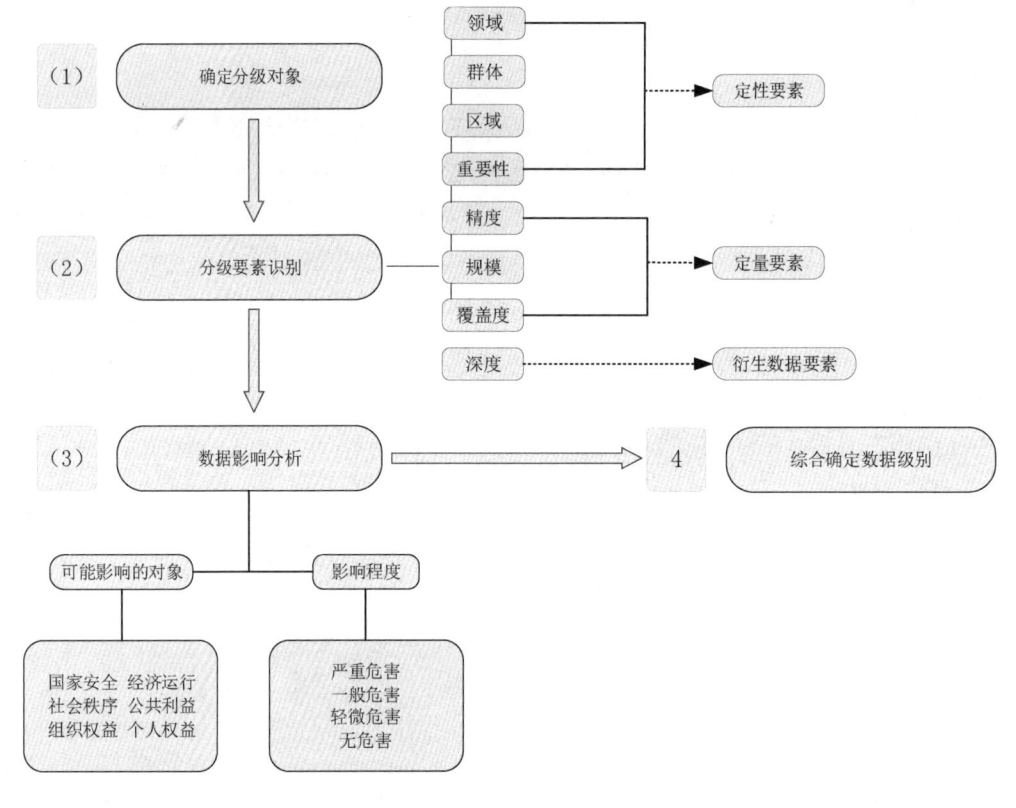

图 6-4 数据分级流程

2021 年 12 月全国信息安全标准化技术委员会秘书处发布的《网络安全标准实践指南——网络数据分类分级指引》中，数据分级方法是按照数据一旦遭到篡改、破坏、泄露、非法获取或者非法利用后，对个人、组织合法权益造成的危害程度，将危害程度从低到高分为 1 级、2 级、3 级和 4 级共四个级别，数据危害分级规则表如表 6-5 所示。

表 6-5 数据危害分级规则表

安全级别	影响对象	
	个人合法权益	组织合法权益
4 级数据	严重危害	严重危害
3 级数据	一般危害	一般危害
2 级数据	轻微危害	轻微危害
1 级数据	无危害	无危害

6.7 数据安全治理概述

6.7.1 数据安全治理原则

要想发展数字经济、加快数据要素市场的培育和发展，必须高度重视数据安全和数据安全治理。数据安全治理是指在组织既定的数据安全战略框架下，为确保数据得到妥善保护与合法利用，由多个部门协同开展的一系列综合性活动。数据治理的核心目标在于，以促进数据的有效开发利用与确保数据安全并重为基本原则，紧密围绕数据的全生命周期，构建全方位的安全管理体系，以实现数据安全与业务发展的和谐平衡。

通过以数据为中心、多元化主体共同参与、兼顾应用与安全这三大支柱，能够构建出一个既能确保数据安全，又能促进数据高效利用的治理体系。这不仅是数据安全治理的核心，也是推动数字经济持续健康发展的关键。数据安全治理通常遵守数据驱动的创新与发展、多方协同的数字生态、平衡创新与安全的数据应用三个原则。

1）数据驱动的创新与发展

数据的高效开发与利用覆盖了从数据采集、传输、存储、使用、共享直至销毁的整个生命周期，而各环节中数据特性的不同，使得面临的数据安全威胁和风险也呈现出多样性。鉴于此，建立一套以数据为核心的紧密结合具体业务场景及生命周期的各个阶段，精准识别并有效应对各类数据安全风险的安全治理体系显得尤为重要。

2）多方协同的数字生态

数据安全治理需要多个主体共同参与，单靠任何一方的力量都难以完成这一复杂任务。从国家和社会角度来看，面对数据安全领域的诸多挑战，政府、企业、行业组织乃至个人都需要发挥各自的优势，密切合作，承担数据安全治理的主体责任。通过这种协同治理模式，能够更好地应对数字经济时代的各种数据安全挑战，打造符合时代要求的安全治理体系。

3）平衡创新与安全的数据应用

数据安全治理不仅要确保数据的绝对安全，还要避免因过度强调安全而影响数据的应用。随着我国数字化建设的快速发展，无论是政府部门还是企业，都积累了大量的数据。在数字经济时代，数据只有在流动中才能充分体现其价值。因此，必须在保障数据安全的前提下，促进数据的流动和应用。正如《中华人民共和国数据安全法》中所提到的："国家统筹发展和安全，坚持以数据开发利用和产业发展促进数据安全，以数据安全保障数据开发利用和产业发展。"这种辩证的视角能够更好地平衡数据安全与数据应用，为数字经济的发展提供坚实保障。

6.7.2 数据安全治理核心内容

数据安全治理的目的是使数据在流动过程中更安全，平衡数据发展与数据安全，结合数据安全治理要点，建立适用于我国国情的数据安全建设的体系化方法论。数据安全治理的核心内容如图6-5所示。

1）规划阶段

在规划阶段，首要任务是确保外部合规性，并与行业实践相对比，制定相应的方案规划。应从可行性、安全性和可持续性三个方面对方案规划进行论证，以确保其既符合法律法规，又能适应行业发展趋势。

2）建设阶段

建设阶段应围绕组织架构、制度流程、技术工具和人员能力四个方面构建数据安全治理的核心体系。组织架构方面应明确职责，确保数据安全工作的有效执行；制度流程方面应完善相关规章制度，保障数据安全活动的有序开展；技术工具方面应采用先进的数据安全防护技术，增强数据保护能力；人员能力方面应通过培训和技能提升团队成员能力，以增强团队的数据安全意识和操作技能。

3）评估阶段

评估阶段应通过内部自查评估、应急演练和对抗模拟，结合第三方专业机构的数据安全治理能力评估，全面审视数据安全治理的效果。这些评估活动有助于识别潜在风险点和不足，为后续改进提供重要参考。

4）运营阶段

在运营阶段，应持续进行数据审计与风险态势感知，以实时监控和应对安全威胁。面临风险时，应迅速采取应急处置措施，并在事后进行复盘整改，以不断提升数据安全治理体系的效能和稳定性。

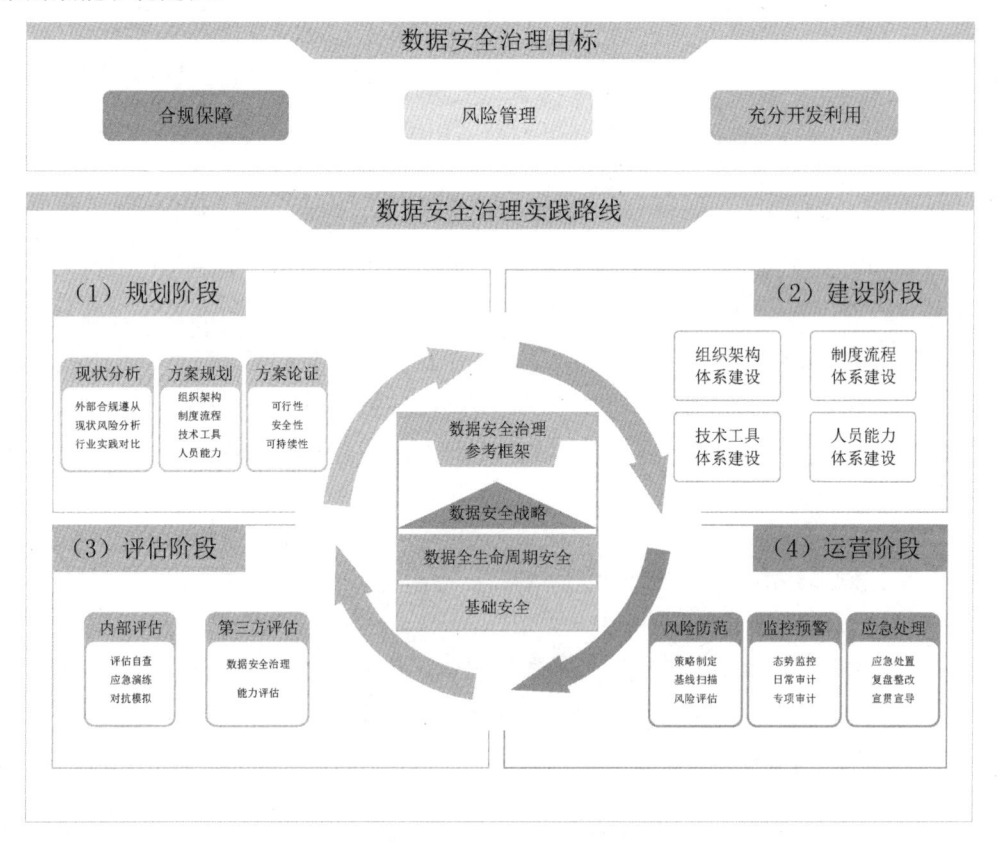

图 6-5 数据安全治理的核心内容

6.7.3 数据安全治理参考框架

根据数据安全治理理念，组织应围绕以数据为中心的治理体系不断演进和深化。在整体安全战略的指导下，形成以数据分类分级为治理基石，以数据安全管理体系、技术体系与运营体系为治理核心，以监督评价体系为效能提升手段的全面治理框架，数据安全治理参考框架如图 6-6 所示。

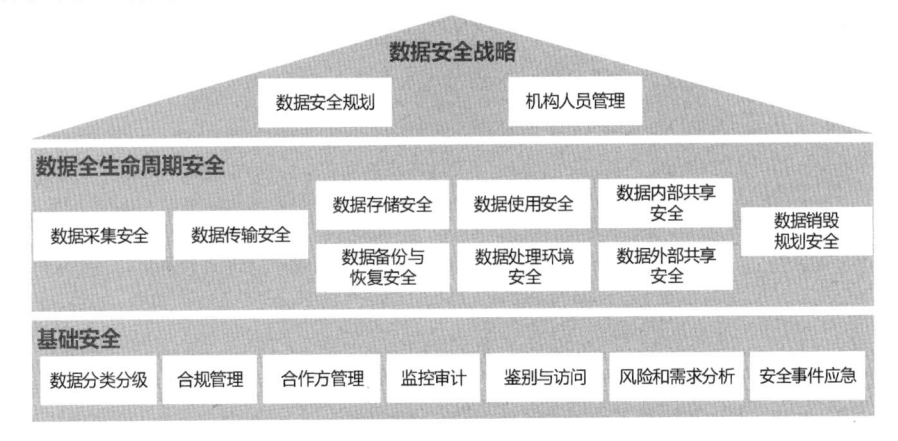

图 6-6 数据安全治理参考框架

数据安全治理参考框架是一个全面而严谨的体系，由三个核心要素构成。一是数据安全战略，为整个数据安全治理参考框架提供宏观指导和发展方向；二是数据全生命周期安全，确保数据从产生到销毁的每一个环节都得到妥善保护；三是基础安全，奠定坚实的底层安全基础，保障整个数据安全体系的稳固运行。

1）数据安全战略

数据安全战略是组织保护其数据资产的总体规划，涵盖数据安全规划和机构人员管理两个方面。就数据安全规划而言，首先要识别、评估和管理数据安全风险，包括对数据泄露、数据篡改和数据丢失等潜在风险的全面评估，并制定相应的防范措施。其次，要确保数据保护措施与业务需求相匹配，既要保护数据安全，又要保障业务连续性和效率。最后，在机构人员管理方面，通过建立严格的数据安全政策和规范，提升全员的数据安全意识，并且定期开展数据安全培训和演练，使员工能够迅速识别和应对安全威胁，确保全员严格遵守数据保护规定。

2）数据全生命周期安全

数据全生命周期安全体系全面覆盖了从数据采集、数据存储、数据使用、数据传输、数据共享到数据销毁的每一个阶段，通过数据加密、访问控制、实时监控、安全审查等多种手段，确保数据在各阶段均受到严密保护，同时在遭遇数据丢失或数据损坏时，能够快速恢复数据，保障业务连续性和数据的安全性。

（1）数据存储安全：对数据进行加密存储和定期备份，以防止数据丢失和未授权访问。

（2）数据内部共享安全：通过访问控制和权限管理，确保只有经过授权的人员才能访问和处理数据。

（3）数据使用安全：在数据使用过程中进行实时监控，防止数据被滥用或泄露。

（4）数据采集安全：确保数据在采集时的真实性和完整性，防止恶意数据注入。

（5）数据传输安全：通过加密技术和安全传输协议，保护数据在传输过程中的机密性和完整性。

（6）数据销毁规划安全：包括在数据生命周期结束时，采用物理或逻辑手段彻底销毁数据，防止数据残留被利用。

（7）数据处理环境安全：在数据处理过程中提供一个安全的操作环境，防止数据被未授权访问或篡改。

（8）数据外部共享安全：对外部合作伙伴进行严格的安全审查和监控，确保数据在外部使用时仍然得到保护。

（9）数据备份与恢复安全：确保在数据丢失或被损坏时，能够迅速恢复数据，保证业务连续性。

3）基础安全

基础安全是数据安全战略的基石，包括数据分类分级、合规管理、合作方管理、监控审计、鉴别与访问、风险和需求分析、安全事件应急等要素。

（1）数据分类分级：对数据按其重要性和敏感度进行分级管理，以便实施相应的保护措施。

（2）合规管理：确保数据处理过程符合相关法律法规和行业标准，避免法律风险。

（3）合作方管理：通过对合作伙伴的安全审查和协议约束，确保合作方也遵守数据安全规定。

（4）监控审计：对数据操作进行实时监控和定期审计，发现和处理异常行为。

（5）鉴别与访问管理：通过多因素认证和访问控制，确保只有经过授权的人员才能访问敏感数据。

（6）风险和需求分析：定期评估数据安全风险和业务需求，及时调整安全措施，以应对不断变化的威胁环境。

（7）安全事件应急：包括制定和演练应急预案，确保在发生安全事件时，能够迅速响应并有效处置，减少事件影响。

6.7.4 数据治理面临的挑战

数字经济作为引领全球未来的新经济形式，正在逐步渗透和扩散到各行各业，改变传统的生产方式和管理模式，对产业结构升级产生了深远影响。数字经济具有创新性强、渗透性强和覆盖面广等特点，不仅是新的经济增长点，还是改造和完善传统专业的支点。因此，数据治理在很多方面都面临着多重复杂的挑战。

1）治理范围日益扩大

现如今信息基础设施已经逐渐成为公共基础设施，国家与民众经济的各个角落都离不开数字经济，当全球数十亿人享受信息技术带来的服务时，个人信息保护和数据经济治理等问题成为各国关注的重点，因为其几乎已经渗透到国民经济的各个角落，涉及人民的自身利益，覆盖面广、影响力强，客观上要求政府及时回应公众需求，随时接受社会监督。

2）新兴技术发展带来诸多挑战

人工智能技术的迅猛发展正推动数据处理领域迎来一场深刻的变革。大数据、人工智能，尤其是生成式人工智能，为我们带来了前所未有的发展机遇，但同时伴随着诸多挑战。大数据的指数级增长要求构建以数据为中心的新型计算体系，并面临数据跨域访问、系统可用性下降、成本能耗增高等难题。人工智能在提高生产效率、丰富生活的同时，也引发了就业结构调整、隐私保护、伦理道德等社会问题。生成式人工智能更是以其强大的内容生成能力，在教育、娱乐、医疗等领域展现巨大潜力，但也伴随着数据泄露、虚假内容生成等安全风险。

3）产业生态变化导致治理难度不断加大

新兴产业层出不穷，使数据种类急剧增多，其复杂程度也大大增加，现有的监管平台、数据治理技术、信息技术和数字税收等系统，在面对极其复杂的数据时往往是难以处理的。在具体数据治理的实施方面，对于数据产权定义困难、应用场景多变、参与者多方、动态流向监管困难和生命周期复杂等新问题，很难遵循工业时代的治理思维和治理方法。

4）国际治理体系数字化转型困难

数据治理在数字化转型背景下，以数字化世界为对象，旨在构建一个开放、多元且融合信息技术与多方参与的新型治理模式、机制和规则体系，涉及国家、社会、机构、个体及数字技术和数据治理的多个层面。数据治理蕴含双重意义：一方面指的是数字化的治理，即在数字化转型的背景下，通过实施有效的战略和措施，确保转型过程能够顺利推进，并实现价值的最大化；另一方面指的是治理的数字化，即借助信息技术平台和工具，对现有的治理体系进行数字化转型，以提升治理效能。

5）数字安全法律底线亟待完善

完善数字治理体系，各国需要建立法律法规底线和完善的制度，实现数字经济治理体系和治理能力的现代化，虽然数字经济带来的安全问题是动态变化的，但是法律法规的底线是不变的。

6.7.5 数据安全治理内涵

伴随着数字业务的飞速发展，数据安全治理成为企业正常发展的最基本保障。《中华人民共和国数据安全法》指出："维护数据安全，应当坚持总体国家安全观，建立健全数据安全治理体系，提高数据安全保障能力。"数据治理和数据安全治理是数据处理过程中的两个重要概念,各自有着独特的关注点和目标。虽然两者都涉及数据的品质和安全性,但其工作重心和应用场景存在显著差异。数据治理与数据安全治理的区别如表6-6所示。

表6-6 数据治理与数据安全治理的区别

类别	数据治理	数据安全治理
关注点	数据的组织、使用、传输等场景的质量、规范、流程和制度	数据的安全属性,保护数据的可用性、完整性和机密性
目标	提升数据价值和使用效率,促进数据共享、整合和优化	保护数据不受未授权访问、泄露、损坏或修改,确保数据合规性和隐私性
主要输出	制度、管理规章、规范、数据分类、元数据管理、数据生命周期管理	数据分级分类、安全使用规范、可视化和监控要求
应用场景	企业内部数据处理,解决"数据孤岛"问题,提升决策效率和竞争力	涉及敏感信息和隐私保护,控制和监控数据访问、使用和传输过程
实践措施	数据质量管理、数据标准化、数据安全等	安全策略制定、安全风险确定、访问控制和监控
核心任务	确保数据的准确性、一致性和可靠性	保护数据安全,防止数据泄露和数据滥用,提供可信赖的数据服务
智能化程度	决定企业数字化转型的加速度	自上而下贯穿整个组织架构,需要各层级达成共识

1)关注点不同

数据治理主要关注数据的组织、使用、传输等场景的质量、规范、流程制度,确保数据的准确性、一致性和可靠性,提升数据价值和使用效率,为决策提供支持。数据安全治理则关注数据的安全属性,保护数据的可用性、完整性和机密性,防止未授权访问、泄露、损坏或修改,确保数据的合规性和隐私性。

2)输出与结果不同

数据治理的主要输出是制度、管理规章和规范,通过数据标准、规范和流程,确保数据准确性、一致性和可靠性,涵盖数据分类、元数据管理和数据生命周期管理。数据安全治理的输出包括数据分级分类、安全使用规范、可视化和监控要求,采用技术手段保障数据安全,提供可信赖的数据服务,降低数据泄露和数据滥用风险。

3)应用场景不同

数据治理主要应用于企业内部数据处理,通过统一的数据标准和流程,提高数据的可靠性、一致性和准确性,提升决策效率和竞争力,解决"数据孤岛"问题。数据安全治理应用于涉及敏感信息和隐私保护的场景,控制和监控数据访问、使用和传输,防止敏感信息泄露和滥用,贯穿组织架构,从决策层到技术层,确保各层级达成共识并采取合理措施保护信息资源。

6.8 数据安全治理框架

数据治理是组织内围绕数据使用所展开的一系列管理活动，由企业的数据治理部门负责推动，涵盖制定和执行涵盖整个企业内部数据的商业和技术管理政策与流程，其核心目标在于提高数据的价值，为实现企业的数字化战略提供坚实的基础。企业进行数据治理能够确保数据一致性、保证数据质量、加强风险管理、提供决策支持及促进业务创新，更高效地管理和利用数据，从而在竞争激烈的市场中获得优势。以企业财务管理为例，会计负责管理企业的金融资产，遵守相关制度和规定，同时接受审计员的监督；审计员负责监管金融资产的管理活动。数据治理扮演的角色与审计员类似，其作用就是确保企业的数据资产得到正确有效的管理。

为了全面系统地管理数据资产，确保其在全生命周期内的安全、合规与高效利用，并为企业决策提供坚实的数据支撑，需要基于数据全生命周期的管理需求、法律法规的遵循，以及企业内部数据治理的复杂性和系统性考虑，全面系统地管理数据资产，设计数据安全治理框架，严格实施治理流程。数据治理体系的核心技术，依次涵盖：数据梳理与数据建模奠定坚实基础，元数据管理提供关键支撑，数据标准管理确保一致性，主数据管理聚焦关键数据的准确性，数据质量管理提升数据品质，数据安全治理保障数据安全；最终通过数据集成与共享实现数据的高效利用。数据安全治理框架如图6-7所示。

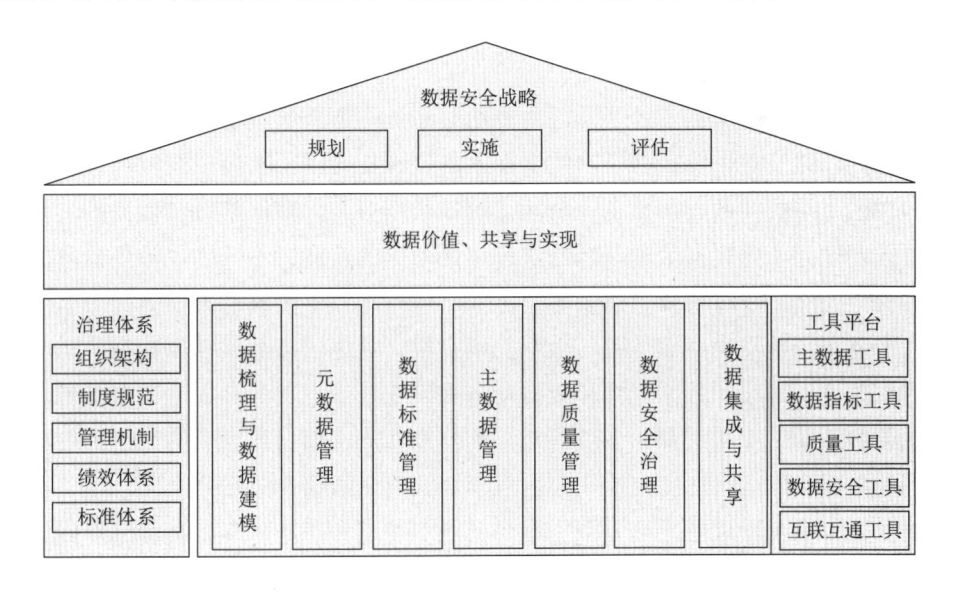

图6-7　数据安全治理框架

（1）数据梳理与数据建模奠定坚定基础：通过数据梳理，企业可以清晰地了解自己的数据资源；通过数据建模，企业可以根据业务需求建立合适的数据模型。

（2）元数据管理提供关键支撑：元数据管理为数据治理提供基础支撑，通过管理元数据,企业可以更有效地管理和利用数据。

(3) 数据标准管理确保一致性:数据标准管理确保企业内部数据的一致性和准确性,为数据交换和共享提供保障。

(4) 主数据管理聚焦关键数据的准确性:主数据管理确保关键数据的准确性和一致性,提高数据的使用效率。

(5) 数据质量管理提升数据品质:数据质量管理是提升数据质量的关键环节,确保数据的准确性、完整性、一致性和时效性。

(6) 数据安全治理保障数据安全:数据安全治理是确保数据安全的前提,保护企业的数据资产不受泄露和滥用。

(7) 通过数据集成与共享实现数据的高效利用:数据集成与共享是数据治理的最终目标,通过集成和共享数据,企业可以更好地利用数据支持业务决策和协作。

6.8.1 数据梳理与数据建模

数据梳理与数据建模是数据治理的基石,共同构成企业理解和管理其数据资产的初步且关键步骤,二者相辅相成,数据梳理为数据建模提供输入,确保数据的质量和可理解性,数据建模则依赖于数据梳理的准确性,准确的数据梳理能够确保数据模型更好地反映实际业务需求和数据流,提供数据组织和存储的逻辑结构,二者共同确保有效的数据治理。在实践中,数据梳理通常先于数据建模进行,以确保建模工作基于全面和准确的数据理解,数据建模则将这些信息转化为具体的数据库结构和逻辑关系,以便在信息系统中实现和操作。

1) 数据梳理

数据梳理是企业数据治理的基础,主要指对企业内所有数据资产的系统化识别、分类和评估的过程,涉及对企业数据资产的全面了解,包括数据的来源、数据的存储位置、数据质量和数据之间的关系,帮助企业全面了解其数据分布、数据状态和数据的潜在价值。在将数据梳理作为企业数据治理基础的过程中,不同的企业、不同的业务场景可能需要采取不同的梳理方法,目前主要通过采取自上而下或自下而上的梳理方法完成数据梳理,以确保企业能够识别数据的存储位置、数据的所有权、数据的流通路径及数据的当前质量,为企业的数据仓库建设、数据建模和数据分析提供支持。上述两种方法各有优势,自上而下的方法能够帮助企业从宏观角度理解数据的全局布局;而自下而上的方法则更注重实际操作,确保数据梳理能够直接支持业务需求,数据梳理如图6-8所示。

企业在进行数据梳理时,可以根据自身的业务特点和战略目标,灵活选择或结合自上而下或自下而上的梳理方法,以确保数据梳理既全面又具有针对性。企业数据治理在初期阶段或企业需要从宏观层面规划数据战略时采用自上而下的方法梳理,有助于企业从宏观层面把握数据的整体布局,理解数据的流向和价值,为数据治理提供战略指导;在企业数据治理的后期阶段或企业需要针对特定业务需求进行数据梳理时采用自下而上的方法进行梳理,可以根据实际需求进行调整和优化,确保数据梳理工作更加贴合业务需求。

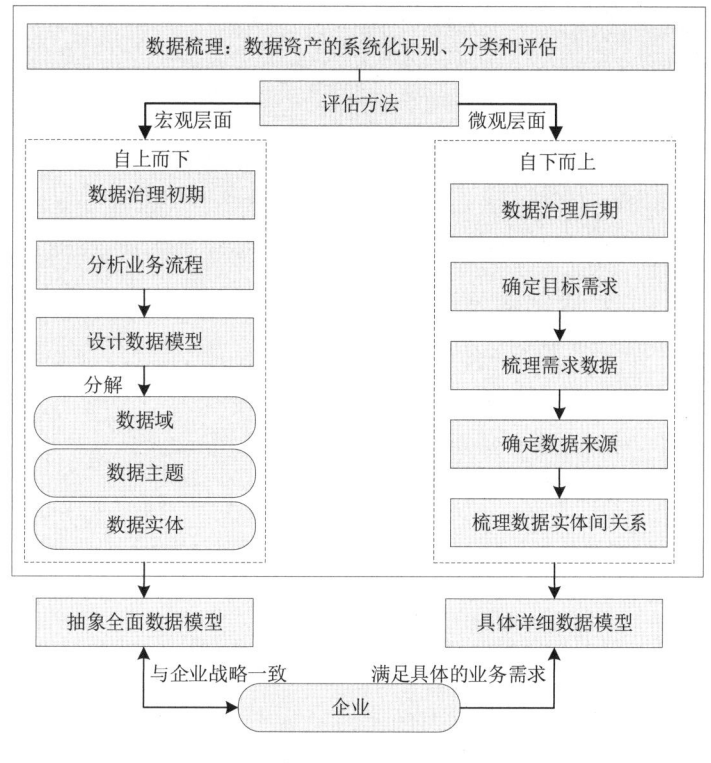

图 6-8 数据梳理

（1）自上而下。

从企业业务视角出发，通过业务流程进行全面分析，逐层分解，先从数据域到数据主题，再到数据实体，最后设计数据模型，输出一个包括企业数据的高层次视图，构建一个能够反映企业数据的全局结构和关系的数据模型。例如，德勤公司通过自上而下的业务流程梳理和自下而上的系统表单梳理相结合的方式，构建企业级金融数据模型。

（2）自下而上。

以目标和需求为驱动，梳理出实现需求所需的数据，并确定数据的来源、结构及实体间关系，输出直接支持业务需求和应用具体、细化的数据结构和实体定义。例如，通过梳理贷款业务系统数据字典，理解数据库表和字段的业务含义，归纳总结出业务对象和业务对象间的关系，补充对业务对象的描述。

企业可以结合这两种方法来优化数据管理，自上而下的方法有助于确保数据模型与企业战略一致，而自下而上的方法有助于确保数据模型能够满足具体的业务需求和技术实现。企业还可以利用自上而下的方法来识别和整合数据资产，通过自下而上的方法来优化数据的质量和可用性。例如，南方电网公司通过构建企业级数据模型和数据资产管理平台，绘制数据资产的全景分布图，从而提高了数据管理的效率和效果。

2）数据建模

数据模型是数据治理中的核心，定义了数据的逻辑结构和数据之间的关系。一个好的数据模型能够帮助企业更清晰地理解数据是如何支持业务流程和决策的。数据模型在数据治理中起到了桥梁的作用,其不仅承接了企业的数据战略,还将数据与具体的应用实施相连接。数据建模则是定义和分析数据需求,以及支持信息系统的过程,其主要包括概念模型、逻辑模型和物理模型的建立。

如果将企业的数字化比作一个人的人体构造,那么数据模型就相当于人体的骨架,为整个系统提供了结构和形状。数据之间的关系和流向则类似于血管和脉络,负责将"血液"(数据)输送到需要的地方。没有良好的数据模型,数据就无法有效地流动和被利用,企业的数字化转型就缺乏必要的支撑。例如,一家零售企业想要优化其库存管理,则需要构建一个数据模型来定义库存数据的逻辑结构,包括产品信息、库存数量、供应商信息、销售数据等,帮助企业清晰地理解各个数据元素之间的关系,如产品与供应商的关系、产品与销售数据的关系等,数据建模过程如图6-9所示。

(1)业务需求理解:企业首先需要理解库存管理的业务需求,包括需要跟踪哪些产品信息、如何跟踪库存变化、如何预测未来的库存需求等。

(2)数据结构定义:基于业务需求,企业定义数据模型,包括产品ID、产品名称、库存数量、供应商ID、供应商名称、交货时间等数据元素。

(3)数据关系建立:在数据模型中,企业定义产品与供应商之间的关系(如每个产品由哪个供应商提供)、产品与销售数据之间的关系(如销售数据如何影响库存水平)。

(4)数据流动和利用:通过数据模型,企业能够确保数据在不同系统(如库存管理系统、销售系统、供应链管理系统)之间有效流动。例如,当销售数据更新时,库存管理系统能够自动调整库存数量。

(5)支持决策:数据模型提供清晰的数据视图,帮助企业分析销售趋势、预测库存需求、优化库存水平,从而支持企业的业务运营和战略决策。

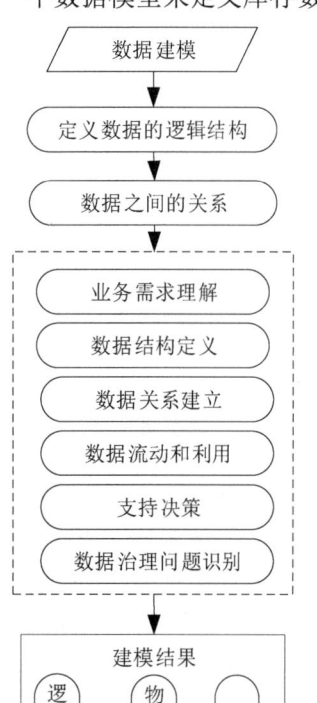

图6-9 数据建模过程

(6)数据质量问题识别:通过数据模型,企业能够更容易地识别数据质量问题,如数据不一致、数据重复等,从而及时采取措施进行修正,以确保数据的准确性和可靠性。

通过以上建模过程形成逻辑数据模型、物理数据模型和数据字典等,逻辑数据模型是数据建模的核心,通过实体-关系图或类图详细展现数据结构、元素关系及约束;物理数据模型则在此基础上定义数据在数据库中的存储和访问方式,包括表结构、索引等;数据字典作为重要文档,记录每个数据元素的详细信息,确保数据一致性和准确性。

6.8.2 元数据管理

元数据，又称为中介数据、中继数据，"元"字意为基本、原始，是关于数据的组织、数据域及其关系的信息，详细说明了数据的属性，用于支持多种功能，如指示数据的存储位置、追踪数据的历史变更、帮助资源的查找及维护文件记录等。作为电子目录的一种形式，元数据的目的是描述和记录数据的内容或特点，从而便于数据的检索和管理。通过元数据，可以更有效地组织和访问数据资源，提高数据的可用性和检索效率。

在数据治理中，元数据主要用来描述数据的结构、内容、来源、用途等属性，使得数据更易于理解、管理和使用。元数据不仅是数据的简单附加信息，还涵盖了数据的来源、格式、结构、关系、创建时间、修改时间、所有权等方面。例如，文件中的元数据包括文件的名称、创建日期、大小等，而数据库中的元数据可能是字段名称、数据类型、表之间的关系等。通过有效的元数据管理，企业能够确保数据的质量、安全性和合规性，同时提高数据的可发现性和可用性。

数据梳理是对企业数据资产的全面清查和整理，旨在了解企业到底有哪些数据、这些数据存储在哪里及数据的质量如何，而元数据作为描述数据的数据，提供了关于数据来源、数据结构、数据含义和上下文的重要信息，是数据梳理过程中不可或缺的基础。

元数据管理是数据治理的核心组成部分，其通过创建、维护和控制元数据来确保企业内数据的一致性和清晰理解。元数据管理的实践方法通常包括元数据的采集、存储、分析和应用这四个阶段。元数据管理从元数据业务层、元数据技术层和元数据应用层三个层面为企业提供了全方位的数据治理支持，如图6-10所示。

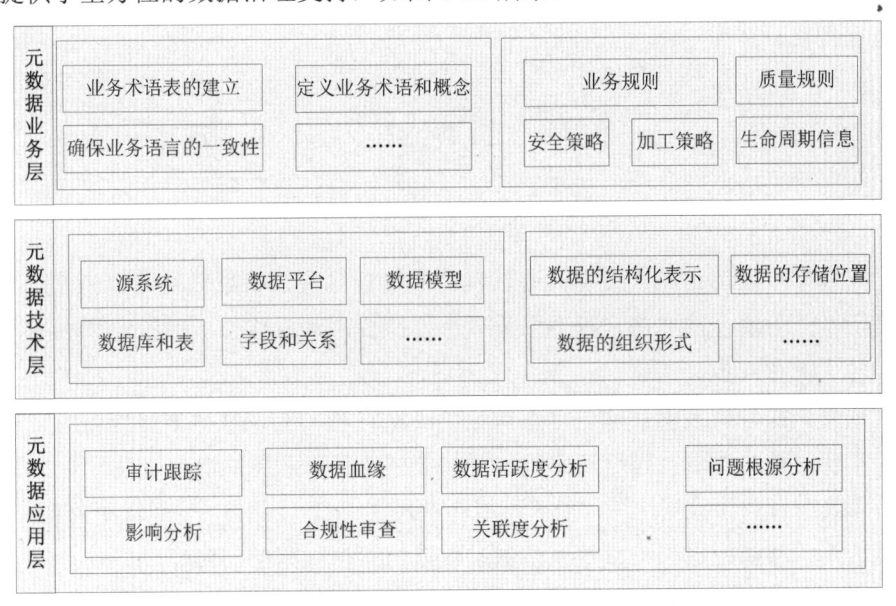

图6-10 元数据业务层、元数据技术层、元数据应用层

1）元数据业务层

元数据管理关注业务术语表的建立，定义业务术语和概念，确保业务语言的一致性等。

此外，业务规则、质量规则、安全策略、加工策略和生命周期信息也是元数据管理的重要组成部分，指导数据的收集、处理和使用，确保数据质量，并保护数据免受未授权访问。

2）元数据技术层

元数据管理则涵盖了数据资产的多个方面，包括源系统、数据平台、数据模型、数据库和表、字段和关系等，为数据的结构化表示、数据的存储位置和数据的组织形式提供了详细的描述。

3）元数据应用层

元数据管理提供审计跟踪、数据血缘、数据活跃度分析、关联度分析、问题根源分析和影响分析等价值。审计跟踪记录数据和元数据的变更历史，支持合规性审查。

元数据管理凭借元数据采集与自动化发现、数据血缘分析、元数据目录和数据地图、影响分析、版本控制和审计跟踪、数据质量管理与规则引擎、安全与权限管理等多项关键技术，实现数据治理的高效、自动化与系统化，增强数据的透明度、可控性和安全性，最大化数据资产价值，降低管理复杂度与风险，如图6-11所示。

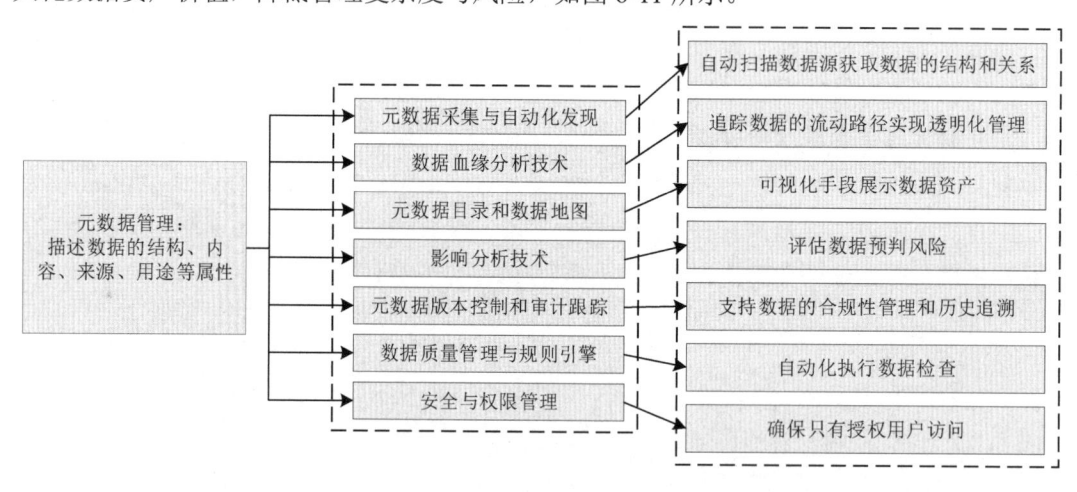

图6-11 元数据管理

（1）元数据采集与自动化发现：通过自动扫描数据源获取数据的结构和关系，实现对企业数据资产的快速全面掌握，提高采集效率，减少手动操作引入的错误和成本，确保元数据的实时更新和同步。

（2）数据血缘分析技术：通过追踪数据的流动路径，实现从数据源到使用过程的透明化管理，实现对数据质量问题迅速定位并评估数据变更对业务的潜在影响。

（3）元数据目录和数据地图：通过可视化手段展示数据资产，实现资源的系统化管理，清晰揭示数据的存储位置和关联关系，促进数据的共享与跨部门协作。

（4）影响分析技术：通过评估数据或元数据变更对其他系统和业务流程的潜在影响，帮助预判风险并确保关键业务流程不会因数据变更而受影响。

（5）元数据版本控制和审计跟踪：元数据版本控制和审计跟踪技术全面记录每一次元数据的变更，支持数据的合规性管理和历史追溯，确保操作的透明性，并允许在发生错误时迅速恢复到之前的版本。

（6）数据质量管理与规则引擎：基于业务需求自动化执行数据检查，提升数据可靠性和一致性。

（7）安全与权限管理：确保只有授权用户访问和修改敏感数据，保障数据安全性和合规性。

6.8.3 数据标准管理

数据标准管理是指通过系统性地定义、实施及维护企业内部及外部的数据标准，以确保数据在其全生命周期内的一致性和统一性，全面覆盖数据格式、命名规范、编码规则、数据类型及业务术语等多个维度，旨在解决跨部门、跨系统及跨应用程序间数据不一致的难题。在企业的数字化转型过程中，数据标准扮演着核心角色。在业务层面确保了不同业务部门之间、业务与技术团队之间及不同统计指标之间的数据含义清晰明确，促进了共识和统一的数据口径。在技术层面支持构建统一的物理数据模型，加速跨系统间的数据交互，显著减少了数据清洗的工作量，并简化了数据融合分析的过程。

通过实施数据标准管理，企业能够确保无论在哪个系统或部门中使用数据都遵循统一的格式和定义，从而实现数据的一致性，不仅能够促进不同系统间数据的顺畅传递与高效整合，还能显著提升跨系统的数据共享能力。此外，标准化的业务术语和数据结构为各部门之间的沟通交流铺设了无障碍的桥梁，有效减少因数据定义模糊而产生的误解或错误。例如，根据 JR/T 0105—2014《银行数据标准定义规范》，银行为"担保种类"等关键数据元素定义清晰的数据标准，不仅涉及数据的格式和定义，还包括数据的分类、记录格式和转换、编码等技术标准。通过上述数据标准管理，银行能够确保不同系统和部门间数据的一致性，促进数据的顺畅传递与高效整合。此外，标准化的业务术语和数据结构也为银行各部门之间的沟通交流提供了便利，有效减少因数据定义模糊而产生的误解或错误。在医疗保健行业中，通过数据标准化，可以实现提高数据的可比性和可操作性，减少数据的噪声和冗余，便于不同医疗保健机构之间的数据交换和共享。例如，电子健康档案（Electronic Health Record，EHR）的标准化处理，包括患者信息、诊断信息、治疗信息等的统一表示和处理，以及采用 HL7 标准促进医疗保健机构之间的数据交换，有助于提高医疗服务的质量和效率，同时支持医疗保健行业的数字化转型。同时，遵循数据标准还能大大降低数据录入、存储及处理过程中的错误率，进而显著提升数据的准确性和完整性，常用的数据标准管理方法如表 6-7 所示。

表 6-7 常用的数据标准管理方法

方法名称	过程简介	技术优势
数据字典与资产目录	记录和组织企业内所有数据资产的名称、格式、类型等属性，提供统一的标准以供查询和使用	提供清晰的数据定义，避免术语混淆；提高数据资产的可见性和可追踪性，增强数据的透明度

续表

方法名称	过程简介	技术优势
数据格式标准化	自动检测并应用数据标准，确保数据符合预定义的格式和命名规则，同时保证在必要时能够进行格式转换或修正	提高数据治理效率，减少手动操作错误；确保数据的一致性，提升数据质量
数据质量控制	自动检测数据中的不一致、缺失或错误，确保数据符合标准，并在数据进入系统之前进行质量检查和修复	自动监控和修复数据质量问题，提升数据完整性和准确性；防止脏数据污染系统，确保数据质量
主数据统一管理	统一管理企业的核心业务数据（如客户、产品等），确保在不同系统和部门之间共享一致的主数据，避免数据版本混乱	统一管理关键数据，避免数据重复和不一致；提供单一的标准数据源，使所有系统基于同一数据集，减少数据冲突

数据标准管理的主要内容包括数据标准规划、数据标准制定、数据标准评审与发布、数据标准执行、数据标准维护五个阶段，如图 6-12 所示。

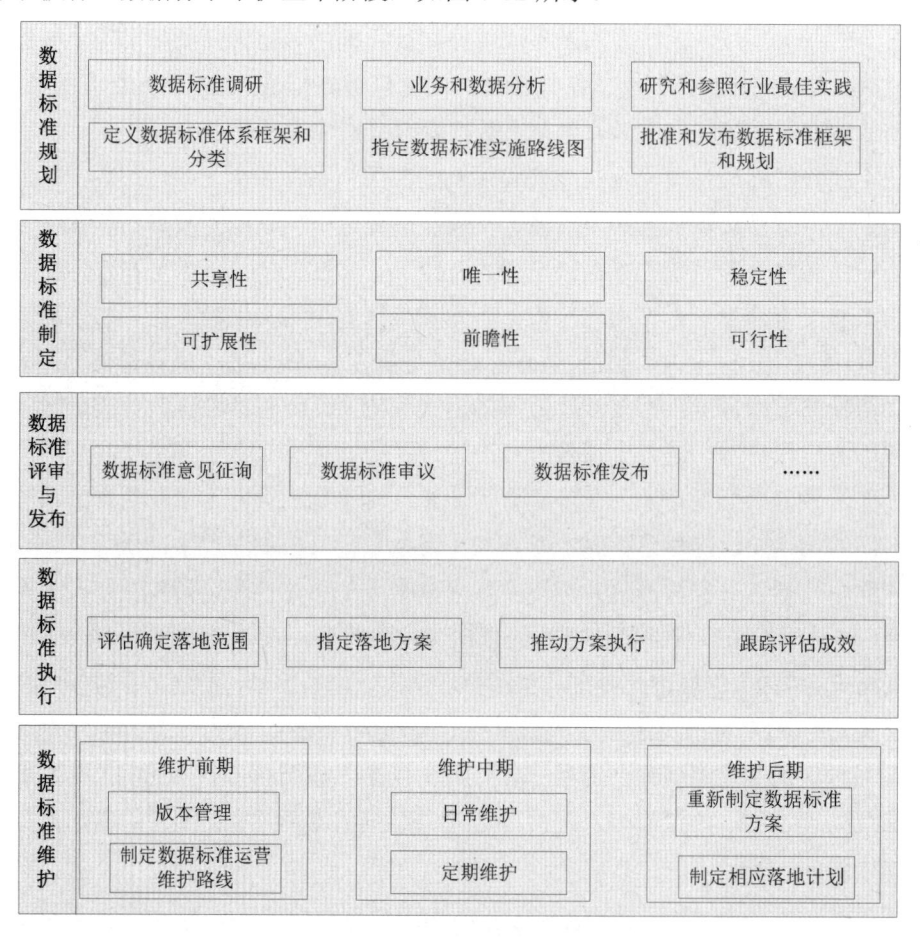

图 6-12　数据标准管理

（1）数据标准规划：企业应构建一个全面的数据标准分类框架，并制定清晰的数据标准管理实施路线图，以指导整个数据标准化过程。

（2）数据标准制定：在完成数据标准规划后，需要定义具体的数据标准及其相关规则，包括确定元数据及其属性。为满足企业业务发展和标准需求,数据标准的定义工作应科学合理,确保数据标准的持续适用性和发展。

(3)数据标准评审与发布:为确保数据标准的可用性和易用性,初步定义的数据标准需经过数据管理部门、数据标准部门及相关业务部门的评审。在收集意见、分析和修订后,正式发布数据标准。

(4)数据标准执行:已正式发布的数据标准需切实应用于信息系统构建流程以消解数据不一致性问题。在执行阶段,着重强化针对业务人员开展的数据标准专项培训及全面宣贯工作,助力其深度领会数据所蕴含的业务逻辑内涵,提升数据在业务流转各环节的一致性、准确性与可用性,为企业整体运营管理效率提升及数字化转型战略实施提供坚实的数据基础支撑。

(5)数据标准维护:随着业务的发展和数据标准执行效果的反馈,数据标准需要不断更新和完善,以适应变化。

数据标准管理的战略价值体现在以下几点。

(1)一致和准确的数据能够提高决策质量。

(2)有助于降低运营成本,减少因数据不一致或错误导致的问题和重复工作。

(3)能够增强企业的市场竞争力,通过快速、准确的数据分析,提高市场的响应速度。

(4)对于支持数字化转型而言,数据标准管理提供了坚实的数据基础,推动业务创新和增长。

综上所述,数据标准管理是数据治理的重要组成部分,应通过建立统一、准确和高效的数据环境,支持企业的持续创新和增长。

6.8.4 主数据管理

主数据是指在企业业务运营中重复使用的高价值数据,因其在企业运营中的核心地位,被形象地誉为"黄金数据",其不仅是企业决策和操作的基础,还具有极高的价值性、共享性和相对稳定性,对企业的决策和运营具有重要影响,直接反映企业的业务实体,是业务运作的基础。主数据是企业运营中的核心数据,而元数据则是描述这些数据属性和结构的信息,帮助理解和管理主数据,确保数据容易理解及其使用更加有效,不直接参与业务操作。此外,数据标准管理负责制定和维护数据标准,包括命名规范、数据格式和数据模型等。主数据管理则在这些标准的指导下,集中管理和维护核心业务数据,确保所有部门和系统都遵循统一的数据标准。因此,良好的数据标准管理为主数据管理的实施提供基础,而有效的主数据管理则确保标准的执行和落实。

主数据管理描述一组规程、技术和解决方案,这些规程、技术和解决方案,用于为所有利益相关方(如用户、应用程序、数据仓库、流程及贸易伙伴)创建并维护业务数据的一致性、完整性、相关性和精确性,将直接影响企业的运营、决策和客户体验,帮助企业消除数据孤岛,增强数据共享能力,提升数据质量,从而实现高效的数据治理和支持数字化转型。在零售行业，主数据管理可以确保不同门店和线上系统使用一致的客户信息与产品目录，提高库存管理和客户服务的效率。在制造业，通过主数据管理，企业可以确保产品规格、供应商信息和物料清单在企业资源计划（Enterprise Resource Planning，ERP）、产品生命周期管理（Product Lifecycle Management，PLM）和制造执行系统（Manufacturing Execution System，MES）中保持一致，从而优化生产流程和供应链管理。

常用的主数据管理方法包括集中式管理、去中心化管理和混合管理三种，如图 6-13 所示。

1）集中式管理

将所有主数据集中存储在一个中心数据库中，由专门的团队负责数据的创建、维护和更新。集中式管理的优点是数据一致性高，因为所有数据集中管理，避免了重复和不一致的问题，容易实现数据治理和质量控制。其由具备丰富的数据管理经验和专业知识的团队负责数据的创建、维护和更新，以确保数据的准确性和完整性。

2）去中心化管理

各个部门或业务单元独立管理自己的主数据，同时通过接口与中央数据管理系统进行数据同步。各部门根据自身需求灵活管理数据，响应速度更快，可以利用各部门的专业知识来提高数据的准确性和相关性。由于各个部门或业务单元通过接口与中央数据管理系统进行数据同步，因此在确保各部门保持数据独立性的同时，也能与中央系统保持数据的一致性。

3）混合管理

结合集中式和去中心化管理的优点，部分核心主数据集中式管理，而其他数据由各部门负责。在保持数据一致性的同时，允许部门根据需求灵活处理数据，可以更好地满足各部门的特定需求，同时控制关键数据的质量。通过制定统一的数据同步和整合策略，可以确保各部门之间的数据在需要时能够进行快速、准确的共享和交换。

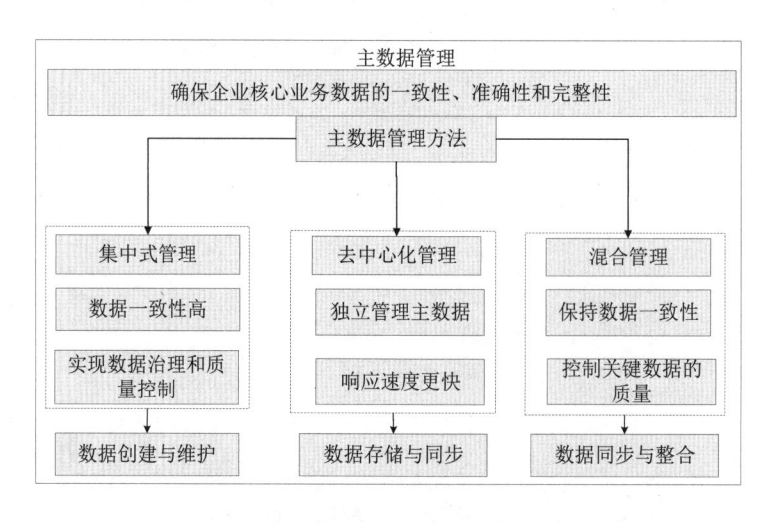

图 6-13 主数据管理方法

主数据管理的核心价值在于为企业提供精准和一致的数据资产，优化业务决策流程，显著提升决策的效率和质量。高质量的主数据是企业风险评估与管理的坚实基础，帮助企业精确识别潜在风险，制定有效的应对策略，确保业务的稳健运行。同时，主数据管理为数据分析和业务智能奠定坚实的基础，为创新项目提供持续的灵感和动力。在合规性方面，其有助于确保数据的收集、处理和存储完全符合法律法规的要求，有效降低企业的合规风险，维护企业的良好声誉和品牌形象。因此，主数据管理的战略价值体现在提升决策效率、加强风险管理、促进业务创新、增强合规性及推动数字化转型等多个方面。企业应充分认识到主数据管理的重要性，增加投入，不断完善管理机制，以充分释放其潜在价值，为企业的可持续发展提供强大动力。

6.8.5 数据质量管理

数据质量表示数据是否能满足业务需求或达到某种标准，能够满足需求的数据就是高质量数据，不能满足需求的数据就是低质量数据，数据质量管理直接关系到数据治理的成效，高质量的数据能够为企业提供准确、可靠的决策依据，提升业务效率，降低运营风险，共同推动企业的数据管理和应用水平不断提升，数据质量管理如图6-14所示。

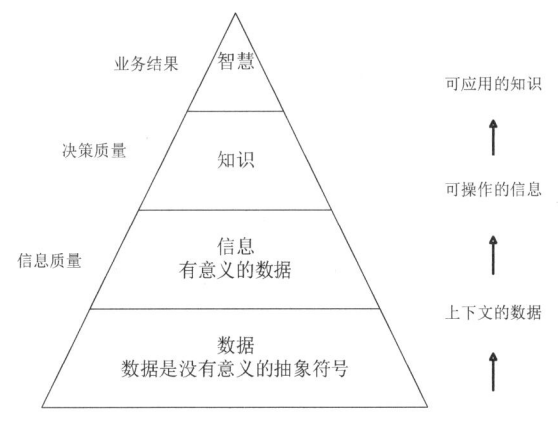

图 6-14 数据质量管理

在数据治理过程中，主数据管理致力于核心业务数据的集中与统一管理，而数据质量管理则专注于提升这些核心数据的质量水平，主数据的准确性直接关乎业务运营的有效性，因此，数据质量管理作为关键保障，确保主数据管理的数据质量保持高水平。

数据质量管理在数据治理中至关重要，确保数据的准确性、完整性和一致性，可以提升数据治理效果，推动数据治理框架的落地实施，并助力企业合规发展，是确保数据价值得以充分发挥、支持数据驱动决策的关键环节，其作用包括以下几个方面。

（1）提升数据准确性：确保数据与实际情况相符，减少因错误数据导致的决策失误。

（2）确保数据一致性：在不同系统和数据库中保持数据的一致性，避免数据重复或冲突。

（3）提高数据完整性：确保数据的完整性，及时识别和补充缺失数据。

（4）增强决策支持：高质量的数据能够为管理层提供准确的业务洞察，支持科学决策。

（5）满足合规要求：确保数据管理符合相关法律法规和行业标准，降低合规风险。

数据质量管理工具用于为企业特定的数据集定义数据质量规则，进行数据质量评估，开展数据质量稽核，并促进企业数据质量及相关业务流程的优化和改进，如图6-15所示。

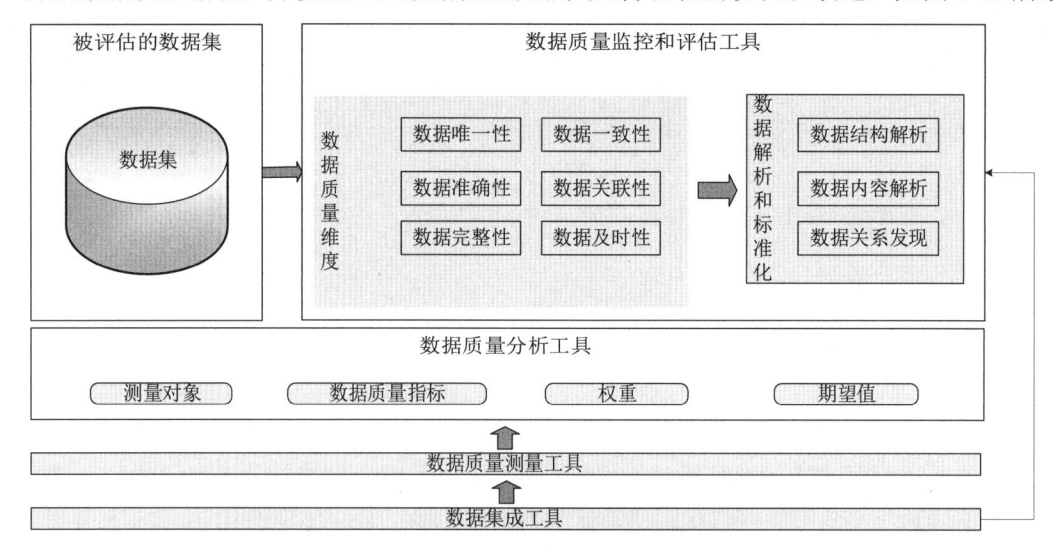

图6-15 数据质量管理工具

数据质量管理是识别、理解和纠正数据缺陷的过程，通过数据缺陷的发现和纠正提升企业的数据质量，以支持企业的业务协同和决策支持。在实践中，数据质量管理工具具有一系列关键功能，如数据质量分析、数据解析、数据标准化、数据清洗、数据匹配、数据集成和数据质量监控等。

（1）数据解析和标准化工具：将数据进行分解和剖析，并将其统一化、标准化。

（2）数据清理工具：删除不正确或重复的数据条目，修正数据项的值域，以满足某些业务规则或标准。

（3）数据分析工具：先收集有关数据质量的统计信息，然后将其用于数据质量测量和评估。

（4）数据质量监控工具：对数据质量状态进行监控，及时发现数据质量问题。

（5）数据集成工具：引入外部数据并将其集成到现有数据中。

6.8.6 数据安全治理

1）数据治理定义

随着数据作为关键生产要素的角色日益凸显，数据安全的重要性也随之显著提升。在推动数字经济发展和加速培育数据要素市场的进程中，确保数据安全必须被置于核心位置，以切实增强数据安全治理能力。国际上数据治理的概念最初由国际数据治理研究所提出，将数据治理定义为通过一系列与信息相关的流程来明确决策权与职责分工的系统性框架，旨在通过规范化数据管理、提升数据质量及强化数据安全保护，来实现数据的高效利用与价值最大化。数据治理聚焦于数据这一核心对象，涵盖了政府、企业、个人等众多参与方，并贯穿于数据的整个生命周期的各种过程和状态。数据治理涉及范围如图 6-16 所示。

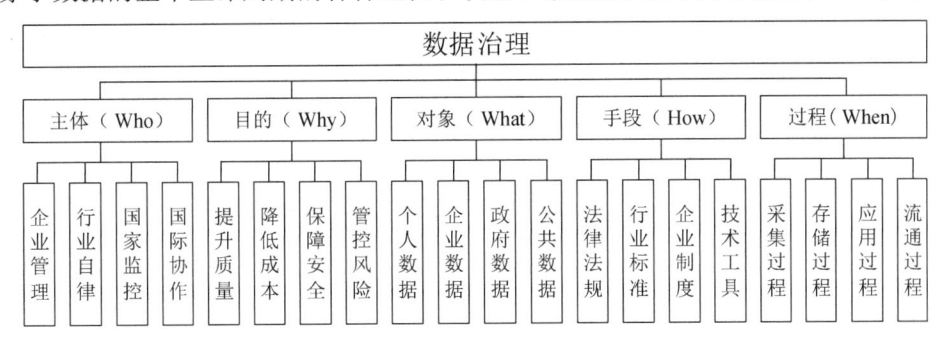

```
                              数据治理
      ┌──────────┬──────────┬──────────┬──────────┐
  主体(Who)   目的(Why)  对象(What)  手段(How)  过程(When)
  ┌─┬─┬─┬─┐ ┌─┬─┬─┬─┐ ┌─┬─┬─┬─┐ ┌─┬─┬─┬─┐ ┌─┬─┬─┐
  企 行 国 国  提 降 保 管  个 企 政 公  法 行 企 技  采 存 应 流
  业 业 家 际  升 低 障 控  人 业 府 共  律 业 业 术  集 储 用 通
  管 自 监 协  质 成 安 风  数 数 数 数  法 标 制 工  过 过 过 过
  理 律 控 作  量 本 全 险  据 据 据 据  规 准 度 具  程 程 程 程
```

图 6-16 数据治理涉及范围

数据治理对于确保企业数据的质量、可用性、可集成性、安全性和易用性至关重要。数据作为公司的重要资产，组织必须从中提取业务价值，同时最大限度地降低风险，并探索更多开发和利用数据的方法。数据治理主要涵盖以下三个核心构成要素。

（1）精准界定数据资产相关的特定职责与决策权归属，涵盖为保障决策有效执行所需的角色精准配置、决策流程设计及规范活动规划，以此构建清晰的数据资产管控责任框架与决策体系，确保数据资产运营管理的有序性与高效性。

（2）针对企业全域范围内的数据管理实践活动精心制定系统性的原则框架、标准化规范、规则体系，通过构建完善的数据管理标准与策略体系，为数据全生命周期管理提供统一的规范指引，有效保障数据质量，提升数据价值转化能力。

（3）通过建立多部门协同的数据治理流程体系，促进数据资源在企业内部的流通共享与高效利用，强化数据治理的全面性与实效性，推动企业数字化转型与业务创新发展。

数据治理的重要性体现在以下几个方面。

（1）提升业务敏捷度。

通过建立一致的企业数据模型，统一组织数据的展示和利用，让业务人员能够更快地获取用户及产品相关数据，获得最快的市场信息和洞察，以提升业务对于市场的响应力，让业务更敏捷。

（2）降低运营成本。

企业流程大部分都需要使用多个系统，以及组织的多个业务部门的数据库和应用程序，通过精细化和自动化所有可能用到的数据可以降低运营成本。例如，财务部、人力资源部、销售部和市场营销部等，通过提供统一而清晰的数据视图，降低运营成本和管理复杂性。

（3）控制管理风险和企业合规。

风险管理和企业合规很重要，在受到严格监管的金融服务行业中更是如此，风险管理及遵守外部法规和内部政策会引入其他要求数据使用的透明性及基于这些数据的报告操作。通过定义所有必要的数据标准、政策和流程并形成具有明确角色和职责的框架，可控制这些策略应用的风险。

2）数据安全治理的概念

数据安全治理可以拆分为"数据安全"与"治理"两个方面，数据安全可以理解为目标，治理可以理解为手段。数据安全治理更强调协调和合作，不应简单表述成一套严格的规则条例或正式制度，通常是以一种依托法规标准和协调机制，通过多组织、多部门横向协同配合与持续优化的过程，来实现行动目标，如图6-17所示。

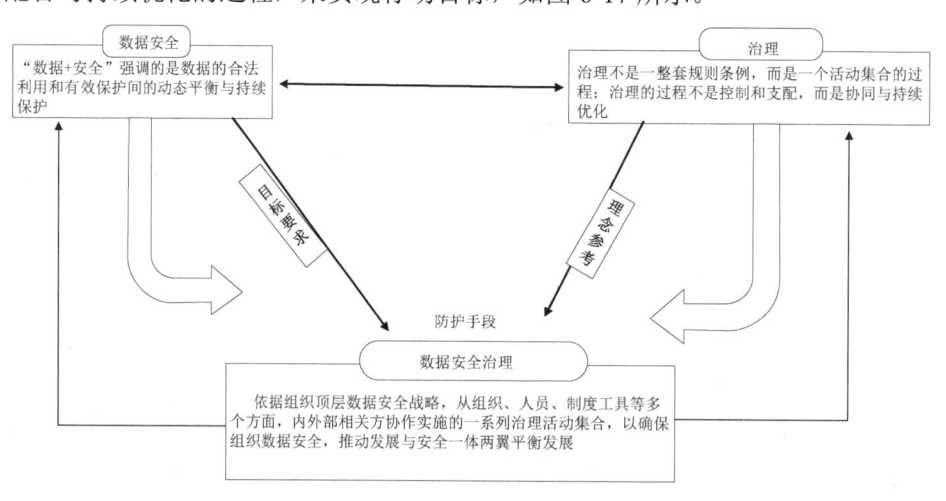

图 6-17 数据安全治理的概念

在宏观层面，数据安全治理是指在国家的统筹规划下，通过跨部门、跨行业的合作，共同推动数据安全政策法规的完善与实施，建立和执行标准体系，研发关键技术，并培养专业人才，以构建一个安全、健康的数据处理和使用环境。

在微观层面，数据安全治理则是指组织内部为保障数据安全和合法利用而采取的一系列措施，包括组建专门的数据安全治理团队，制定和执行数据安全政策，构建全面的技术防护体系，以及建立和培养一支专业的数据安全治理人才队伍。通过这些内部治理活动，组织能够确保数据资产的安全，同时支持业务的持续发展和创新。

"数据治理"和"数据安全治理"都涉及数据的管理和保护，但是在目标、方法和职责等方面存在着一些差异。

（1）目标差异。

数据治理的主要目标是确保组织数据的质量、准确性、完整性和可靠性，以满足组织决策和业务需求。数据治理涉及数据的收集、存储、处理、分析和共享等方面，旨在实现数据的价值最大化；而数据安全治理的主要目标是保护组织数据的机密性、完整性和可用性，以防止数据被非法获取、篡改或破坏。数据安全治理涉及安全策略的制定、安全控制的实施和安全事件的响应等方面，旨在保障组织数据的安全。

（2）方法差异。

数据治理的方法主要包括数据标准化、元数据管理、数据质量管理、数据架构管理等。通过这些方法，组织可以对数据进行规范化管理，确保数据的准确性和一致性。而数据安全治理的方法主要包括身份认证、访问控制、加密技术等。通过这些方法，组织可以对数据进行加密和权限控制，防止数据被非法访问和篡改。

（3）职责差异。

在组织中，数据治理通常由数据管理员或数据质量专家负责，他们负责收集、分析和管理组织数据，并确保数据符合标准和规范；而数据安全治理通常由专职数据安全专家负责，他们负责制定安全策略、实施安全措施和监控安全事件，以保障组织数据的安全。

数据治理是为了保障数据的准确性、完整性和可靠性，而数据安全治理则是为了保护这些数据不受到破坏或泄露。因此，在实施数据治理的过程中，必须考虑到数据安全的因素，以确保数据不受到非法访问或攻击。反之亦然，在实施数据安全治理的过程中，也必须考虑到数据治理的因素，以确保数据能够正确地被管理和使用。

此外，数据治理和数据安全治理还有着相互促进的作用。在实施数据治理的过程中，需要对数据进行分类和整合，从而提高数据的价值和利用效率；而在实施数据安全治理的过程中，需要对不同类型的数据进行不同的安全措施，从而保护组织核心资产不受到威胁。因此，数据治理和数据安全治理可以相互促进，提高组织对数据的管理和保护能力。

3）数据安全治理能力流程

随着《中华人民共和国网络安全法》、《中华人民共和国数据安全法》、《中华人民共和国个人信息保护法》及《关键信息基础设施安全保护条例》的发布和深入实施，很多行业和组织都陆续开展了数据安全治理工作。数据安全治理流程阶段如表 6-8 所示。

表 6-8 数据安全治理流程阶段

阶　　段	内　　容
数据资产识别	业务流程梳理、信息系统梳理、访问状况梳理、权限状况梳理、数据信息梳理
数据分类分级	制定数据分类分级标准、按标准将数据分类和分级、针对不同级别的数据制定管理和访问控制策略、定期审查和优化分类分级策略以确保数据安全合规
建立数据治理组织机构和制度	确定数据治理目标、成立跨部门治理委员会、明确职责、制定管理制度和流程、建立考核机制、提供资源和培训支持、确保数据治理规范高效
建立数据安全治理技术体系	明确安全治理目标、制定技术规范、部署数据分类分级/安全监测/访问控制等技术措施、构建安全事件响应机制、定期评估和优化系统、确保数据安全可控
建立数据安全治理运营体系	设立运营管理机构、明确职责分工、建立日常监控和风险评估流程、制定安全事件响应和应急预案、定期开展安全培训和演练、持续优化运营机制、保障数据安全稳健运行

针对不同行业，有各类法律规范，在进行数据安全治理时，必须和这些行业规范进行深入的结合。当前在大模型快速发展的背景下，百度公司采用"事前主动识别，事中灵活控制，事后全维追踪"的数据安全管理机制，建立数据管理平台，通过全生命周期管理、个人信息保护影响评估（Privacy Impact Assessment，PIA）、数据流通评估与审批、关键信息与敏感数据从严保护、分级分类管理、脱敏传输、加密存储、个人信息清单、安全事件管理等方法，加强数据安全治理力度，如图 6-18 所示。

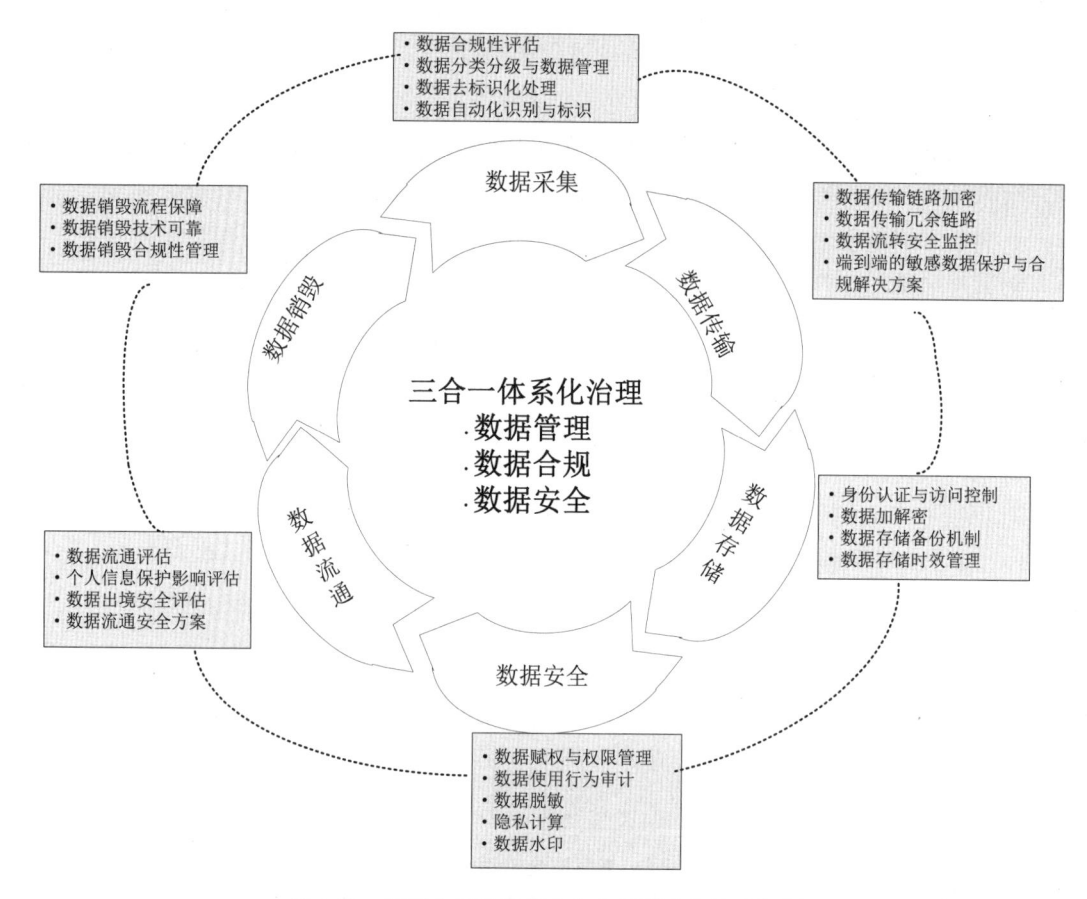

图 6-18 百度公司的数据全生命周期安全治理机制

6.8.7 数据集成与共享

数据集成与共享在数据治理中起着至关重要的作用,通过将分散的数据源汇聚、整合和共享,实现数据的统一视图和标准化管理,从而提高数据的准确性、一致性和可访问性,优化数据的质量和可用性。在数据共享和集成过程中,数据可能会流转到不同的部门、系统甚至是外部合作伙伴手中,增加数据泄露和误用的风险。通过数据安全治理,企业可以确定哪些数据可以被共享,哪些数据需限制访问。如果没有完善的数据安全治理机制,数据集成与共享就可能导致数据风险扩散,甚至引发法律责任或信任危机。同时,数据共享不仅仅是技术问题,还涉及跨部门、跨组织的信任问题。

数据集成与共享是数据治理中的两个密切相关的环节,实现高质量的数据共享,通常需要先进行数据集成,以保证数据的一致性、准确性和可用性;集成后的数据更容易被其他部门或系统使用和理解,从而提高数据共享的效率。数据集成将来自不同来源的数据进行整合,以确保数据的一致性和可访问性;数据共享则是在组织内外有序地开放这些整合后的数据。在数据共享的需求下,不同系统、部门和组织往往需要加强数据标准化和清洗的工作,以适应跨部门、跨系统的数据流通,从而推动了数据集成的实施。

数据集成和数据共享相辅相成,共同构建了一个高效、安全、互联的数据生态,通过数据集成可以保证数据共享的有效性，而数据共享的需求则会推动数据集成的标准化与规范化。数据集成与共享流程如图 6-19 所示。

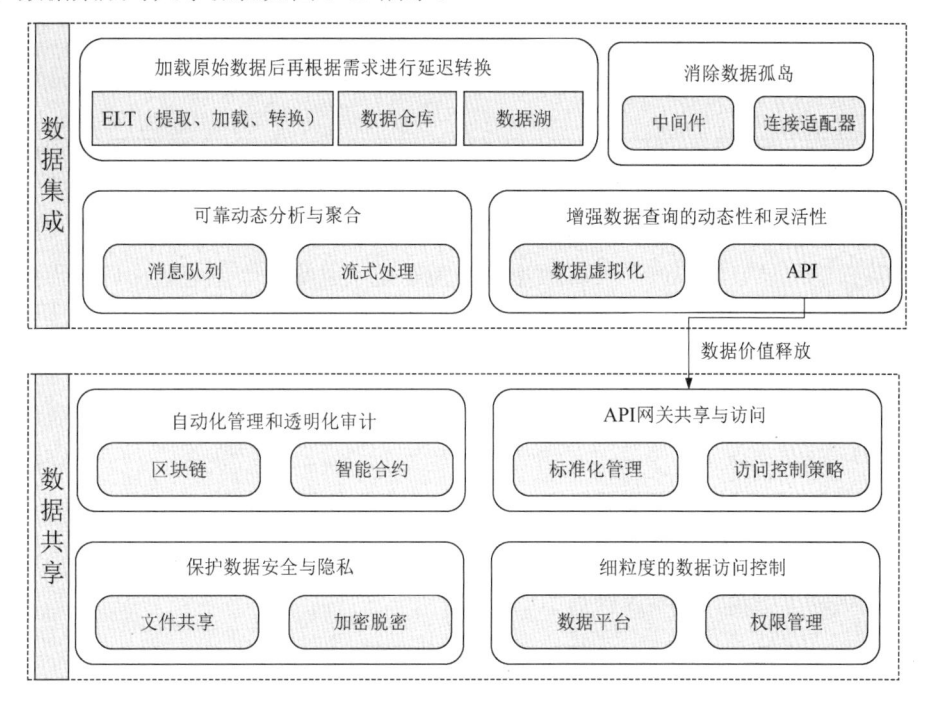

数据集成
- 加载原始数据后再根据需求进行延迟转换：ELT（提取、加载、转换）、数据仓库、数据湖
- 消除数据孤岛：中间件、连接适配器
- 可靠动态分析与聚合：消息队列、流式处理
- 增强数据查询的动态性和灵活性：数据虚拟化、API

数据价值释放

数据共享
- 自动化管理和透明化审计：区块链、智能合约
- API网关共享与访问：标准化管理、访问控制策略
- 保护数据安全与隐私：文件共享、加密脱密
- 细粒度的数据访问控制：数据平台、权限管理

图 6-19　数据集成与共享流程

1）数据集成

在信息化建设的初期，由于缺乏有效合理的规划和协作，信息孤岛的现象普遍存在，数据质量得不到保证，大量的冗余数据和垃圾数据存在于信息系统之中，导致信息的利用效率较为低下。为了解决这个问题，数据集成技术应运而生，通过协调数据源之间不匹配问题，将异构、分布、自治的数据集成在一起，使数据在合法、合规、安全的条件下被广泛使用。常用数据集成分为 ELT（Extract Load Transform，提取、加载、转换）结合数据仓库和数据湖集成、API 与数据虚拟化结合集成、消息队列与流式处理结合集成、中间件与连接器适配器结合集成四类，数据集成特性如表 6-9 所示。

表 6-9　数据集成特性

集成方案	描　　述	应用场景
ELT 结合数据仓库和数据湖集成	数据湖采用 ELT 模式，先加载原始数据再进行延迟转换，结合数据仓库的结构化能力和数据湖的灵活性，支持整合历史交易数据和高级分析	企业分析：整合历史交易数据，支持报表生成和高级分析
API 与数据虚拟化结合集成	数据虚拟化创建底层数据源的逻辑视图，结合 API 增强动态性和灵活性，实现实时跨系统数据调用，无须物理复制数据	实时业务：跨部门实时查看库存、销售和物流等核心数据，提高协作和运营效率
消息队列与流式处理结合集成	消息队列（如 Kafka）提供可靠数据传递通道，流式处理（如 Apache Flink）动态分析、清洗数据并及时反馈结果，适用于高吞吐量的实时场景	金融风险控制：实时监控交易行为，快速识别异常操作，防范风险

续表

集成方案	描　　述	应用场景
中间件与连接器适配器结合集成	数据中间件结合连接器和适配器对接多数据源（如 SQL 数据库、文件系统、云服务），并通过工作流引擎实现复杂集成任务，解决数据孤岛问题，构建统一数据管理平台	企业系统整合：ERP、客户关系管理（Customer Relationship Management，CRM）和供应链系统的高效数据整合，优化全局运营，支持决策

2）数据共享

在数据治理的框架下，数据共享是指在一个组织内或多个组织间，通过合理的流程和机制实现数据的可访问性和可用性。数据共享对于组织之间的信息流通、资源优化、业务协同和创新发展具有关键作用。通过数据共享，不同部门或组织能够及时获取最新数据，减少数据孤岛和重复工作，提升数据的透明度和利用效率，为决策者提供了更全面的支持，帮助他们做出更科学、合理的判断。企业通过共享的数据获得更丰富的用户信息，从而能够提供个性化服务，增强用户体验和满意度。更重要的是，数据共享减少了重复收集和管理数据的成本，带来运营效率的提升。常用的数据共享方法包括基于 API 网关的共享与访问控制共享、文件与加密脱敏技术结合共享、数据平台与权限管理结合共享、区块链与智能合约结合共享等，如表 6-10 所示。

表 6-10　数据共享特性

共享方案	描　　述	应用场景
基于 API 网关的共享与访问控制共享	通过 API 网关（如 Kong、Apigee）提供统一入口管理共享数据，结合 OAuth 认证和 RBAC 实现安全访问控制，授权用户获取数据	开放银行：通过标准化 API 对外共享账户信息，第三方应用接入，同时保护敏感金融数据
文件与加密脱敏技术结合共享	采用数据加密技术（如 AES、RSA）与数据脱敏方法（如字段替换、部分遮盖）保护敏感信息，在共享数据时隐藏不必要的隐私字段，仅保留必要信息	医疗行业：共享患者数据时脱敏姓名、身份证号等敏感信息，确保隐私性与合规性
数据平台与权限管理结合共享	数据平台通过权限管理工具（如 Apache Ranger）实现细粒度访问控制，不同用户或部门仅能访问授权数据，满足个性化需求且防止越权访问	企业内部跨部门协作：共享数据子集，提升共享效率并确保安全合规
区块链与智能合约结合共享	利用区块链防篡改和去中心化特性，结合智能合约实现自动化规则管理和透明审计，数据共享可追溯且无法篡改，以保障各方权益	供应链协作：共享物流数据，确保数据一致性，保护隐私，实现高效安全的协作

6.9　数据安全治理法律法规及人员要求

随着数字化转型的加速推进，企业对于数据安全治理的认知与实践日益深入。当前企业普遍面临数据安全治理相关专业人才的短缺，直接制约了企业数据安全能力的提升，使得企业在面对复杂多变的数据安全威胁时显得力不从心，因而急需从强化立法建设、提高人员要求、增强安全意识和加快人才培养四个方面入手，通过完善法律法规构建合规框架，提高从业人员的职业规范和技术能力，增强全员安全意识以降低人为疏忽的风险，建立系统化的人才培养机制以应对不断变化的数据安全需求，从而保障数据安全治理的长效发展。

1）强化立法建设

在数据价值日益增长的背景下，数据泄露、数据滥用及非法交易事件层出不穷，严重侵犯了个人隐私、企业权益和国家安全，强化数据安全立法建设是实现有效治理的关键支柱。完善数据安全法律法规体系，构建全面合规框架，明确数据保护标准、处理界限及法律责任，对于防范这些风险至关重要。强化数据安全立法不仅能够为组织和从业人员提供明确的指导和规范，还能确保数据治理有法可循。同时，立法工作还需特别关注跨境数据流动和第三方数据处理等敏感领域，制定精细的管控策略，以实现数据自由流动与安全保护之间的平衡。完善的立法体系将为数据安全提供坚实的保障，促进数据治理的有序发展。

2）提高人员要求

数据安全治理的有效实施依赖于高素质的从业人员，因此提高人员的专业水平和职业道德要求是必不可少的。首先，从业人员应具备必要的安全知识和技术能力，包括数据加密、访问控制、入侵检测等核心技能，以应对数据安全风险。其次，企业和组织应制定明确的职业规范和岗位要求，确保数据处理者和安全管理员在法律、合规和技术要求上具备相应的资质。特别是对于关键数据的管理和存储人员，应进行严格筛选和背景审查，减少人为失误和恶意攻击的可能性。最后，定期对人员进行数据安全培训和考核，帮助他们及时掌握最新的安全技术和治理政策，从而全面提高数据安全防护水平。

3）增强安全意识

众多数据泄露事件往往源于员工的疏忽大意或安全意识淡薄，因此，组织需通过多元化、富有创意的安全教育与宣传活动，向员工深刻传达数据安全的重要性。首先，组织可定期策划并实施安全培训项目、模拟攻击演练及案例分享会，旨在帮助员工识别并有效抵御如钓鱼邮件、社交工程攻击等常见的数据安全威胁。其次，增强安全意识还需辅以明确的行为准则与奖惩机制，以此激励员工在日常工作中主动遵循安全规范，形成自我约束的良好习惯。最后，对于涉及高度敏感数据的岗位，组织应进一步增设专项安全培训及意识考核，确保相关人员时刻保持高度警惕，严防数据泄露。

4）加快人才培养

为了构建数据安全人才供给的多渠道和涵养人才发展的生态圈，加强"产学研用"合作，企业、院校、专业机构等各方协同互补，大力推动高校、培训机构和用人单位等多方主体共同创新人才培养格局。高等院校应在数据安全领域发挥前沿引领示范功效，积极主动地推动数据安全相关学科专业体系的构建与完善进程，全方位、系统性地谋划并设计数据安全教育课程架构。与此同时，聚焦特定高等院校布局建设国家级数据安全实验室，配套供给必要且充足的政策扶持与资金保障资源，以强化数据安全领域的科研攻关与创新实践能力。此外，专业培训机构应充分彰显其运营灵活性与培训高效性特质，紧密契合市场对于数据安全人才的精准化需求态势，匠心打造具备鲜明特色的培训课程体系，并严格遵循国家针对数据安全人才培育所设定的总体战略规划蓝图，规范化开展专业培训活动及能力认证工作，切实保障人才输出质量与行业适配性。而用人单位亦应严格遵循相关法律法规条文及行业监管规范要求，着力构建并持续健全本单位内部的数据安全人才培育机制与体系，周期性组织开展内部培训活动，并以标准化流程规范执行培训考核评价与效果评估工作，从而实现数据安全人才队伍的持续优化与专业素养提升，构建一个多层次、全方位的数据安全人才培养体系，以满足社会对数据安全专业人才的需求。

第 7 章　虚拟空间与现实空间协同治理

7.1　虚拟空间与现实空间的定义及关系

7.1.1　虚拟空间与现实空间的定义

数字化技术的不断发展，削弱了空间的边界，也模糊了虚拟和现实界限，现实空间（Physical Space）发生了相应的改变，多样化的空间形态开始形成，即现实感与虚拟感交织，实体空间结构趋于动态，并越来越多地呈现出与虚拟空间（Virtual Space）亦虚亦实的互动共存。在传统的空间观念中，现实空间具有具体空间和时间属性，但随着数字信息技术的发展，人们可以在不同的空间、同一时间进行交流活动，时间、空间及其相互关系都发生了新的变化。虚拟空间的不断发展，已经突破了传统实体空间所定义的方向、距离及关联关系等束缚，拓展了人类的交往空间，重塑着人与人、人与社会、人与自然之间的关系，虚拟空间存在的新的时空关系，摆脱了物理时空的种种限制。

虚拟空间是指由计算机系统、网络技术和数字通信构建的非物理性环境，在该空间中，信息、数据和用户交互通过数字化形式存在和进行，其具体包括互联网、虚拟现实（Virtual Reality，VR）和增强现实（Augmented Reality，AR）系统等，核心特征是信息的即时传递与交互的非物理性。

虚拟空间是由计算机网络构成的数字化环境，具有全球性、交互性、创新性、经济性及文化性等核心特性。所谓全球性指的是虚拟空间不具有物理实体，而是通过数据交换、信息处理和虚拟仿真来呈现的，不受物理世界的限制，实现跨越地理和时间的即时通信与协作，实现全球范围内的连接和互动。虚拟空间的全球性允许不同国家和地区的人们无视物理距离，进行即时的沟通和协作。交互性也是虚拟空间的一个重要特性，用户可以通过各种方式与虚拟环境中的元素进行实时互动。创新性是虚拟空间的一个重要方面，虚拟空间是新技术和新概念的试验场，推动了技术进步、商业模式、教育方式、工作方式及社会互动方式等方面的创新发展；经济性体现在虚拟空间为新的商业模式和经济活动提供了平台，如电子商务、虚拟货币等；文化性表明虚拟空间可以成为文化交流和表达的新场所，影响着人们的价值观和生活方式。

现实空间是指物理世界中存在的环境，可以通过我们的感官直接感知到，如视觉、听觉、触觉、嗅觉和味觉，包括自然和人造环境等，涵盖了地理空间、物理对象及其相互作用。现实世界是人类社会的基础，其为人们的生活、工作和互动提供了物质环境和社会结构。人类社会是一个典型的现实空间，其是由个体、群体和组织构成的复杂网络，复杂的个体和群体在现实世界中相互联系、相互依赖，形成了丰富的社会关系和多样的社会制度。

现实空间现是指我们日常生活中所处的物理世界，是一个多维度、多面向的实体环境，具有物理性、地理性、时间性、经济性及文化性等核心特性。现实空间的物理性，意味着环境中的物体具有实际的质量和体积，并且这些物体的存在和运动受到时间与空间的物理限制。所有的活动和交互都受到自然界中的物理规律的约束，如重力、摩擦力和惯性。这种空间是动态的，随着时间的推移，物体的状态和位置都可能发生变化。地理性指现实空间具有明确的地理位置和边界，不同地域具有独特的自然环境和地理特征。时间性是现实空间不可或缺的重要特性，现实空间中的一切现象都受时间的影响，时间的流逝是不可逆的，具有线性和连续性。经济性是指现实空间是经济活动的场所，涉及生产、分配、交换和消费等经济过程。文化性表明现实空间是文化传承和发展的载体，不同的文化传统、语言、宗教信仰、艺术形式和价值观念在这一空间中共存与交融，构成了丰富多彩的人类文明。

7.1.2 虚拟空间与现实空间的关系

虚拟空间是一个由数字信息构建的领域，超越了物理空间的限制，让我们可以在任何地点、任何时间进行信息交流和互动。与此同时，现实空间是我们生活的现实世界，是物质存在的场所。随着信息技术的飞速发展，虚拟空间与现实空间的界限日益模糊，二者之间的交互和互补影响日益加深。网络虚拟世界与现实社会之间存在着对应联系，现实空间是虚拟空间存在的根基，虚拟空间根植于现实空间，尽管这种联系并非线性的。虚拟世界中的实践活动往往是现实社会中各种实践活动在网络空间里的延伸或者映射，并可以模拟、扩展或增强现实空间的体验。例如，通过虚拟现实技术创建沉浸式体验，或通过增强现实技术将数字信息叠加在现实世界中。

1）现实空间是虚拟空间存在的根基

有一种观点认为，虚拟世界其仅仅是数字信号的传递和交换，似乎不受传统界限的限制，其没有物理边界、自然环境、种族差异、政党区分或国家概念，可以不受社会制度的约束。该观点认为虚拟空间是一个与现实社会迥异的独立世界，其与现实空间之间存在着不可逾越的隔阂，认为二者之间不存在交流和互动的可能性，但这种观念忽略了二者之间深刻的联系，忽视了现实空间对虚拟空间的直接或间接影响。

虚拟空间虽然表现为虚拟化、抽象化和非物质化，但虚拟空间的构建、发展和运行都深深植根于现实空间的土壤之中，始终依赖于现实世界的物理基础设施，并依赖于现实世界中人的参与。虚拟空间的每一个动作、每一项决策、每一次交流，都与现实空间中的个体、组织和社会结构紧密相连。因而，虚拟空间无法完全脱离现实，而是一个由现实空间中的人们创造、参与和影响的空间，其反映了现实空间的需求、价值观和行为模式。综上所述，虚拟空间实际上是现实空间在数字维度上的延伸和扩展，二者之间的交流和沟通是持续不断且日益加深的。

2）虚拟空间根植于现实空间

虚拟空间的构建和运作是根植于现实世界的，没有现实世界提供的物理硬件，如服务器、路由器、交换机、光纤及电缆等，支撑虚拟空间的物理环境就无法存在，上述硬件设备构成了虚拟空间的物质基础，确保了信息的存储、处理和传输。虚拟空间的技术和架构是现实世界技术的延伸，虚拟空间已经成为现代经济和社会发展的一个关键组成部分，影响着商业交易、信息流通、社会互动等各个方面。

虚拟空间中的个体以数字化的身份或符号形式呈现，但实际参与者本质上来源于现实世界，身份背后都是具有实体的现实世界个体。每个虚拟空间的用户都是现实世界中的居民，他们的思想观念、行为习惯、价值信仰和个性特点都是由现实生活经历塑造的，后面即使转入虚拟环境，他们表现出来的思想和行为也依然受到现实世界因素的影响。此外，虚拟空间中的行为也可能反映出现实世界的社会结构和人际关系，如网络社群的组织和互动模式可能模仿或重新解释了现实世界的社交规则。现实世界为虚拟空间提供了丰富的语言、图像、声音等素材，这些素材经过数字化处理，成为虚拟空间的一部分，因而虚拟空间的内容实质上是对现实世界的一种映射和扩展，其使得人们能够在数字环境中观察、体验和参与现实世界的各个方面。

3）虚拟空间是现实空间在网络空间的延伸和映射

虚拟空间实际上是现实世界在网络空间的延伸和映射，而非现实空间的简单复制或镜像，该映射过程是动态的，其既包含了现实世界的元素，也融入了独特的虚拟特性，表现为网络空间的虚拟世界承载了现实空间的社会结构、文化特征、经济活动和个人行为，都是人们在现实空间互动的衍生载体。例如，个人在社交媒体平台上表现出喜恶间接反映了现实空间的人际关系和社交模式。另外，虚拟空间也突破了现实世界的束缚，全球性和即时性使得信息和文化交流跨越了地理和时间的限制，使得个体在虚拟世界内的行为可能更加自由和多样。

7.2 网络空间的意识形态属性

7.2.1 网络空间意识形态的内涵

网络空间意识形态诞生于网络时代，依托现代网络平台作为舆论传播的主要载体，利用现代网络技术作为传播信息的工具，植根于现代网络生态所提供的表达环境之中。该意识形态以追求自由、平等、开放为其最终目标，代表了人类社会发展历程中出现的一种全新意识形态，虚拟地映射出网民真实精神世界中的思想体系。随着人们在网络空间的活动日益频繁,网络空间意识形态特征也变得更加明显。首先,互联网作为一种新媒体,不仅传播知识、信息、思想和观念,还对传统的意识形态传播机制起到了补充作用。其次,网络空间作为一个新兴的社交领域,极大地推动了人们之间自由沟通与互动,其在社会结构的构建与民众动员方面的效能正逐渐提升。最后,网络空间所展现的社会风貌往往是现实与虚拟交织的产物,这一模拟世界可能是对现实世界精确映射,也可能是一种现实与想象的混合体。在这片领域中,真实与虚拟相互交织,不同的网络参与者根据自己的经验和观点构建了多样化的话语体系和知识图景。简而言之,互联网正在成为塑造现代社会意识形态的重要力量。

具体言之,网络空间意识形态的生成路径主要有以下五种。

(1)官方数字化传播转型:传统官方宣传机构通过建立网络媒介平台,如社交媒体账号和门户网站,来适应互联网时代的传播需求,从而在网络空间塑造意识形态。

(2)网络舆论动态形成:互联网的开放性使得个体能够自由表达观点,形成舆论。这些舆论在网络中迅速传播和放大,进而影响网络空间的意识形态格局。

(3)网络文化思潮影响:各种社会思潮通过网络传播,形成具有影响力的网络文化现象。这些思潮通过网络社区和平台的讨论和交流,对网络意识形态产生作用。

(4)网络艺术作品塑造:网络文艺作品,如网络小说、视频等,通过其内容和形式,传递特定的价值观和思想,对网络空间的意识形态产生影响。

(5)网络行为模式塑造:网络行为,包括在线游戏、社交媒体互动等,形成了一种新的社会行为模式。这些行为模式通过虚拟与现实的互动,影响着人们的现实社会意识形态。

7.2.2 网络空间意识形态的特征

网络空间已经成为人类社会活动不可或缺的关键领域,网络社会亦已成为现实社会结构中至关重要的构成单元,对现实社会的运作机制与功能发挥产生了日益显著的影响。随着网络空间与民众日常生活及生产活动的深度融合,我国网络空间意识形态呈现出多元的交互性、传播的流变性、斗争的复杂性、虚拟性与现实性的交织及新兴技术带来的形态风险复杂性等特征。

1)多元的交互性

多元的交互性是指在多元意识形态与网络空间相互交织的过程中,出现的一种循序渐进、环环相扣、彼此接洽的交互性现象。这种交互性现象的发展,一方面得益于人机交互技术的进步,使得在线交流变得更加自然和频繁,人们通过屏幕和控制面板可以与机器进行双向沟通,从而形成了一种新的社交模式,同时技术人员也利用大数据分析,定制化设计交互界面,满足用户需求,提升用户体验;另一方面,网络的开放性结合了大数据、区块链和人工智能等技术,使得各种主体能够收集和分析海量的实时数据,构建个性化的交互设计,进而影响网络意识形态的传播和接受。这些技术的发展不仅促进了信息的快速流动和广泛传播,也使得网络空间成为意识形态竞争的新领域。

2）传播的流变性

传播的流变性是指意识形态在网络空间传播的过程中，在外力作用下具备变形和流动的性质。在网络时代，意识形态的传播不再是单一和固定的，而是变得多样化和动态化，其通过互联网上的文化内容，如娱乐、社交和新闻等，以易于接受和广泛传播的方式影响公众的价值观和道德观。这种传播的流变性体现在其能够灵活地调整自身，以适应不同受众的需求和偏好，同时保持其核心信息的影响力。传播的流变性还能体现在以符号化的形式出现，使得信息在传播过程中更加含蓄和多样化，甚至采取隐蔽的传播策略，以减少直接对抗和抵触。总的来说，网络空间意识形态的传播流变性是一种策略性的适应，其利用网络文化的通俗性和娱乐性，通过不断变化的形式和策略，广泛地影响和塑造着人们的思想和行为。

3）斗争的复杂性

在新时代，随着新媒体的迅猛发展，网络意识形态斗争变得更加复杂。信息的海量涌现、即时交流、广泛参与和价值观念的多样性，为不同意识形态的交锋提供了舞台。网络空间的界限变得模糊，线上与线下、虚拟与现实、不同体制间的界限不再明显，形成了一个错综复杂的大舆论场。社交媒体平台，如微信、微博、bilibili、抖音等，成为多元参与主体和角色互动的场所，使得信息交流渠道多样化，社会思潮和价值观念通过这些渠道迅速传播，形成了"网中网"的现象，进一步加剧了网络意识形态的斗争。伴随着参与主体的增多和利益矛盾的尖锐化，使得这场斗争更加激烈和复杂。

4）虚拟性与现实性的交织

在数字时代，网络空间的虚拟性与现实性交织在一起，构成了一个复杂的互动网络。网络意识形态，作为一种思想和信仰的集合体，不再仅仅局限于虚拟的屏幕之后，而是渗透到现实世界的每一个角落。其如同一股无形的力量，塑造着人们的价值观、行为习惯和社会态度。在网络的虚拟互动中，个体的观点和行为模式被放大、传播，进而影响着现实世界中的决策和行动。这种线上、线下的互动关系，使得网络意识形态具有了双重性质：一方面，网络意识形态是虚拟世界中自由表达和交流的产物；另一方面，网络意识形态又是现实世界中社会结构和文化背景的反映。在这个互动过程中，个体与集体、虚拟与现实之间的界限变得模糊，形成了一个相互影响、相互塑造的动态系统。这种交织不仅改变了人们的生活方式，也重新定义了社会互动的规则和模式。

5）新兴技术带来的形态风险复杂性

网络技术的迅猛发展，尤其是人工智能和大数据分析等领域的突破，对网络意识形态的塑造、传播和影响力产生了深远的影响。这些技术不仅优化了信息的个性化推送，使得意识形态内容能够更精准地触达目标受众，还通过算法推荐等手段，增强了信息传播的效率和广度。然而，技术进步也带来了新的挑战，如信息的真实性验证、网络内容的监管等问题，这些都对网络意识形态的管理和引导提出了更高要求。技术的驱动性特征要求管理者和决策者不断更新知识和技能，以适应快速变化的网络环境。例如，生成式人工智能的崛起，使得网络内容的创造变得更加便捷，但同时可能导致虚假信息的快速扩散，增加了网络意识形态风险的复杂性。

7.2.3 网络空间意识形态治理

网络空间的社会维度与媒介特性共同塑造了其意识形态的特征。虚拟网络与现实社会的深度交融，不仅模糊了二者之间的界限，还赋予了网络空间在社会组织动员上的核心职能。从最初的媒介话语影响力的扩展，经由公众舆情的交互，直至对现实集体行动的组织与动员，网络空间的这些变化为社会稳定及政权安全引入了极大的不确定性因素。网络空间作为一个新兴的社会领域，正逐步成为意识形态孕育与传播的主要阵地，对网络空间意识形态的有效治理显得愈发关键。基于此，针对以下四个方面提出相应的对策建议。

1）完善网络立法，明确意识形态底线

网络空间的公共性、社会性和媒介传播特性使得现有法律和规制难以完全适应新兴挑战。网络空间是虚拟的，但运用网络空间的主体是现实的，大家都应该遵守法律，明确各方权利义务。要坚持依法治网、依法办网、依法上网，让互联网在法治轨道上健康运行。近年来，我国在网络立法与规制建设方面取得了持续进展，通过不断完善相关法律法规，逐步明确了网络业务主体的从业资格、许可流程及其所应承担的责任。同时，针对新兴的网络业态，我国也出台了一系列针对性的规制文件。这些举措对于维护网络空间的健康、有序环境起到了积极的促进作用。例如，我国于2021年发布了《中华人民共和国个人信息保护法》，进一步加强了对个人信息的保护和隐私权的保障；2021年实施了《中华人民共和国数据安全法》，旨在规范数据处理活动，加强数据安全管理；2019年出台了《网络信息内容生态治理规定》，对网络信息内容的管理进行了进一步细化。虽然上述法律法规为网络空间的治理提供了重要支撑，但在网络意识形态治理领域，综合性的法律法规体系尚显得不够完善。鉴于此，亟须进一步清晰界定网络意识形态治理的基本原则与不可逾越的界限，构建更为坚实的风险防范与控制体系，以保障网络空间能够沿着健康、有序的路径发展。

2）强化网络自律，落实意识形态治理

网络空间意识形态的有效治理，离不开网络社会组织的积极参与，特别是在行业自律和主体责任方面。网络社会组织不仅是信息内容创作的主要源泉及信息服务平台的核心提供者，还肩负着引领与管理网络空间意识形态的双重使命。因此，构建健全的行业自律机制，确保网络社会组织在意识形态治理中切实承担起主体责任，显得尤为重要。为深化此领域的治理效能，相关部门应充分利用网络社会组织在技术革新、人才储备、资源调配及管理体系上的优势，激励其增强社会责任感，从而更好地服务于网络空间意识形态的健康治理。近年来，相关政策和举措不断推进网络社会组织的自律制度建设。例如，2021年发布的《互联网信息服务算法推荐管理规定》要求平台在使用算法推荐时须承担社会责任，保障网络信息的公正性和透明度。2019年推出的《网络信息内容生态治理规定》进一步明确了信息平台的内容管理责任，推动了行业自律的强化。在这方面，中国网络社会组织联合会自2018年成立以来，发挥了重要的组织保障作用，推动了网络社会组织自律制度的建设。包括阿里巴巴、腾讯、京东和百度等大型互联网企业均已加入这一组织，进一步为网络空间意识形态治理提供了坚实的基础。通过这些举措，我们可以夯实网络社会组织在意识形态治理中的主体责任，促进网络空间的健康发展。

3）发挥前沿技术作用，提升治理效率

在网络空间意识形态治理的实践中，积极融入物联网、大数据、云计算、人工智能等前沿信息技术，能够大幅度提升治理的效能与精准度。具体而言，借助物联网技术，可以实现对网络空间内用户身份的精准识别及网络环境的动态监控，为意识形态治理提供强有力的技术支持。这种技术可以提供更加精准的治理手段，增强对网络环境的掌控能力，从而提高治理的精准度和有效性。利用大数据技术对网络空间中的信息流进行实时监测，分析意识形态相关内容的热度和趋势。这种方法能够帮助我们提前发现潜在风险，进行有效的风险预防和干预。通过云计算技术，可以对涉及风险的信息进行技术性或物理性的隔离，防止其进一步扩散。这种技术支持的快速响应和处理能力，有助于降低信息传播的风险。全面应用人工智能技术，实现对网络空间中风险信息的智能化解析与导向管理。人工智能技术的深度应用，显著增强了治理的时效性与精确度，使得所采取的应对策略更为灵活多变且高效有力。总体而言，传统的意识形态治理手段在成本控制、效率提升、精确度把握及时效性保障等方面正面临着日益严峻的挑战。将新兴技术融入治理实践，可以显著提升网络空间意识形态治理的整体水平，强化治理能力，为网络环境的安全稳定提供坚实的技术支撑与保障。

4）践行网络群众路线，发挥人民群众作用

群众路线是我们党的生命线和根本工作路线，关乎党的活力和战斗力。在网络意识形态治理过程中，应充分运用群众路线来收集和转化民意，将其融入政策制定和舆论引导中，形成线上、线下的互动同心圆。同时，各级党委和政府部门应设立专门的网络意识形态监督和举报平台。《网络信息内容生态治理规定》第十六条要求"网络信息内容服务平台需应当在显著位置设置便捷的投诉举报入口，公布投诉举报方式，及时受理处置公众投诉举报并反馈处理结果。"这将鼓励广大群众积极参与网络治理，监督不当言论和观点，促进网络空间意识形态的良性发展，强化社会对主流意识形态的认同。

7.3 虚拟空间影响现实空间的途径及方式

现实世界与网络空间存在相互作用的关系，人们在网络空间的信息交往活动是现实社会的映射，同时网络空间的信息活动又对现实生活产生巨大的影响。网络空间作为全球化的空间，具有流动性和不平衡性这两个本质特征。网络空间中的信息传播具有即时性和广泛性的特点。通过互联网，信息可以迅速传播到全球各地，影响范围广泛。这种快速传播的信息能够迅速引起公众关注，形成舆论热点，从而对现实空间中的政策制定、社会舆论、经济发展等产生深远影响。例如，一些网络热点事件可能引发公众讨论和关注，进而推动相关政策的出台或调整。网络空间中的各种问题，主要表现为网络犯罪，包括网络诈骗、网络黑客攻击、网络赌博、网络恐怖主义和网络谣言等，对现实空间产生了深远而复杂的影响。虚拟空间对现实空间的影响途径之一是网络犯罪，其利用虚拟空间的匿名和跨地域特点，对社会秩序和个人安全构成威胁，其影响范围广，涉及经济、政治、社会等多个领域。网络犯罪的形式多样，包括网络赌博、网络盗窃和网络色情等，这些犯罪行为利用了互联网的隐蔽性和便捷性，对社会造成严重危害。据统计，网络犯罪每年给全球经济带来超过1万亿美元的损失，而在中国，这一数字也高达数千亿元。网络犯罪包括金融诈骗、网络盗窃、勒索软件等多种形式，这些犯罪行为直接侵害了个人和企业的财产安全，对现实经济造成重创。

网络犯罪的产业链逐渐显现，涉及资金供给、技术支持、推广和结算等环节，形成了一个复杂的黑灰产业网络。随着技术的发展，特别是元宇宙等新兴概念的出现，网络犯罪的形式和手段也在不断演变。由于网络空间的边界模糊，跨国网络犯罪往往难以追查和打击。同时，网络犯罪的匿名性使得犯罪分子能够轻易逃避法律制裁，进一步加剧了网络犯罪的猖獗程度。

1）网络诈骗

网络诈骗利用虚拟空间的匿名性、跨地域性和技术手段的隐蔽性，通过伪造身份、编造虚假信息等手段诱骗受害人转账汇款或提供个人信息，导致受害人遭受经济损失。网络诈骗的实质是"非真实交易"，行为人通过互联网交易平台发布产品销售信息，骗取受害者预付钱款后，给付与交易物价值差距较大的物品或不交付任何物品，实施非接触式诈骗。网络诈骗行为具有隐蔽性、跨地域性等特点，行为人利用非法收贩来的电话卡、银行卡进行收取、转移赃款，逃避公安机关的追查，且追踪资金流向变得极为困难，给执法部门带来了极大的挑战。

2）网络黑客攻击

网络黑客通过各种非法手段影响现实空间，包括网络攻击、数据泄露、身份盗窃、勒索软件、金融诈骗、政治干预、供应链攻击和物联网设备攻击等，上述活动可能导致关键基础设施的服务中断、个人和组织的经济损失、社会不稳定以及国家安全受到威胁。

（1）网络攻击：黑客可能对关键基础设施如电网、交通控制系统、银行系统等进行攻击，导致服务中断或数据丢失。

（2）数据泄露：通过非法获取和公开敏感信息，黑客可以损害个人或组织的声誉，造成经济损失。

（3）身份盗窃：黑客可能盗取个人信息，用于非法活动，如诈骗、金融犯罪等。

（4）勒索软件：黑客通过加密受害者的数据，要求支付赎金以恢复数据访问。

（5）金融诈骗：通过钓鱼邮件、虚假网站等手段诱骗受害者提供敏感信息或直接转账。

（6）政治干预：黑客可能通过操纵网络信息，影响选举结果或政策制定。

（7）供应链攻击：通过攻击供应链中的薄弱环节，黑客可以对整个生产和分销过程造成影响。

（8）物联网设备攻击：随着物联网设备的普及，黑客可能利用这些设备的漏洞进行攻击，影响现实世界的安全。

3）网络赌博

网络赌博是一种新型犯罪形式，网络赌博平台利用虚拟空间的技术，使得赌博活动可以突破地理限制，全球用户可以随时随地进行参与，凭借其犯罪成本低、风险小、利润丰厚等优势，在全球迅速蔓延。参与者的身份是虚拟的，仅是一串数字代码，与现实人的对应关系难于确定，因而网络赌博具有匿名性和隐蔽性，多用户在未受监管的情况下进行赌博，容易陷入无止境的损失中。相对于传统赌博来说，网络赌博犯罪隐蔽性更强、监控难度更大、犯罪来势更猛、危害后果更重。网络赌博的参与者分散在世界各地，且相互之间不熟悉，使用的身份都是虚拟身份，事后找到这些参与者非常困难。另外，大量的赌博行为证据都在网络空间中，且大部分数据存储在世界各地的服务器中，获得证据比较难，打击难度较大。在社会层面，网络赌博对公共健康和社会稳定带来负面影响，需要政府和相关机构采取措施加强监管，包括制定严格的法律法规、加强对赌博网站的监控、推行赌博成瘾预防和干预措施等，以保护公众利益，减少社会成本。

4）网络恐怖主义

网络恐怖主义利用虚拟空间的匿名性和广泛覆盖能力，极大地改变了恐怖活动的策划、宣传和实施方式。恐怖分子借助社交媒体、暗网、加密通信工具和其他网络平台进行极端思想的传播，招募和组织支持者，并实施激进化教育。通过虚拟空间制造恐慌，干扰社会稳定，进而影响国家的安全政策和社会秩序。网络空间为恐怖分子提供了一个低成本而高效的宣传渠道，能够快速扩大其影响力，操控和煽动更多人参与恐怖活动。大量网络平台不仅用来传播恐怖主义宣传，还被用来策划和协调实际的恐怖行动，如通过网络攻击对关键基础设施、金融系统或公共服务进行破坏，导致严重的经济损失，并引发广泛的社会恐慌和不安，严重影响社会的正常运作和公众的安全感。网络恐怖主义的隐蔽性和虚拟空间的匿名特性，使得恐怖活动难以被追踪和打击，给国家安全带来了极大的挑战。此外，网络恐怖主义的影响还包括对社会结构和心理的侵蚀。

5）网络谣言

在网络空间进行信息传播变得越来越便捷，这种便利性也为虚假信息和谣言的传播提供了温床，带来了诸多社会问题。网络谣言利用网络空间的广泛传播能力和快速信息流动特性，能够迅速扩散虚假的信息。网络谣言通过社交媒体、即时通信工具和虚假新闻网站等渠道传播，往往以引发恐慌、误导公众或影响舆论为目的。谣言的传播不仅能够在短时间内影响大量人群，甚至引发群体性事件和社会动荡，损害社会稳定和公众信任，激化社会分裂和对立，引发公众的不安、社会动荡和信任危机。基于网络空间中传播网络谣言，具有高度的隐蔽性和传播效率，使得追踪和纠正这些信息变得困难。这种信息的迅速扩散可能引发经济市场的不稳定，损害企业或个人的声誉，甚至干扰政治选举和政治决策。由于网络谣言的传播往往不受传统媒体的监管，信息的真实性和来源难以核实，使得虚拟空间成为虚假信息泛滥的温床。

7.4 网络空间与现实世界协同治理

7.4.1 网络空间与现实世界协同治理的必要性

随着信息化高速发展，网络空间以其跨越地理界限、超越时间限制的独特优势，成为信息传递、经济交流、文化传播和社会互动的主要平台，极大地丰富了人类的生活方式和社会形态。伴随着网络空间在给社会带来无限便利的同时，也产生了治理黑洞，如黑客攻击、病毒传播、网络诈骗、信息泄露等安全事件频发，不仅给个人隐私和财产安全带来了严重威胁，也给经济发展、国家安全和社会稳定造成了巨大损失。更为严重的是，网络空间中的虚假信息、谣言传播和极端言论等负面内容还可能引发社会恐慌、破坏社会稳定、损害国家形象。网络空间的安全问题已成为关乎经济社会发展、国家治理能力现代化的战略性问题。

针对网络空间治理的复杂性和艰巨性，网络空间与现实世界协同治理成为一种必然选择，主要体现在保障国家核心利益、筑牢企业发展防线及保护个人数据安全与隐私三个方面。

1）保障国家核心利益

网络空间与现实世界的协同治理对于保障国家核心利益具有至关重要的意义，因为这一协同治理模式不仅关乎维护国家的政治安全、经济安全和军事安全，还深刻影响着关键基础设施的保护、数据安全及个人信息的严密防护。在数字化时代，网络空间已成为国家活动的重要领域，其安全稳定直接关系到国家的整体安全与发展大局。在网络空间中，国家核心利益的保护面临着前所未有的挑战。网络犯罪、网络窃密、网络恐怖主义等非传统安全威胁日益猖獗，这些威胁利用信息技术的便捷性和隐蔽性，对国家政权稳定、领土完整和主权安全构成了严峻威胁。这些威胁不仅可能破坏国家的政治稳定，还可能对经济发展和社会秩序造成深远影响。因此，网络空间与现实世界的协同治理显得尤为重要。通过网络空间与现实世界的协同治理，可以确保国家在网络空间的安全利益得到有效维护，防止外部势力通过网络手段进行渗透、颠覆和破坏。同时，网络空间与现实世界的协同治理还能促进经济社会的可持续发展，提升国家在核心技术上的自主创新能力，为国家的长远发展提供坚实保障。此外，网络空间与现实世界的协同治理还有助于确保国家的基本政治制度、领土完整和统一及国家发展战略免受根本性的威胁。

2）筑牢企业发展防线

在数字化转型的洪流中，网络空间与现实世界的协同治理对于企业而言，已然成为一道不可或缺的坚固防线，直接关系到企业的数据安全、业务连续性和声誉管理，是企业核心竞争力的有力保障。随着企业越来越依赖于网络空间进行业务运作，网络空间的安全问题也日益凸显。数据泄露、网络攻击等事件频发，不仅会对企业的商业秘密和客户数据造成不可估量的损失，更可能对企业的声誉和品牌形象带来毁灭性的打击。因此，保障网络空间的安全，已成为企业维护自身利益和市场地位的重中之重。网络空间与现实世界的协同治理为企业提供了一个全面、系统的解决方案。通过协同政府、行业组织和其他相关企业，企业能够更好地识别和管理网络安全风险，确保关键信息基础设施的安全。这包括加强网络安全技术研发和应用，提高网络安全防御能力和应急响应能力，以及建立健全的数据保护机制等。同时，网络空间与现实世界的协同治理还有助于企业遵守日益严格的数据保护法规。在全球化的背景下，各国对数据保护的要求越来越严格，企业若想在激烈的国际竞争中立足，就必须严格遵守相关法规，确保数据的合法、合规使用。网络空间与现实世界的协同治理能够帮助企业理解并适应这些法规的变化，避免因违规而产生的法律责任和经济损失。

3）保护个人数据安全与隐私

在数字化时代背景下，网络空间与现实空间的融合日益加深，这对个人信息安全与隐私保护提出了新的挑战。个人的身份信息、财务数据和日常行为在网络空间中被频繁记录和处理，使得个人数据面临泄露、滥用和盗窃的潜在风险。因此，网络空间与现实世界的协同治理成为保障个人数据安全与隐私的重要机制。网络空间与现实世界的协同治理通过整合政府、企业和个人的力量，共同提升网络环境的安全性。这一机制旨在确保个人在享受网络便利的同时，其隐私不被侵犯，个人权利不受损害。通过实施有效的治理措施，如加强数据加密、完善身份验证机制及建立数据泄露应急响应体系等，可以有效预防网络诈骗、身份盗窃等犯罪行为，从而保护个人免受网络攻击和信息泄露的威胁。网络空间与现实世界的协同治理还强调了对个人数据的合法合规使用。在遵守相关法律法规的前提下，企业和机构需要明确数据收集、使用和共享的目的、方式和范围，确保个人数据的透明度和可控性。这有助于维护个人在虚拟世界中的权益，增强个人对网络环境的信任度。此外，网络空间与现实世界的协同治理还关注个人数据保护对日常生活和心理健康的潜在影响。一个安全、可靠的网络环境有助于提升个人的网络安全感，减少因数据泄露或滥用而引发的焦虑和恐惧。

7.4.2 网络空间与现实世界协同治理的技术挑战

随着互联网用户的激增，网络空间已成为人类政治、经济、文化和社会活动的新领域，带来了前所未有的虚拟层面。虚拟空间与现实世界的融合日益紧密，共同塑造着人们的生活方式、经济结构和国家安全格局。网络空间与现实世界的深度融合也催生了一系列复杂而严峻的技术挑战，主要表现为技术自主性与依赖性的矛盾、数据安全与隐私保护、信息匿名性与加密技术的双刃剑效应及跨境数据流动与监管的复杂性四个方面。

1）技术自主性与依赖性的矛盾

在网络空间的发展过程中，技术自主性与依赖性之间的矛盾日益凸显。一方面，各国都在努力提升自身的技术能力，以减少对外部技术的依赖，确保国家安全和经济利益的独立性；另一方面，全球网络技术的供应链和服务体系已经高度全球化，使得各国在硬件、软件和服务等方面不可避免地存在相互依赖。这种依赖性可能导致某些国家或公司在关键技术领域占据主导地位，从而在全球网络治理中形成不平等的权力结构。同时，技术标准的制定往往由少数国家或大型技术公司主导，使得其他国家在技术发展和应用上可能处于被动地位。网络安全问题也随着技术依赖性的增加而变得更加复杂，安全漏洞和后门的风险可能导致国家和个人的安全受到威胁。

2）数据安全与隐私保护

全球网络空间与现实世界的协同治理在数据安全与隐私保护方面面临着严峻挑战，随着互联网用户的激增和网络流量的爆炸式增长，个人和组织产生的数据量急剧扩大，这些数据往往涉及敏感信息，其安全保护尤为重要。数据泄露、未经授权的数据访问和非法数据交易等风险不断上升，给个人隐私和国家安全带来威胁。同时，数据的跨境流动增加了监管难度，不同国家和地区的数据保护法规和标准存在差异，导致在全球范围内统一数据保护规则变得复杂。此外，随着人工智能、大数据分析等技术的发展，数据的商业价值和应用范围不断扩大，如何在促进技术创新和经济发展的同时，确保数据安全和个人隐私权益，成为网络空间与现实世界的协同治理中必须解决的问题。

3）信息匿名性与加密技术的双刃剑效应

全球网络空间与现实世界的协同治理在信息匿名性与加密技术方面面临着双刃剑效应的挑战。一方面，加密技术为个人和组织提供了强有力的工具，以保护通信安全和个人隐私，对抗网络监控和数据泄露的风险。例如，非对称加密技术（如 RSA 加密算法），通过数字签名和证书确保了身份的真实性和不可否认性，同时数据摘要技术保障了信息的完整性，防止信息篡改。另一方面，加密技术的普及也给执法和情报机构带来了挑战，因为执法和情报机构可能难以在必要时获取加密通信内容，这在一定程度上阻碍了对犯罪活动的调查和防范。同时，随着加密技术的普及，个人信息保护得到了加强，但这也可能导致公权力与个人信息权利之间的冲突加剧。例如，加密技术的广泛使用可能会增加执法机关获取数据的技术难度，从而影响执法效率。此外，加密技术的发展也可能引发新的安全风险，如量子计算的进步可能在未来威胁到当前认为安全的加密算法。

4）跨境数据流动与监管的复杂性

随着数据的海量增长和数字经济的发展，跨境数据流动已成为推动全球经济增长的新动能，同时跨境数据流动涉及国家安全、数据主权和个人隐私保护等敏感问题，使得监管变得尤为复杂。一方面，不同国家和地区对数据跨境流动的规制存在差异，尚未形成统一的全球标准和框架。这种差异性导致了全球跨境数据流动监管规制的博弈激烈、互动复杂。国家间在推行自己的数据治理规则时，往往存在着推行霸权与企业利益扩张之间的矛盾，以及维护国家安全与推动经济发展之间的分歧。另一方面，跨境数据流动的监管和执法手段高度依赖技术支撑，但技术的应用与监管存在对抗性。例如，数据流动溯源、破解加密数据以及有效发现泄密窃密等行为是监管中的难点。同时，监管和执法效果高度依赖平台管控的效能，而"无监管平台"如暗网等，能通过技术手段脱离监管，增加了网络监管的难度。

7.5 网络空间与现实世界协同治理原则与框架

7.5.1 网络空间与现实世界协同治理原则

网络空间与现实世界的协同治理原则是多维度的，在网络空间和现实世界的协同治理过程中，应严格遵循尊重网络主权原则、维护和平安全原则、促进开放合作原则及构建良好秩序原则，确保网络空间的和平、安全、开放和合作，构建一个更加公正合理的全球互联网治理体系。

1）尊重网络主权原则

互联网是现实世界在虚拟网络空间中的延伸，也是现实世界中国家利益在虚拟世界中的延伸。网络主权作为互联网时代虚拟社会的一种权力，理应受到尊重和保护。尊重网络主权是网络空间与现实世界协同治理的核心原则之一，其要求各国在网络空间的活动应尊重其他国家的主权，不干涉他国内政，不进行网络攻击和侵犯行为。网络主权包括国家在其领土内对互联网的管理权，如制定网络政策、保护网络安全、发展数字经济等。同时，国家在行使网络主权时，也应履行国际义务，如不侵犯他国、不干涉他国内政，审慎预防和保障网络空间的和平与安全。

网络主权的实现需要国际社会的合作，通过共商、共建、共享的理念，建立多边、多方参与的治理体系。法治原则也是网络主权的重要组成部分，各国应依法行使网络主权，完善国内立法，同时遵守国际法原则和规则。中国的网络空间治理实践表明，尊重网络主权是维护网络空间和平安全的基础。在实际操作中，尊重网络主权表示国家间应彼此尊重对方根据本国法律和国际规则所采取的网络管理和决策。这要求全球共同反对网络霸权和各种网络干预、攻击行为，避免利用技术优势对他国发起网络攻击，不通过互联网干涉他国内政，不利用网络支持他国的反对派力量或挑起民族矛盾，以及在紧急情况下不利用网络技术威胁他国的安全与稳定。

2）维护和平安全原则

在网络空间与现实世界的协同治理原则中，维护和平安全是核心要素。互联网的兴起为人类开辟了全新的虚拟活动领域，将人类活动的范畴从传统的陆、海、空、天拓展到了网络空间。在追求全球和平与发展的今天，网络空间的安全与现实世界的和平同等重要。在现实空间，战火硝烟仍未散去，恐怖主义阴霾难除，违法犯罪时有发生。网络空间不应成为各国角力的战场，更不能成为违法犯罪的温床。在网络领域，恐怖主义和犯罪活动已经通过网络技术变得更加隐蔽和危险，成为网络空间中的隐形威胁，对人类命运共同体的和平与安全构成了挑战。

因此，网络空间与现实世界的协同治理原则强调维护和平与安全的重要性，这要求国际社会共同努力，确保网络空间的和平利用，并防止网络成为新的战场。各国应遵循国际法原则，包括《联合国宪章》的规定，通过和平手段解决网络争端，避免网络空间的军事化和军备竞赛。同时，需要加强国际合作，打击网络犯罪和网络恐怖主义，保护关键信息基础设施不受威胁，确保数据安全和个人隐私不受侵犯，维护网络空间的公共秩序和稳定。此外，推动构建一个开放、透明、包容的全球互联网治理体系，以促进网络空间的长期和平与安全，确保所有国家都能在网络空间中实现发展和繁荣。

3）促进开放合作原则

网络空间与现实世界的协同治理原则强调了促进开放合作的重要性。在数字化、多元化和全球化的背景下，开放合作成为发展的必然选择。在网络空间中，每个人都是命运共同体的一部分，无法置身事外或独善其身。构建网络空间命运共同体意味着要将所有网络参与者紧密联系起来，取代过去孤立、自给自足的传统思维，转为互联互通、共生共荣的新观念。开放合作成为信息化时代的必然趋势，网络技术的发展为全球合作提供了新机遇，打破了地理和文化的障碍，促进了交流和协调机制的建立，缩小了经济和文化差异造成的鸿沟。

因此，构建网络空间命运共同体需要摒弃自我封闭的态度，展现开放和包容的精神，通过真诚合作实现共同繁荣。必须培养人们的公平、合作和共赢意识，摒弃零和博弈和赢者通吃的旧观念，转而采用同舟共济、互信互利的新理念。各国应推动互联网领域的开放合作，建立更多沟通平台，寻找利益契合点，实现优势互补，共同发展，确保所有国家和人民都能享受到信息时代带来的红利。

4）构建良好秩序原则

在网络空间与现实世界的协同治理原则中，构建良好秩序是至关重要的一环。良好秩序是网络环境健康有序的保障，其要求所有网络参与者共同遵守一套公认的规则和标准，以维护网络空间的稳定和安全。这包括确保信息的自由流动、保护个人隐私和知识产权，以及防止违法有害信息的传播等。

为了构建网络空间的良好秩序，需要从多个层面着手。首先是加强法律法规建设，确保有法可依、有法必依，通过法律手段规范网络行为，打击网络犯罪。其次是提升公众的网络素养，通过教育和宣传提高公众对网络道德和法律责任的认识。再次是加强网络内容管理，通过技术手段和人工审核，及时发现和处理违法违规信息。此外，保护关键信息基础设施也是构建良好秩序的重要方面，这涉及对网络硬件和数据的安全防护，防止关键信息遭受攻击和破坏。最后，还需要完善网络治理体系，包括政府、企业、社会组织和公民个人的共同努力，形成全方位、多层次的治理结构。

7.5.2 网络空间与现实世界协同治理框架

网络空间与现实世界的协同治理框架是一个复杂且多维的议题，涉及技术、法律、安全、经济和社会等多个方面。协同治理框架主要包括：多元治理主体、广泛治理对象、强有力治理机构、透明决策程序、多层次分层治理、多维度议题覆盖、基本原则遵循、坚实法律框架、先进技术与工具及公平利益共同体等核心要素，如表7-1所示。

表7-1 网络空间与现实世界协同治理框架的核心要素及描述

核心要素	核心要素简要描述
多元治理主体	包括政府机构、国际组织、私营部门、民间团体及普通公民等多方利益相关者
广泛治理对象	涵盖网络内容、网络基础设施、数据流动及网络技术应用等
强有力治理机构	联合国、地区性组织、各国网络监管机构等权威机构
透明决策程序	政策制定、规则协商、决策执行和监督等环节应开放透明
多层次分层治理	在物理层、逻辑层、应用层和行为层等多个层面上进行治理
多维度议题覆盖	议题包括网络安全、数据保护、知识产权、网络犯罪和网络恐怖主义等
基本原则遵循	严格遵循尊重网络主权、维护和平与安全、促进开放合作、构建良好秩序等原则
坚实法律框架	如《中华人民共和国网络安全法》《中华人民共和国数据安全法》《中华人民共和国个人信息保护法》等法律法规体系
先进技术与工具	依赖加密、网络安全防护、数据管理等技术工具应对技术挑战
公平利益共同体	确保网络空间发展成果公平惠及全球，缩小数字鸿沟，促进公平正义

通过综合集成多元治理主体、涵盖广泛的治理对象、依托强有力的治理机构、实施透明的决策程序、采用多层次的治理模式、多维度覆盖各类议题、严格遵循基本原则、构建坚实的法律框架、融合先进技术与工具，并致力于形成公平的利益共同体，构建一个既全面又平衡且高度有效的网络空间与现实世界协同治理体系，这一体系将有力促进网络空间的和平稳定、安全可信、开放包容、合作共赢与秩序井然。

7.6 网络空间与现实世界协同治理主体与职责

在网络空间与现实世界的协同治理中，政府部门、社会组织、互联网企业及网民各主体基于共识开展协同治理，打破各自为政的状态，实现良性互动。打破去中心化的误解，正确认识网络空间去中心化带来的变化，强化政府的领导与主导功能。充分考虑参与主体利益选择不同的问题，制定完善的制度保障，引导各参与主体做出正确的利益选择，提升网络空间与现实世界协同治理的意愿。正确处理网民无序表达行为，引导网民进行有序、理性的表达，确保与社会主义意识形态价值导向一致。在网络空间与现实世界的协同治理中，各个主体扮演着不同的角色，并承担着相应的职责，以下是各主体的角色和职责。

1）政府部门

在网络空间与现实世界的协同治理中，政府扮演着至关重要的角色。政府作为领导和主导力量，肩负着把握网络空间意识形态治理的主导权和话语权的重任。政府负责制定和完善相关制度政策，以监管网络信息，确保网络空间的意识形态安全。此外，政府还积极引导和支持社会组织、互联网企业和广大网民参与到治理中来，形成全社会共同参与的良好氛围。政府作为外部规制者和参与者，其职责在于作为管理者，对其他主体的意识形态话语进行引导和管理。政府需要监管网络舆情，及时掌握网络舆情的发展动态和现状，以确保信息的准确性和正面性。同时，政府还负责提供信息解释和意识形态引导，建立专门的管理机构和制度政策，以保障网络空间的秩序和安全。通过政府的努力，可以构建一个健康、有序、安全的网络环境，促进网络空间与现实世界的和谐发展。

2）社会组织

社会组织在网络空间与现实世界的协同治理中扮演着桥梁和协同参与主体的角色。其不仅将政府的方针政策通过网络传播给网民，确保政策信息的透明度和可达性，还承担着将网民的意愿和态度传达给政府的职责，有助于政府更好地了解民意并做出相应的政策调整。社会组织通过监督互联网企业，确保其行为符合法律规范并承担相应的社会责任，从而维护网络空间的秩序和安全。此外，社会组织还引导个人参与网络社会治理，培养网民的自治能力，对于提升网络社会的自我管理水平至关重要。社会组织还致力于创造良好的网络文化环境，通过各种形式的沟通渠道，推动电子政务活动的常态运行，使政府和民众之间的互动更加频繁和有效。其通过整合社会资源，参与网络社会治理，弥补政府治理模式的不足，同时推动了网络文化的发展和网络伦理的建设。在推动全球网络空间治理方面，社会组织也发挥着重要作用。其通过参与国际交流和合作，传播中国在网络空间治理方面的观点和经验，促进全球网络空间治理体系的改革和建设。

3）互联网企业

互联网企业在网络空间与现实世界的协同治理中扮演着信息传播和平台提供者的角色。互联网企业负责提供网络平台，促进信息的生产和传播，加强信息内容的管理，防止传播违法、违规信息。互联网企业需要建立健全的内容审核机制，确保信息内容安全，建设良好网络秩序，全链条覆盖、全口径管理，规范用户网上行为，遏制各类网络乱象，维护清朗的网络空间。此外，互联网企业还应当加强未成年人网络保护，注重保障用户权益，切实维护社会公共利益。企业需严格遵守法律法规，依法依规经营，不得传播违法信息，防范和抵制不良信息的传播。企业还应当加强人员队伍建设，配备与业务规模相适应的从业人员，加大信息内容审核人员数量和比例，不断优化结构，切实保障信息服务质量。互联网企业还应当坚持诚信运营，不得选择性自我优待，不得非正常屏蔽或推送利益相关方信息，不得利用任何形式诱导点击、下载和消费。

4）网民

网民在网络空间与现实世界的协同治理中扮演着参与主体的角色。他们通过网络平台表达对社会事务和热议事件的看法和诉求，参与网络治理过程。网民的声音能够反映社会情绪和公众意见，对形成公共议题和政策制定具有重要影响。同时，网民也在增强网络空间的话语权，影响和维护意识形态安全。在网络空间中，意识形态的传播和形成很大程度上依赖于网民的互动和表达。网民通过理性讨论、建设性批评和积极传播正能量，有助于构建积极健康的网络文化环境，维护网络意识形态安全。此外，网民还通过监督和反馈机制，对网络平台的治理和管理提出意见和建议。这种参与不仅有助于提升网络空间的透明度和公正性，还能够促进网络空间的自我净化和自我完善。

网络空间与现实世界协同治理中的主体角色与职责如表 7-2 所示。

表 7-2 网络空间与现实世界协同治理中的主体角色与职责

主　体	角　色	关键职责
政府	领导和主导力量、外部规制者和参与者	领导网络意识形态治理、制定网络治理政策、监管网络信息和舆情、维护意识形态安全、引导各方参与治理、建立管理机构和政策
社会组织	桥梁和协同参与主体	传递政策和民意、监督互联网企业责任、促进网络文化和伦理、参与国际治理交流
互联网企业	信息传播和平台提供者	提供安全网络平台、管理信息内容、保护用户权益、遵守法律法规、坚持诚信经营
网民	参与主体	表达和参与治理、维护意识形态安全、监督平台治理

7.7 网络空间与现实世界协同治理案例

随着信息技术的飞速发展，虚拟与实体的界限逐渐模糊，两者间的相互作用日益紧密。基于网络空间的独特价值和广泛的应用潜力，成为协助现实世界协同打击犯罪行为处理的重要领域。

1）网络诈骗

在 2015 年 6 月至 2016 年 4 月间发生了"张某等 52 人电信网络诈骗案"，犯罪分子利用电信网络技术手段对居民的电话进行语音群呼，冒充快递公司、公安局办案人员、检察官等身份实施网络诈骗，骗取被害人钱款共计人民币 2300 余万元。该案件被中华人民共和国最高人民检察院作为指导性案例公布，在该案侦破过程中，北京市人民检察院第二分院经指定管辖本案，并应公安机关邀请，介入侦查引导取证，充分利用网络技术手段，对电子邮件、社交软件聊天记录等电子证据进行细致的审查，并通过对电话卡和银行卡记录的分析来建立被害人与诈骗犯罪组织间的关联，构筑起一个严密的证据体系，为案件的侦破提供了坚实的证据基础。

（1）通过网络技术手段的深入分析和综合应用，实现了对诈骗团伙使用的电子邮件和社交软件聊天记录等电子证据的全面审查，保护了被害人的合法权益，为司法机关提供了确凿的证据支持。

（2）通过网络技术手段的精准追踪和数据分析，实现了对电话卡和银行卡记录的深入挖掘，保护了金融交易的安全，为追踪资金流向和确定犯罪收益提供了有力的技术支撑。

（3）通过网络技术手段的严密监控和实时预警，实现了对诈骗行为的及时发现和快速响应，保护了社会秩序的稳定，为预防和减少类似犯罪提供了有效的技术保障。

2）网络赌博

2020年3月，"3·10跨境网络赌博案"中，一个涉案金额高达数十亿元的跨境网络赌博犯罪集团被揭露。该集团通过在境外设立服务器，吸引国内赌客参与非法赌博，造成很多家庭倾家荡产、家破人亡。在此案侦破中，荆州市公安局集结警力充分利用网络技术手段，完成对赌博平台资金流动的追踪，分析赌博网站的资金链，实现对赌博活动规模和运作方式的揭露。

（1）通过信息流分析，建立被害人与赌博犯罪组织间的关联，形成严密的证据链条，有助于准确认定案件事实，包括被害人数量和涉案资金数额。

（2）网络技术在电子证据审查中发挥重要作用，包括对电子邮件、社交软件聊天记录等电子数据的收集和分析，为构建证据体系提供坚实基础，为案件的最终侦破提供关键线索和法律依据。

3）侵犯公民个人信息

最高人民检察院发布的典型案例中，涉及对公民征信信息、生物识别信息、行踪轨迹信息、健康生理信息等不同类型个人信息的全面保护。江苏省无锡市新吴区人民检察院督促保护服务场所消费者个人信息行政公益诉讼案于2022年8月11日被新吴区检察院正式立案调查。湖南省长沙市望城区检察院督促保护个人生物识别信息行政公益诉讼案，截至2022年8月8日，升级后的电子签核系统已采用电子屏签字的方式确认接种告知并在局域网运行，收集的电子签字、疫苗接种等个人信息已加密，收集的个人生物识别信息也已在医疗卫生机构彻底删除。在处理此类案件中，充分利用网络技术手段，实现对公民征信信息、生物识别信息、行踪轨迹信息、健康生理信息等敏感个人信息的全面保护，为构建数字社会治理与数字经济发展的基本法提供坚实基础。

（1）通过网络技术手段的创新，实现个人信息的匿名化处理和安全存储，保护个人隐私免受未授权访问和泄露，为数字经济的健康发展提供有力支撑。

（2）通过网络技术手段的强化，实现对个人信息处理活动的合规审计和安全评估，保护个人权利不受侵害，为个人信息权益提供全面的法律保障。

（3）通过网络技术手段的合理运用，实现个人信息的合法合规跨境流动，保护数据安全同时促进国际经贸往来，为全球化背景下的个人信息保护提供有效的解决方案。

（4）通过网络技术手段的持续优化，实现对个人信息处理者义务的明确和执行，保护消费者权益，为形成全社会共同参与的个人信息保护机制提供技术保障。

4）网络色情和毒品交易

2020年12月23日，在"8·31"传播淫秽物品牟利案中，上海警方破获了一个通过运营多个色情App和网站、传播大量淫秽视频非法牟利的犯罪团伙。该团伙注册会员逾百万个，存储在境外资源服务器上的淫秽视频多达10万余部，总容量达128TB。在此案中，上海警方成立"8·31"专案组并充分利用网络技术手段的精准监控和智能分析，实现对网络色情案件相关信息的有效识别与追踪，保护社会秩序和公民安全，为构建清朗的网络环境提供强有力的技术支撑。

（1）通过网络技术手段的持续创新和应用，实现对网络犯罪活动的快速响应和打击，保护法律尊严和公共利益，为维护国家安全和社会稳定提供坚实的技术保障。

（2）通过网络技术手段的深入挖掘和综合利用，实现对网络色情和毒品交易犯罪的源头治理和长效防控，保护青少年身心健康，为促进社会和谐与进步提供持久的技术动力。

5）网络犯罪产业链分析

2020年11月3日，在"网络犯罪新趋势：犯罪产业链渐现"的分析中，提到了网络犯罪产业链的逐渐形成，以及上下游黑灰产业的增多。其中提到的犯罪产业链具体指的是为网络犯罪提供资金供给、技术、推广、结算等帮助行为的违法犯罪链，上下游黑灰产业指的是为网络犯罪提供资金供给、技术、推广、结算等帮助行为的违法犯罪链。为了有效打击这一犯罪生态，应综合应用网络技术手段，构建一个全方位的网络犯罪防控体系，有效识别、打击和预防网络犯罪活动，保护公民的合法权益，维护社会的安全和稳定。

（1）通过网络技术手段的深度分析，识别出犯罪产业链的各个环节，包括资金供给、技术支持、推广结算等黑灰产业。

（2）通过大数据分析、人工智能识别等技术，追踪资金流向，揭露犯罪集团的财务结构，从而打击其经济基础。同时，通过智能监控和行为分析，预测和识别潜在的犯罪行为，提前进行干预和预防。

（3）通过网络技术手段的全面监控，加强对网络空间的监管，及时发现和阻断犯罪分子的通信和协作渠道。例如，通过分析社交媒体、暗网等平台上的异常行为和交流模式，识别出犯罪分子的身份和活动，从而采取行动打击其组织结构。

6）数据安全和个人信息保护

2022年8月19日，杭州互联网法院发布的"个人信息保护十大典型案例"中，涉及了银行征信、公共出行服务等传统的个人信息处理领域，也涵盖了网购平台向内嵌支付机构提供用户信息、App自动化推荐应用等新型个人信息处理场景。在数据安全和个人信息保护方面，充分利用网络技术手段，实现对个人信息的严格管理和保护，完成对银行征信、公共出行服务等传统领域的个人信息处理流程的优化，为构建安全、合规的个人信息处理体系提供坚实基础。

（1）通过网络技术手段，实现对网购平台用户信息的加密传输和安全存储，完成对内嵌支付机构提供用户信息的全过程监管，为保障用户资金安全和个人隐私提供有力保障。

（2）通过网络技术手段，实现对 App 自动化推荐应用的合规性评估，完成对个性化推送活动的合法性基础判定，为维护用户选择权和拒绝权提供技术支持。

（3）通过网络技术手段，实现对电子邮件、社交软件聊天记录等电子数据的收集和分析，完成对电子证据的审查和固定，为构建全面的法律证据体系提供坚实基础。

（4）通过网络技术手段，实现对儿童个人信息的特别保护，完成对短视频平台等儿童用户密集的网络环境的安全治理，为未成年人提供更加安全、健康的网络空间。

7）网络钓鱼和恶意软件

在网络钓鱼趋势报告中，提到了网络钓鱼攻击的多个典型场景，如邮件钓鱼、通信软件钓鱼、二维码钓鱼等。其中一个比较新的典型案例是 ESET 公司披露的针对 Android 和 iPhone 用户的网络钓鱼活动。在此案侦破过程中，涉及了多个关键的网络技术手段。

（1）通过网络技术手段，实现对网络钓鱼攻击的精准识别与预警，完成对钓鱼邮件、通信软件钓鱼、二维码钓鱼等典型场景的全面防御，构建起一道坚固的网络安全屏障，为保护用户个人信息和财产安全提供强有力的技术保障。

（2）通过网络技术手段，实现对恶意软件传播途径的深入追踪与分析，完成对病毒、勒索软件、无文件恶意软件等各类恶意软件的有效阻断，构建起一个全面的恶意软件防护体系，为维护网络环境的安全稳定提供坚实的技术基础。

（3）通过网络技术手段，实现对个人信息的加密存储与安全传输，完成对银行征信、公共出行服务等传统领域的个人信息处理流程的优化升级，构建起一个多层次、全方位的个人信息保护机制，为公民个人信息权益提供全面的法律和技术保障。

7.8 网络空间与现实世界协同治理流程

随着网络犯罪的日益增多，如何有效利用网络空间的信息来辅助现实世界的治安管理，成为一个亟待解决的问题。通过详细分析具体案例，展示如何从网络空间的信息出发，通过技术手段构建协同治理方案，最终在现实世界中识别和处理嫌疑人。网络空间与现实世界的全流程协同治理主要涵盖：信息收集与监测、跨部门协作、实地调查、证据固定与分析、嫌疑人追踪与确定及持续监控与改进等多个过程。

1）信息收集与监测

在网络空间与现实世界的协同治理过程中，信息收集与监测是确保网络安全的关键环节。通过多种技术手段实现对网络威胁的早期发现与响应，为打击犯罪活动、保护公民安全和权益提供了重要的技术支撑和情报信息。

（1）信息收集：利用先进的网络监控系统，如社交媒体分析工具、网络爬虫等，收集网络空间中的信息。

（2）数据预处理：使用数据清洗技术去除噪声、缺失值、重复值等不良数据，确保数据质量并将来自不同来源的数据集成为一个整体,以便进行更全面的数据挖掘。

(3) 大数据分析工具:通过大数据分析工具,如 Python、SAS 等,对收集到的数据进行模式识别和异常检测,以识别可疑行为或潜在的违法行为。

(4) 自动化监控:采用自动化技术,如机器学习算法,进行实时监控和数据分析,提高监测的效率和准确性。

(5) 人工智能:运用人工智能技术,如自然语言处理,对网络言论进行情感分析和主题分类,以识别可能发生的网络治安问题。

(6) 数据挖掘算法:应用数据挖掘算法,如决策树、聚类分析、关联规则等,对网络信息进行深入分析,以识别模式和趋势。

(7) 机器学习模型:构建机器学习模型,如支持向量机、神经网络和随机森林,构建模型对网络行为进行分类和预测分析。

(8) 实时响应:开发自动化响应系统,一旦监测到可疑行为,立即启动预警和响应机制。

(9) 安全与隐私保护:采用强加密技术保护收集和传输的数据,确保信息安全。

2) 跨部门协作

通过建立跨部门协作平台,如公安机关、网络监管机构和情报机构等,提高跨部门协作的效率和效果,实现信息共享和协同工作。

(1) 跨部门协作平台:利用云计算和大数据技术,构建一个集中的信息共享平台,实现不同部门间的数据同步和实时更新。通过 API 和微服务架构,确保不同系统间的兼容性和数据交换的无缝对接。

(2) 信息共享与整合:采用抽取—转换—加载(Extract-Transform-Load)工具和技术,实现跨部门数据的提取、清洗、转换和加载。利用数据仓库和数据湖技术,集中存储和管理跨部门的大量数据。

(3) 安全与隐私保护:实施强身份验证和访问控制机制,确保只有授权用户才能访问敏感数据。采用数据加密和匿名化技术,保护个人隐私和防止数据泄露。

(4) 危机响应与应急协调:建立跨部门危机响应机制,利用技术手段快速响应和协调处理突发事件。利用地理信息系统(Geographical Information System,GIS)和实时监控技术,对事件现场进行可视化管理和资源调配。

3) 实地调查

结合网络空间分析结果,利用地理信息系统和实时监控技术指导现场警力部署和调查行动,将网络空间的信息分析转化为现实世界的治安管理行动,提高实地调查的效率和效果,实现网络空间与现实世界的协同治理。

(1) 地理信息系统:利用地理信息系统对网络空间分析得到的数据进行地理编码,将网络行为与现实世界的地理位置相匹配。通过地理信息系统进行犯罪热点分析和风险评估,指导警方在高风险区域进行重点巡逻和监控。

(2)实时监控技术:部署高清摄像头、传感器等设备,实现对关键区域的实时监控,并将视频流与网络空间分析结果相结合,以快速响应潜在的治安问题。

4)证据固定与分析

采用数字取证工具,如硬盘分析器、网络取证软件等,对网络空间中的电子数据进行固定和保全。

(1)数字取证工具的应用:使用硬盘分析器和网络取证软件对涉案的电子设备进行数据捕获和固定。利用取证工具对网络流量进行捕获,分析网络中的异常行为,识别攻击源 IP 地址和攻击类型。

(2)数据完整性保护:采用哈希函数计算电子数据的完整性校验值,确保数据在收集过程中未被篡改或破坏。

(3)自动化取证流程:利用自动化工具,进行数据提取、分析和报告生成,提高取证效率。

(4)证据的存储与管理:使用专业的证据管理工具对收集到的证据进行安全存储和管理。

5)嫌疑人追踪与确定

在网络空间与现实世界协同治理的过程中,执法机构通过一系列高科技手段来追踪和处理违法嫌疑人。

(1)网络信息收集:通过网络监控、数据分析等手段,收集嫌疑人的网络行为信息,包括社交媒体活动、网络交易记录、IP 地址等。

(2)信息分析:对收集到的网络信息进行深入分析,以确定嫌疑人的行为模式和潜在的违法行为。

(3)现实世界定位:利用网络信息中的线索,如 IP 地址追踪、手机定位等技术手段,确定嫌疑人在现实世界中的位置。解其行为背景和动机。

(4)生物识别技术应用:利用生物识别技术,如指纹、面部识别、DNA 等,对嫌疑人进行身份确认。

(5)移动设备取证:对嫌疑人的移动设备进行取证,提取通话记录、短信、应用数据等可能作为证据的信息。

6)持续监控与改进

利用自动化监控系统和人工智能算法持续监控网络空间动态,及时调整治理策略和技术手段,实现网络空间与现实世界协同治理的持续监控与改进。

(1)利用先进的技术手段对网络空间进行实时监控,以识别和预警潜在的威胁和异常行为。这包括对网络流量的分析、网络行为的监测以及对可疑活动的快速响应。

(2)跨部门之间的信息共享和协作对于持续改进治理策略至关重要,这要求建立有效的沟通机制和信息共享平台,以确保各部门能够及时交流情报和协调行动。在实际操作中,持续监控与改进还涉及对已发生事件的深入分析,通过案件分析来提炼经验教训,优化治理流程。例如,在网络犯罪案件中,通过详细分析具体案例,可以揭示犯罪模式和手法,从而在未来的监控中更加精准地识别和预防类似犯罪。

（3）持续监控还包括对治理效果的评估，通过定期审查和调整治理策略，确保治理措施的有效性和适应性，同时确保治理活动符合法律法规和基本原则。

（4）持续监控与改进还强调了对治理技术工具的不断更新和升级，以应对日益复杂的网络威胁。这要求治理主体不断投资于新技术的研发和应用，如人工智能、大数据分析等，以提高治理的智能化和自动化水平。